计算颗粒力学及工程应用

Computational Granular Mechanics and Its Engineering Applications

季顺迎　著

科学出版社

北京

内 容 简 介

计算颗粒力学是以颗粒材料为研究对象，在经典力学的基础上进一步结合颗粒物理、计算力学、软件工程等诸多学科的一个新兴的交叉学科。考虑颗粒材料与流体介质、工程结构的耦合作用，对其共同组成的复杂颗粒系统进行高性能数值分析是一种可行的研究途径。为此，本书首先讨论当前计算颗粒力学的发展现状，然后系统地阐述颗粒形态构造、接触模型、宏细观分析、流固耦合、多尺度计算和相关计算软件开发等计算颗粒力学的基本方法，最后相对详细地介绍计算颗粒力学在极地海洋工程、有砟铁路道床动力特性和航空着陆器缓冲特性等方面的工程应用。

本书可作为力学、物理、水利、土木、化工、农业、岩土等领域从事颗粒材料力学及其工程应用的科研人员，以及高等院校相关专业的高年级本科生和研究生的参考用书。

图书在版编目(CIP)数据

计算颗粒力学及工程应用/季顺迎著. —北京：科学出版社，2018.6
ISBN 978-7-03-057864-8

Ⅰ．①计⋯ Ⅱ．①季⋯ Ⅲ．①颗粒-材料力学-计算力学-研究 Ⅳ．①TB301

中国版本图书馆 CIP 数据核字(2018) 第 126424 号

责任编辑：刘信力／责任校对：邹慧卿
责任印制：徐晓晨／封面设计：无极书装

科学出版社出版
北京东黄城根北街 16 号
邮政编码：100717
http://www.sciencep.com

北京建宏印刷有限公司 印刷
科学出版社发行 各地新华书店经销
*
2018 年 6 月第 一 版 开本：720×1000 1/16
2019 年 11 月第二次印刷 印张：21 3/4
字数：423 000
定价：198.00 元
(如有印装质量问题，我社负责调换)

前　言

作为一种广泛地存在于自然环境、工业生产、日常生活和生命科学中的物质，颗粒材料在运动演化，乃至静止状态下的奇特力学现象一直吸引着人们的极大关注。然而，将其作为一个从不同尺度和视角进行系统研究的科学问题，则是近几十年的事；从力学机制上探寻解决诸如滑坡泥石流、沙漠化、矿山开采、爆炸冲击、农业播种、制药工艺、3D 打印等研究领域中的颗粒力学问题，则又是近十几年的工作。颗粒材料的研究范畴可大至地球物理乃至天体星球，小到粉尘乃至分子，当然目前更多的则是集中于工程结构尺度。在不同尺度下探寻和建立颗粒材料运动规律、力学特性的基本力学和数学模型，是颗粒力学的研究任务。采用数值方法开展颗粒材料基本力学特性的研究则是计算机科学和技术，特别是大规模高性能并行计算技术的迅速发展所导致的必然结果，并由此逐渐形成了计算颗粒力学的研究方向。然而，计算颗粒力学所涉及的数值方法非常广泛，但其最具有代表性的则是离散元方法。该方法在研究对象由散体材料向连续体材料扩展、研究尺度由单一工程尺度向宏微观多尺度延伸、研究材料由单一介质向多介质和多物理场发展的过程中，并在解决不同领域颗粒力学问题的同时，也面临着诸多的挑战。

20 世纪 70 年代初，Cundall 和 Strack 初步建立了离散元方法，其于 1979 年发表在 *Geotechnique* 上的论文已成为离散元方法发展的里程碑。该方法由最初面向岩土力学问题逐渐扩展到目前的化学工程、机械加工、交通运输、建筑施工、矿业开采、自然灾害等领域。在这个发展过程中，也由二维圆盘向三维球体和非规则单元发展，由干颗粒向流固耦合和多尺度计算方向扩展，其在单元构造、接触模型、计算规模等方面均发生了巨大的变化。与此同时，有关离散元方法的英文专著也相继出版。1984 年 Johnson 出版的 *Contact Mechanics* 是离散元接触计算的经典著作；特别是近几年，有关颗粒材料力学及离散元方法的专著不断涌现，并与相应的工程应用密切结合。然而，全面系统地介绍计算颗粒力学或离散元方法的著作却鲜有出版。这在一定程度上也反映出计算颗粒力学作为一个新兴的学科还在不断发展完善之中，虽然在近些年已趋于成熟。

我国对颗粒力学的研究始于 20 世纪 80 年代，并源于岩土力学的工程需求。最早介绍离散元方法的著作是东北大学王泳嘉和邢纪波于 1991 年出版的《离散单元法及其在岩土力学中的应用》，侧重采用二维块体单元解决边坡稳定、隧道支护等岩土力学问题；魏群也于 1991 年出版了《散体单元法的基本原理数值方法及程序》，则侧重于采用二维块体单元和圆盘单元探求解决边坡稳定、锚杆支护等岩土力学问题，并提供了相应的计算程序。清华大学孙其诚和王光谦于 2009 年出版的《颗粒物质力学导论》是国内第一部系统介绍颗粒材料力学及相关计算方法的著作，为从事颗粒力学学习的研究生和技术人员提供了详细的参考。近年来，离散元方法的大规模高效计算成为解决相关颗粒工程问题的有效途径。中国科学院过程工程研究所多相复杂系统国家重点实验室基于其开展的颗粒材料 GPU 并行计算工作，于 2009 年出版了《基于 GPU 的多尺度离散模拟并行计算》，系统地介绍了颗粒系统的 GPU 高性能算法的 CUDA 实现。

最近几年，随着计算颗粒力学方法在岩土力学、道路工程、隧道工程、筒仓物料、切割加工、燃烧过程等不同工程领域中的应用，一些相应领域的专业学术著作也相继出版。此外，随着我国学者对 PFC、DEC 和 EDEM 等离散元计算分析商业软件的探索应用，一些相关软件应用的工具性书籍也相继问世。这均有力地促进了计算颗粒力学在工程应用中的进一步发展。然而，我们也注意到，对于刚刚接触离散元方法的研究生和工程技术人员，需要系统地学习计算颗粒力学的基本理论、数值计算方法，并从一些工程应用中得到一些启发。为此，本书对计算颗粒力学中的基本原理和数值算法进行了详细介绍，并对作者所从事的有关工程应用也进行了相应阐述。

本书围绕计算颗粒力学及工程应用问题共 10 章，其中第 1 章为绪论，主要介绍计算颗粒力学的基本方法、工程应用和计算分析软件的发展现状；第 2 章 ~ 第 7 章针对计算颗粒力学的基本理论，从颗粒单元构造、接触模型、宏细观分析、流固耦合、多尺度计算和计算分析软件等方面系统地介绍当前计算颗粒力学的基本方法；第 8 章 ~ 第 10 章主要介绍作者近年来在极地海洋工程、有砟铁路道床、颗粒缓冲和减振特性等方面的离散元方法工程应用情况，从而为相关研究人员解决不同领域的实际工程问题提供借鉴和参考。

本书内容主要是大连理工大学工业装备结构分析国家重点实验室近年来在离散元方法及工程应用研究工作中不断开展和积累的，书中也引用了国内外相关的大量研究成果，以更加全面系统地反映当前国内外在计算颗粒力学及工程应用方面的研究成果。本书的完成还得益于大连交通大学严颖副教授、东北大学李健教授和张浩副教授、北京航空航天大学高政国副教授、清华大学孙其诚研究员、武汉大学楚锡华教授、华侨大学谭援强教授和大连理工大学王宇新副教授的有益讨论和合作交流。李健教授撰写了本书的 3.3 节和 10.3 节，高政国副教授和张浩副教授分别撰写了 3.4 节和 6.3 节，内蒙古大学邵帅博士撰写了第 4 章并由武汉大学楚锡华教授修改和指导。本书的完成也凝聚了以上学者及国内外其他专家的诸多研究成果。

作者特别感谢美国 Clarkson 大学的 Hayley Shen 教授和 Hung Tao Shen 教授。作者于 2002 年在 Clarkson 大学访问期间在两位教授的指引下开始关注颗粒材料力学问题, 并侧重于采用离散元方法进行计算分析; 作者于 2010 年 12 月随 Hayley Shen 教授访问休斯敦的美国船级社 (ABS) 并开始极地船舶和海洋工程冰荷载的离散元软件研发。作者在这里要特别感谢美国船级社的刘社文、Han Yu、刘建成、刘翔、陈营营、夏挈、谷海等专家的指导和帮助以及在离散元软件研发过程中的深入讨论; 还要感谢大连理工大学程耿东院士、李锡夔教授、岳前进教授对离散元方法研究的鼓励和指导。

本书的研究内容得益于中国科学院力学研究所李世海研究员负责的 973 项目 "重大工程地质灾害的预测理论及数值分析方法研究 (2010CB731500)"、西南交通大学翟婉明院士负责的国家自然基金重点项目 "高速铁路散体道床力学行为、劣化机制及变形规律研究 (U1234209)" 和哈尔滨工程大学韩端锋教授负责的国家自然基金重点项目 "冰—水—船耦合运动学特性研究 (51639004)" 的大力支持。国家海洋局国家海洋环境预报中心、中国极地研究中心、北海分局和国家海洋环境监测中心等研究单位为离散元方法在极地海洋科学和工程中的应用提供了不同方式的合作和帮助; 本书研究成果得到国家重点研发计划重点专项 (2016YCF1401505、2016YFC1402705)、国家自然科学基金面上项目 (11772085、11672072、41576179、11572067、11372067)、国家海洋公益性项目 (201105016、201205007、201505019) 的资助, 也得到大连理工大学工业装备结构分析国家重点实验室的大力支持。

本书研究内容也得益于美国船级社、中国船级社、中海油信息科技有限公司、中国船舶工业集团公司、中国船舶重工集团公司、中国国际海运集装箱 (集团) 股份有限公司、辽宁红沿河核电有限公司、齐齐哈尔轨道交通装备有限责任公司等单位的大力支持, 为离散元方法的计算软件研发和工程应用提供了有力的实践条件, 也为计算颗粒力学对实际工程问题的解决提出了极大的挑战。

作者还要特别感谢大连理工大学计算颗粒力学研究团队毕业的博士王安良、狄少丞、孙珊珊、邵帅的研究工作, 以及在读博士生刘璐、王帅霖、李勇俊、王嗣强、龙雪、梁绍敏、翟必垚等对本书编写工作的协助; 作者与缔造科技 (大连) 有限公司对离散元计算分析软件 SDEM 的合作研发也丰富了本书的研究内容, 相关研究成果可登录网站 www.S-DEM.com 查看。

由于作者水平有限, 书中疏漏和不足之处在所难免, 敬请各位专家学者批评指正。

季顺迎

2018 年 2 月 2 日于大连

目　　录

第二部分　计算颗粒力学的工程应用

第1章 绪 论

颗粒材料一般具有非规则的几何形态并与周围流体介质、结构物共同组成复杂的颗粒系统，同时呈现出多尺度、多介质的复杂力学特性。对复杂颗粒系统力学特性的深入研究需要综合采用理论分析、数值计算和力学实验等多种途径。其中，采用数值方法对颗粒材料力学特性的研究可以追溯到 20 世纪 70 年代离散元方法的建立，并由最初面向岩土力学问题逐渐扩展到目前的化学工程、机械加工、交通运输、建筑施工、矿业开采、自然灾害等多个领域 (Cundall and Strack, 1979; Cleary, 2009; 戚华彪等, 2015)。目前，离散元方法已成为解决不同工程领域颗粒材料问题的有力工具，然而其在真实颗粒形态的构造、颗粒流动特性、多介质和多尺度问题，以及高性能大规模计算方面，仍面临着诸多亟待解决的问题。此外，离散元方法的发展及其工程应用的过程一直伴随着相关计算分析软件的研发。美国 Itasca 公司的 PFC^{2D} 和 PFC^{3D}、英国 DEM Solutions 公司的 EDEM 软件已成功地实现商业化 (Itasca Consulting Group, 2004; DEM Solutions Ltd., 2008)。近年来，一些开源离散元软件也得到快速发展，并因其独特的计算性能而得到一定程度的应用 (Abe et al., 2011; Goniva et al., 2012; Kozicki and Donze, 2009)。我国从 20 世纪 80 年代开始离散元软件的研发，并于近年来取得了很大的进展。为解决颗粒材料数值计算中的计算效率和计算规模问题，离散元的大规模并行计算在近年来得到了迅速的发展，计算规模已达到 10^7(千万级) 单元 (Cleary, 2009; 戚华彪等, 2015)。尽管如此，受颗粒形态、接触模型、颗粒与流体、颗粒与工程结构的耦合模型和计算规模等因素的影响，离散元方法及相关计算软件在面向工程应用时，其在计算精度、计算效率等方面仍面临很大的挑战。由此可见，计算颗粒力学所涉及的离散元方法在工程应用中，无论在多介质、多尺度的基本理论方法，还是在高性能计算分析软件方面，还需要不断发展以更好地解决工程实践中不同类型的颗粒力学问题。本章将对颗粒材料计算力学在工程应用中的基本需求、颗粒材料的基本物理力学特性，以及颗粒材料计算分析软件发展状况进行简要介绍。

1.1　颗粒力学的工程需求

颗粒材料广泛存在于自然环境、工业生产和日常生活等诸多领域，其一般具有非规则的几何形态并与周围流体介质、工程结构组成复杂的颗粒系统。目前已初步形成了以颗粒接触力学为基础，流体力学和结构力学为载体，颗粒工程技术为应用的多尺度、多介质计算颗粒力学交叉学科。对颗粒材料复杂力学特性的深入研究需要综合采用理论分析、数值计算和力学实验等多种途径。其中，采用数值方法对颗粒材料力学特性的研究可以追溯到 20 世纪 70 年代离散元方法的建立，并由最初面向岩土力学问题逐渐扩展到目前的化学工程、机械加工、交通运输、建筑施工、矿业开采、自然灾害等多个领域 (Cundall and Strack, 1979; Cleary, 2009; You and Buttlar, 2004; 张贵庆, 2011)。

我国颗粒材料力学的研究始于 20 世纪 80 年代，并于最近 10 年在基本理论、数值方法和试验验证等方面得到了迅速发展，并已成功地应用于多个工程领域中。通过离散元法可模拟花岗石磨削和锯切过程 (叶勇和李建平, 2015)、分析岩石隧道的动力特性 (陈寿根和邓稀肥, 2015)、计算卵石地下工程中土体大变形及破坏过程 (王明年等, 2010)。此外，在道路工程中，通过离散元单元可构造沥青混凝土模型以分析不同荷载下沥青路面的力学行为 (陈俊等, 2015)；在岩土工程中，通过离散元–有限元耦合模型可分析土–结构物的相互作用 (史旦达等, 2016)；对于滑坡、抛石机床、卸料等颗粒流动问题，更可以发挥离散元方法对散体材料的计算优势 (石崇和徐卫亚, 2015; 陶贺, 2015)。但离散单元法在工程应用中，还仍然面临着真实颗粒形态构造、多介质耦合以及大规模计算等亟待改进的问题。

在日常生活和工业生产中颗粒材料，一般均具有非规则的几何形态，如图 1.1

(a) 土豆   (b) 药片

(c) 碎石   (d) 人群

图 1.1　非规则颗粒形态

所示。离散元法最早一般采用二维圆盘或三维球体对非规则颗粒进行简化，并通过调整滑动或滚动摩擦系数等相关计算参数以描述非规则颗粒的复杂力学行为。但这种简化在处理颗粒的排列、互锁剪胀等力学性质时面临很大的限制。因此，这就需要发展更接近真实颗粒形态的离散单元。目前，已发展了粘结和镶嵌模型、超二次曲面模型、多面体以及扩展多面体等不同的构造方法以描述非规则颗粒形态 (Ma et al., 2016; Galindo-Torres et al., 2012)。然而，非规则颗粒的接触模型要比规则单元更加复杂，需要考虑在不同接触模式下的非线性力学行为，并考虑大规模计算中如何有效地提高非规则颗粒单元的接触搜索效率。为此，构造合理的非规则颗粒单元，发展非规则单元接触的快速搜索算法，建立颗粒单元间的合理接触模型是解决复杂颗粒材料工程问题的重要研究基础。

实际工程中存在大量的离散–连续介质相互作用的问题，需要构建相应的耦合模型进行模拟。例如，汽车挡风玻璃破碎的现象、铁路有砟道床的动力特性，以及沙地上轮胎行驶等问题。从 20 世纪 90 年代，相继发展了连续体向离散材料转换的离散元–有限元耦合方法、离散材料与连续体连接过渡的离散元–有限元耦合方法，以及离散材料与连续体相互作用的离散元–有限元耦合方法 (Munjiza et al., 2013; 张锐等, 2010; 赵春来等, 2015)。图 1.2 为汽车挡风玻璃的破碎现象，其中玻璃由连续体向非连续体转换的复杂力学过程可通过离散元–有限元耦合方法进行模拟。图 1.3 为有砟道床的结构状态，可以采用离散元–有限元耦合方法分别模拟路基与道砟的相互作用过程，从而确定道床的宏观沉降特性。在离散元–有限元耦合方法中，耦合界面参数的准确传递、时间步长的统一以及计算效率的提高都是需要解决的关键问题。

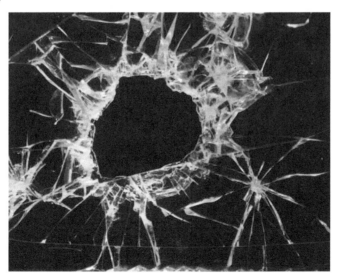

图 1.2　汽车挡风玻璃的破碎现象

图 1.3　铁路道床的道砟颗粒

　　颗粒材料的流固耦合现象广泛存在于自然界中，如泥石流、浮冰现象中存在着颗粒材料与流体相互作用的过程，如图 1.4 和图 1.5 所示。当颗粒材料处于流体动力学环境之中，在不同颗粒密集度下会呈现出不同的流固耦合特性。在高颗粒密集度下，流体动力学过程主要以流体在颗粒材料孔隙中的渗流为主；而在低颗粒密集度下，则以颗粒单元在流体中的漂移为主。颗粒材料的密集度在运动过程中不断变化，渗流与漂流现象会交替出现。这就需要发展适用于颗粒材料在不同密集度下的流固耦合模型。目前已发展了多种方法，包括了 DEM-SPH、DEM-LBM 以及 DEM-CFD 等 (Jonsén et al., 2014; Galindo-Torres, 2013; Washino et al., 2013)。这几种方法都有着其各自的优势和不足之处，均需结合实际情况选择适合的数值方法以正确模拟颗粒材料与流体介质的相互作用过程。

图 1.4　2010 年 6 月 28 日发生的贵州省关岭山体滑坡

图 1.5　海冰与船舶结构的相互作用

随着离散元方法在工程应用中的迅速发展，对离散元的计算规模以及计算效率也提出了更高的要求。图 1.6 和图 1.7 为粮仓卸料和风沙现象，对图中如此诸多的颗粒进行离散元计算在现阶段是不现实的。因此，计算规模和计算效率是当前该方法在工程应用中亟待解决的问题。为此，也提出了一些相应的解决方法，如粗粒化、多核 CPU 并行、GPU 并行等。粗粒化是将若干个颗粒体集合为一个计算单元，通过合理地建立计算单元间的接触模型和尺度效应分析，以提高颗粒系统的计算规模和计算效率 (Hilton and Cleary, 2014)。此外，离散元的 GPU 大规模并行计算在近年来取得了迅速的发展，计算规模已达到 10^7(千万级) 单元。然而，工程尺度的颗粒力学一般要达 10^9(十亿级) 单元规模，甚至更大。因此，目前受颗粒形态、接触模型、颗粒与流体、颗粒与工程结构耦合模型和计算规模等因素的影响，离散元方法在面向工程应用时，在计算规模和计算效率方面仍面临很大的挑战。

图 1.6　粮仓卸料

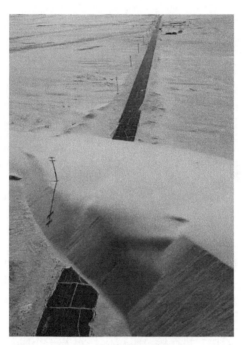

图 1.7　风沙迁移埋没公路

　　基于离散元模型的数值方法在表征颗粒材料的离散分布状态、颗粒接触及运动规律方面具有明显的优越性，有助于深入揭示颗粒材料力学行为的内在机制。通过建立与流体介质、结构物的耦合模型，可有效解决不同领域存在的复杂颗粒系统的力学问题。但是，离散元法的理论至今仍在发展和完善之中，其颗粒间的运动、弹性及塑性变形都有很大的假设，而且离散元方法在工程应用中的计算参数带有一定的经验性。因此，还需进一步加强离散元方法的基础理论、数值算法、误差分析以及参数选取等方面的研究；另外，还需要通过与实验结果、理论解以及其他数值方法的计算结果进行比较验证，从而提高离散元方法的计算精度。

1.2　颗粒材料的基本物理力学特性

　　颗粒力学是研究大量固体颗粒相互作用而形成的复杂体系的平衡和运动规律及其应用的学科 (孙其诚和王光谦, 2009)。颗粒物质由大量离散的固体颗粒组成，其力学特征可概括为 "散" 和 "动"。"散" 指的是颗粒物性、粒度和形状的分散性，"动" 指颗粒运动的瞬态、波动、碰撞颗粒凝态以及聚团的破裂或破碎 (徐泳等, 2003)。从物态的角度来说，颗粒系统不是简单的弹性聚集体和刚性聚集体，而是介于两者的一个复杂的体系；因此，不能用传统的固体理论、流体理论和气体理论来解释颗粒系统中观察到的各种现象。作为一种不同于固体和流体的物质状态,颗粒材料在不同尺度下呈现出许多独特的物理力学现象。

1.2.1 摩擦定律对颗粒材料力学发展的启蒙

对颗粒力学的研究始于 1773 年,法国物理学家库仑研究土力学时提出了固体摩擦定律:固体颗粒摩擦力正比于彼此间的法向压力,而静摩擦系数大于滑动摩擦系数。该理论在之后的研究中多次被提到,比如在散体力学和土力学中,对颗粒物质构成的地基承载能力、自重和外力作用下边坡稳定性的研究、对料仓壁作用的研究,土壤对挡土墙的作用、碎矿石的运动规律以及贮料塔放出物料时的受力状况和物料的运动规律、土应力分析、非饱和土中孔隙水的影响等一系列工程问题。然而,最早揭示颗粒摩擦应力本构关系的研究是 20 世纪 50 年代 Bagnold 开展的蜡球在甘油–酒精–水溶液中的同轴剪切流变仪实验,并由此提出著名的 Bagnold 定律 (Bagnold, 1954)。

在固体摩擦定律的启蒙作用下,颗粒力学理论研究的大门被打开。人们逐渐尝试对颗粒材料的物理现象进行科学解释,并提出了一系列的力学理论,为颗粒材料问题研究提供了有力的依据。

1.2.2 粮仓效应对颗粒材料力学发展的推动作用

作为储存粮食的建筑,粮仓的应用已有很长的历史。虽然粮仓的结构形式和建筑材料有很大的不同,但其合理的结构设计则需要依托于对颗粒材料力学的理解和应用。图 1.8 为钢质粮仓的受损破坏现象。作为一个经典的颗粒材料力学现象,英国科学家 Roberts 早在 1884 年就注意到了粮仓效应:当粮食堆积高度大于两倍地面直径后,粮仓地面所受到的压强不随粮食的增多而增加,与液体在容器中所表现的性质完全不同。

图 1.8 筒仓因粮食颗粒的作用而受损破坏

德国工程师 Janssen 在 1895 年采用连续介质模型解释了粮仓效应 (Janssen, 1895)：由于颗粒之间的相互作用，重力方向的力被分解到水平方向，粮仓壁支撑了颗粒的部分重量，使得粮仓底部压强趋于饱和。Janssen 的工作对颗粒物质静力学的发展起到了极其关键的作用，之后该模型被人们普遍接受 (Vanel and Clément, 1999；王胤, 2015)。此外，储存粮食的粮仓并不像梯形水坝那样下部需要加厚，原因是粮仓下部压强并不随高度线性增加 (孔维姝等, 2006)。在以上理论基础上，颗粒力学在静力学方面迅速发展起来，这对人们认识颗粒物质起到了关键的作用。

1.2.3　颗粒材料的挤压及剪切膨胀

1885 年雷诺提出雷诺挤压膨胀原理。对堆积的颗粒施加一个外力作用，如敲击存放颗粒的容器时，颗粒密度会发生改变。倘若颗粒原始的堆积密度很大，敲击会使密度变低，即体积膨胀，如图 1.9 所示。若颗粒的初始堆积密度很小，则敲击会使密度变大 (孔维姝等, 2006)。当人们在海边行走于沙子紧密排列的海滩上时，踩到的沙子会发生加压膨胀而变疏松并且吸取周围沙粒中的海水，所以脚印周围的沙粒会变干，如图 1.10 所示。

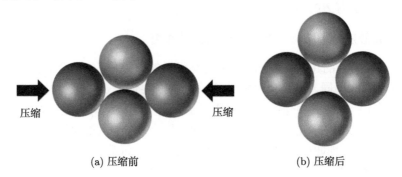

(a) 压缩前   (b) 压缩后

图 1.9　颗粒挤压膨胀示意图

图 1.10　海滩脚印周围的沙粒分布

静态堆积的颗粒材料受到剪切作用后，颗粒材料的体积分数会变小，即颗粒的堆积密集度降低。这就意味着发生了剪切膨胀现象 (陆坤权和刘寄星, 2004；王智勇, 2013)。剪切膨胀现象是由颗粒物质体系的偏应力和偏应变的变化引起的，颗粒物质体系的体积应变也受偏应力变化的影响。当一个稳定的密闭颗粒样本受到持续的变形作用时，在颗粒物质样本致密化的过程中会伴随着剪切膨胀。膨胀系数的大小取决于颗粒物质体系的应力水平和密度的大小。图 1.11 为剪切膨胀现象的示意图。当颗粒物质体系受到剪切作用时，颗粒物质体系的空间位置和体积发生变化。为适应这一变化，必然伴随着颗粒材料沿剪切法方向的膨胀移动 (孟凡净, 2015；Forgber and Radl, 2017)。从工程应用上来讲，颗粒材料剪切膨胀产生的法向作用力可以有效承载，但其受剪切呈现的膨胀和收缩现象具有很强的不规律性，并对工程应用产生许多不利影响。

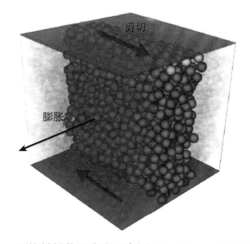

图 1.11 颗粒材料剪切膨胀示意图 (Forgber and Radl, 2017)

1.2.4 颗粒材料的流动状态

颗粒材料在单个颗粒的运动服从牛顿定律，在外力作用或内部应力状态变化时，整体发生流动并形成颗粒流。颗粒流动的现象在自然界中广泛存在，如雪崩、滑坡、泥石流等。图 1.12 为风沙颗粒在风中的流动现象。由于颗粒间隙一般充满气体或液体，因此颗粒流动严格来说应为多相流动问题。以上提到的颗粒流动都是密集流，颗粒间会因相互接触形成力链。诸多力链相互交接构成支撑整个颗粒流重量和外载荷的空间网状结构，其构型及局部强度在外载荷下发生演化。这也是颗粒流整体摩擦特性和接触应力的来源。依据颗粒流是否存在较为稳定的力链，可以把颗粒流分为弹性流和惯性流，其中弹性–准静态流和惯性–碰撞流分别对应准静态流和快速流。这两种极端流动状态情况通常处理为连续体，分别采用摩擦塑性模型和动理论进行分析。密集颗粒流的描述非常困难，颗粒像流体一样流动，颗粒间又保持相对持续的接触，显然较成熟的塑性理论和动理论是不适用的。受到粘塑性宾汉流体行为的启发，Pouliquen 和 Forterre 提出了描述密集颗粒流动的唯象模型，从而再现了颗粒材料在不同边界条件下的复杂流动，确定了速度分布和颗粒浓度分布等重要参数 (Pouliquen and Forterre, 2002)。该模型已在泥石流、滑坡等自然灾难问题中得到了很好的应用。

图 1.12　敦煌鸣沙山上的风沙颗粒随风飞舞

颗粒材料流动性预测与实际的逼近程度是评估模拟效果的重要依据。Walton研究了非弹性球颗粒在斜槽中的流动 (Walton, 1992)；Karion 和 Hunt 研究了单一粒度和两种粒度混合颗粒的 Couette 流动 (Karion and Hunt, 2000)。料仓卸料是典型的颗粒流动过程，Masson 和 Martinez 深入研究了力学性质对流动的影响 (Masson and Martinez, 2000)；Xu 等采用 Thornton 的球形单元模拟不同颗粒的材料特性对料仓卸料过程的影响，并解释了料仓坍塌是由卸料开始时散体从主动向被动状态转变时，仓壁摩擦作用突然增加导致屈曲破坏 (Xu et al., 2002)。

颗粒物质的类固–液转化特性是颗粒力学研究的重点问题之一。颗粒介质在不同的密集度和剪切速率下，分别表现出类似于流体和固体的力学性质，并在一定条件下发生类固–液相变，并可将其分为快速流、慢速流和准静态流动。颗粒系统的不同流动相态及其相互转化过程，是典型的能量耗散过程。Volfson 等采用一个状态参数来描述颗粒系统内呈现液态流动颗粒所占的比例 (Volfson et al., 2003)。在不同的激振条件下，颗粒介质的剪切速率和密集度会有很大的差异，并表现出类固态或类液态的现象。采用球体单元对颗粒材料的单剪流动状态进行三维离散元模

拟 (如图 1.13 所示)，由此得到了不同剪切速度和密集度下颗粒材料所呈现的不同流动状态。颗粒介质的类固–液相变过程是一个连续的转变过程，如图 1.14 所示的颗粒流动的类固–液相变图可直观表征颗粒系统发生类固–液转化的基本规律 (季顺迎, 2007; 季顺迎等, 2011)。颗粒物质在类固–液转化过程中，其宏观力学行为主要体现为平均应力与剪切速率的对应关系，即在类固体状态下，平均应力与剪切速率无关，而与接触刚度成正比；在类液体状态下，平均应力与剪切速率的平方成正比，而与接触刚度无关。以上宏观力学行为与颗粒间的细观作用特性密切相关，并主要由颗粒间力链的强度、接触持续时间和密集程度等参量表征 (季顺迎等, 2011)。

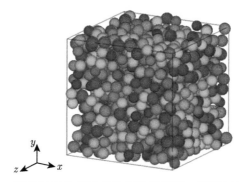

图 1.13　颗粒材料单剪流动的离散元模拟 (季顺迎等, 2011)

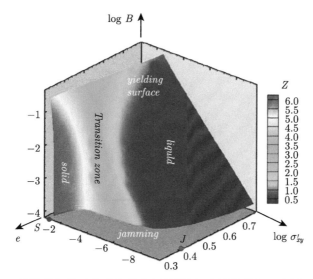

图 1.14　颗粒剪切流动中配位数表征的类固–液转化特征 (季顺迎等, 2011)

　　岩土力学的发展一直伴随着颗粒材料力学的进步，并为其提供了有效的工程实践途径。土力学研究者系统地研究了材料材料的宏观–细观力学关系，并将颗粒材料的细观接触力学和连续力学的应力–应变关系相联系。Strack 采用图论研究了颗粒材料本构关系的数学表达，Oda 等提出用组织张量表达颗粒群应力–应变的概念，并将颗粒间的接触力和位移场与宏观的连续力学中的应力–应变联系起来，发展了颗粒材料的统计平均理论 (Oda and Kazama, 1998; Iwashita and Oda, 2000)，并可通过离散元模拟方法对此进一步阐述 (Thornton and Antony, 2000；Thornton and Zhang, 2010)。

与此同时，物理学家们也在采用先进的科技手段，如真空技术、核磁共振、高速摄像、计算机模拟等，应用非线性理论、分子动力学理论、分形理论、非平衡相变理论等建立和完善这个领域的理论基础，揭示大自然中颗粒材料的力学奥秘，并力求解决生活、生产中的相关颗粒问题。颗粒材料是以接触力为主要作用的多体系统，针对其多尺度结构特征，分析各自尺度的物理机制，可建立不同尺度间的关联，从而深入研究颗粒体系的复杂物理力学性质。

1.3   计算颗粒力学的计算分析软件

离散元程序软件自 20 世纪 70 年代离散单元法建立以来就一直不断发展。球体离散元方法发展较早，PFC^{2D} 和 PFC^{3D} (ICG, 2004)、EDEM (DEM Solutions Ltd, 2008)、LIGGGHTS 和 ESyS-Particle 等已经广泛应用于散体材料的相关计算中，如图 1.15 和图 1.16 所示。在块体离散元程序发展中，二维 UDEC 和三维 3DEC，以及 Rocky、Y2D、Yade 等软件成功应用于节理岩石、采矿和研磨工业。

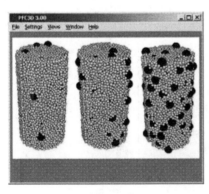

(a) PFC^{3D}

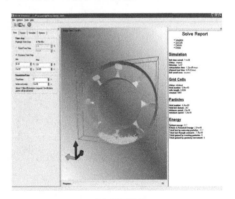

(b) EDEM

图 1.15   典型的离散元计算分析商业软件

我国离散元方法和相关程序软件的发展源于 20 世纪 80 年代在岩土力学中的应用，即由东北大学研发的 2D-Block 和 TRUDEC。最近，中国科学院力学研究所研发的基于连续介质的离散元算法 CDEM 具有粘结–破碎、流固耦合、大规模并行计算等多种功能，在地质演变、地质灾害机制研究等方面进行了大量的实践研究。在 CDEM 的算法基础上，中国科学院力学所联合极道成然科技公司联合开发了大型离散元软件 GDEM。此外，清华大学、北京大学、中国科学院过程工程研究所、兰州大学、中国农业大学、中冶集团等科研院所和大型企业在系统开展离散单元法及其工程应用的同时也研发了相应的离散元软件。

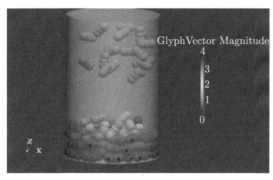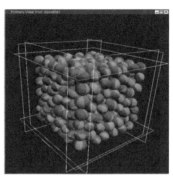

(a) LIGGGHTS   (b) Yade

图 1.16　典型的离散元计算分析开源软件

为提高离散元方法在工程应用中的大规模计算能力，在单机或者多机环境下使用多块 GPU 与 CPU 协同工作成为一种趋势。在高性能离散元软件中，EDEM、ESyS-Particle、LIGGGHTS 和 Yade 等均实现了多 GPU 或者 GPU 机群的大规模离散元计算。随着图形处理器技术的不断成熟，GPU 并行算法在流体动力学、有限元方法、离散元方法等力学问题的大规模求解中得到了广泛应用。中国科学院过程工程研究所将基于 GPU 并行的高性能计算方法成功地应用于化工过程中颗粒材料流固耦合过程模拟。GPU 并行计算技术可使离散元计算效率提高 2 个数量级以上，并已应用于地质灾害、海洋工程、土木结构等领域。在大规模离散元计算中，非规则单元的使用也日渐成为学术界和工业界关注的重点。

虽然，近年来我国有关离散元方法及其工程应用的研究取得了卓越成就，但面对日益多样化的技术需求和激烈的国际竞争，依然缺乏一款兼顾易操作、界面友好、前后处理丰富，且后续服务完善的高性能离散元分析软件。如何将离散元的计算效率和规模提高到工业界可接受水平，采用何种方式开发可提供通用化和定制化服务的颗粒材料模拟软件是目前急需解决的问题。

参 考 文 献

陈俊, 张东, 黄晓明. 2015. 离散元颗粒流软件 (PFC) 在道路工程中的应用. 北京: 人民交通出版社.

陈寿根, 邓稀肥. 2015. 岩石隧道离散单元模拟技术. 成都: 西南交通大学出版社.

季顺迎. 2007. 非均匀颗粒介质的类固-液相变行为及其本构模型. 力学学报, 39(2): 223-237.

季顺迎, 孙其诚, 严颖. 2011. 颗粒物质剪切流动的类固-液转化特性及相变图的建立. 中国科学 (物理学力学天文学), 41(9): 1112-1125.

孔维姝, 胡林, 吴宇, 等. 2006. 颗粒物质中的奇异现象. 大学物理, 25(11): 52-55.

陆坤权, 刘寄星. 2004. 颗粒物质 (下). 物理, 33(10): 713-721.

孟凡净. 2015. 颗粒流润滑的多尺度动力学及剪切膨胀承载机制研究. 合肥工业大学博士学位论文.

戚华彪, 周光正, 于福海, 等. 2015. 颗粒物质混合行为的离散单元法研究. 化学进展, 27(1): 113-124.

石崇, 徐卫亚. 2015. 颗粒流数值模拟技巧与实践. 北京: 中国建筑工业出版社.

史旦达, 邓益兵, 刘文白, 等. 2016. 颗粒离散元法及在砂土力学特性模拟中的应用. 北京: 人民交通出版社.

孙其诚, 王光谦. 2009. 颗粒物质力学导论. 北京: 科学出版社.

陶贺. 2015. 移动床反应器内非球形颗粒流动特性的模拟研究. 郑州: 黄河水利出版社.

王明年, 魏龙海, 刘大刚. 2010. 卵石地层中地下铁道施工力学的颗粒离散元法模拟技术及应用. 成都: 西南交通大学出版社.

王胤. 2015. 筒仓物料颗粒流与有限元数值模拟. 大连: 大连理工大学出版社.

王智勇. 2013. 平行板颗粒流摩擦系统的力链构型与演变研究. 合肥工业大学硕士学位论文.

徐泳, 孙其诚, 张凌, 等. 2003. 颗粒离散元法研究进展. 力学进展, 33(2): 251-260.

叶勇, 李建平. 2015. 离散元法在金刚石磨粒加工花岗岩过程中的应用于实践. 天津: 天津大学出版社.

张贵庆. 2011. 基于 UDEC 的某公路顺层边坡优化设计研究. 水利与建筑工程学报, 9(5): 82-86.

张锐, 唐志平. 2010. 三维离散元与壳体有限元耦合的时空多尺度方法. 工程力学, 27(4): 44-50.

赵春来, 臧孟炎. 2015. 基于 FEM/DEM 的轮胎-沙地相互作用的仿真. 华南理工大学学报 (自然科学版), 43(8): 75-81.

Abe S, van Gent H, Urai J L. 2011. DEM simulation of normal faults in cohesive materials. Tectonophysics, 512: 12-21.

Bagnold R A. 1954. Experiments on a gravity free dispersion of large solid spheres in a Newtonian fluid under shear. Proceedings of the Royal Society of London. Series A, Mathematical and Physical Sciences, 225(1160): 49-63.

Cleary P W. 2009. Industrial particle flow modeling using discrete element method. Engineering Computations, 26(6): 698-743.

Cundall P, Strack O. 1979. A discrete numerical model for granular assemblies. Geotechnique, 29: 47-65.

DEM Solutions Ltd. 2008. EDEM discrete element code, Edinburgh, UK.

Forgber T, Radl S. 2017. Heat transfer rates in wall bounded shear flows near the jamming point accompanied by fluid-particle heat exchange. Powder Technology, 315: 182-193.

Galindo-Torres S A. 2013. A coupled Discrete Element Lattice Boltzmann Method for the simulation of fluid-solid interaction with particles of general shapes. Computer Methods in Applied Mechanics & Engineering, 265(2): 107-119.

Galindo-Torres S A, Pedroso D M, Williams D J, et al. 2012. Breaking processes in three-dimensional bonded granular materials with general shapes. Computer Physics Communications, 183(2): 266-277.

Goniva C, Kloss C, Deen N G, et al. 2012. Influence of rolling friction on single spout fluidized bed simulation. Particuology, 10: 582-591.

Hilton J E, Cleary P W. 2014. Comparison of non-cohesive resolved and coarse grain DEM models for gas flow through particle beds. Applied Mathematical Modelling, 38: 4197-4214.

Itasca Consulting Group. 2004. Particle Flow Code in 3 Dimensions, Online Manual.

Iwashita K, Oda M. 2000. Micro-deformation mechanism of shear banding process based on modified distinct element method. Powder Technology, 109 (1-3): 192-205.

Janssen H A. 1895. Test on grain pressure silos. Z. Vereins Deutsch Ing., 39: 1045-1049.

Jonsén P, Pålsson B I, Stener J F, et al. 2014. A novel method for modelling of interactions between pulp, charge and mill structure in tumbling mills. Minerals Engineering, 63(63): 65-72.

Karion A, Hunt M L. 2000. Wall stresses in granular Couette flows of mono-sized particles and binary mixtures. Powder Technology, 109(1): 145-163.

Kozicki J, Donze F V. 2009. YADE-OPEN DEM: an open source software using a discrete element method to simulate granular material. Engineering Computations, 26(7): 786-805.

Ma G, Zhou W, Chang X L, et al. 2016. A hybrid approach for modeling of breakable granular materials using combined finite-discrete element method. Granular Matter, 18(1): 1-17.

Masson S, Martinez J. 2000. Effect of particle mechanical properties on silo flow and stresses from distinct element simulations. Powder Technology, 109(1): 164-178.

Munjiza A, Lei Z, Divic V, et al. 2013. Fracture and fragmentation of thin shells using the combined finite-discrete element method. International Journal for Numerical Methods in Engineering, 95(6): 478-498.

Oda M, Kazama H. 1998. Microstructure of shear bands and its relation to the mechanisms of dilatancy and failure of dense granular soils. Géotechnique, 48(4): 465-481.

Pouliquen O, Forterre Y. 2002. Friction law for dense granular flows: application to the motion of a mass down a rough inclined plane. Journal of Fluid Mechanics, 453(453): 133-151.

Thornton C, Antony S J. 2000. Quasi-static shear deformation of a soft particle system. Powder Technology, 109(1-3): 179-191.

Thornton C, Zhang L. 2010. Numerical simulations of the direct shear test. Chemical Engineering & Technology, 26(2): 153-156.

Vanel L, Clément E. 1999. Pressure screening and fluctuations at the bottom of a granular column. The European Physical Journal B - Condensed Matter and Complex Systems, 11(3): 525-533.

Volfson D, Tsimring L S, Aranson I S. 2003. Partially fluidized shear granular flows: Continuum theory and molecular dynamics simulations. Physical Review E, 68: 021301.

Walton O R. 1992. Numerical simulation of inclined chute flows of monodisperse, inelastic, frictional spheres. Mechanics of Materials, 16(1-2): 239-247.

Washino K, Tan H S, Hounslow M J, et al. 2013. A new capillary force model implemented in micro-scale CFD–DEM coupling for wet granulation. Chemical Engineering Science, 93(4): 197-205.

Xu Y, Kafui K D, Thornton C, et al. 2002. Effects of material properties on granular flow in a silo using DEM simulation. Particulate Science & Technology, 20(2): 109-124.

You Z P, Buttlar W G. 2004. Discrete element modelling to predict the modulus of asphalt concrete mixtures. Journal of Materials in Civil Engineering, 16(2): 140-144.

第一部分

计算颗粒力学的基本理论

第 2 章　非规则颗粒单元的构造

离散单元法早期是由美国学者 Cundall 于 20 世纪 70 年代提出并发展成为一种通过数值途径研究颗粒材料力学行为的重要手段。该方法最早采用二维圆盘或三维球体的规则单元，其具有计算简单和运行高效等特点。然而，自然界或工业生产中普遍存在的是由非规则颗粒组成的颗粒系统，其在单元排列、动力过程和运动形态等方面与球形颗粒均有较大差异，同时非规则颗粒间的多碰撞、低流动性和咬合互锁效应显著影响颗粒介质的宏观力学性质。因此，从球形颗粒系统得到的颗粒宏细观力学性质不能简单地推广到非规则颗粒系统 (Lu et al., 2015)。随着计算机技术的发展和对离散元计算精度要求的提高，颗粒形状对系统宏观力学性能和动态响应过程的影响引起广泛关注 (Zhao et al., 2017; Pereira and Cleary, 2017; 孙其诚等, 2011)。

为合理地描述具有非规则形态的颗粒材料，基于规则颗粒的粘结或镶嵌模型、基于轮廓拟合的 B 样条模型 (赵秀阳等, 2010)、基于二次曲面的椭球体模型、基于连续函数包络的超二次曲面模型、基于几何拓扑的多面体模型、基于闵可夫斯基和方法的扩展多面体模型、基于三维图像创建表面函数的随机星形颗粒模型 (Garboczi and Bullard, 2016) 等不同的构造方法不断发展和完善起来。本章主要介绍粘结或镶嵌模型、椭球体或超二次曲面模型和多面体或扩展多面体模型等不同的构造方法，并分别对其基本理论和单元构造给出较为系统的介绍。

2.1　基于球体单元的粘结与镶嵌颗粒单元

近年来，随着数字扫描技术的不断进步，利用激光扫描仪可以精确地获取非规则颗粒样本以及复杂的三维几何边界。对于生成的高精度非规则颗粒几何形态，如图 2.1 所示。利用极其复杂的函数对颗粒进行描述，并将这些几何形状函数运用到颗粒碰撞、破碎等数值模拟中，从而真实地模拟颗粒间的相互作用。但是，利用复杂函数构造的颗粒，其接触搜索的算法极为复杂繁琐，需耗费大量的计算时间，具有计算效率低且不利于大规模计算等缺点。

在颗粒动力特性的离散单元数值分析中，采用最普遍的是规则的圆盘或球体单元，并引入滚动摩擦等方式模拟非规则颗粒间的咬合作用。对于具有非规则形态的颗粒，圆盘或球形颗粒单元很难有效地模拟其力学行为 (Lim and McDowell, 2005; Houlsby, 2009; Ngo et al., 2014; Zeng et al., 2015)。为更加精确地模拟非规则颗粒的几何形态，在利用激光扫描仪得到颗粒三维几何形状的基础上，采用球形颗粒的不同粘结或镶嵌组合方式可近似地构造非规则颗粒单元 (Lu and McDowell, 2007; Lobo-Guerrero and Vallejo, 2006)，从而更精确地模拟真实颗粒的几何形态，该方法已成功地应用于模拟铁路道床、边坡稳定等不同的研究领域中 (Ngo et al., 2014)。

图 2.1　非规则颗粒几何形态扫描与高精度重构

2.1.1　基于球体单元的粘结模型

球体颗粒单元是应用最广泛、构造最简单的三维离散单元。对于可破碎的非规则颗粒单元，可采用球形颗粒粘结的方式进行构造，如图 2.2 所示。在外力作用下，粘结组合单元按相应的破坏准则发生破碎。单元间可采用接触粘结或平行粘结两种不同的粘结方式 (Potyondy and Cundall, 2004)。接触粘结可传递颗粒间作用力，平行粘结不仅传递作用力还传递力矩。

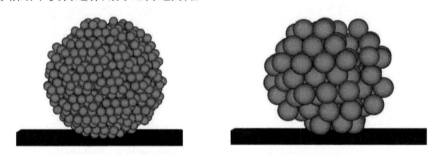

图 2.2　球体粘结单元 (Lim and McDowell, 2005)

在模拟材料的破碎特性时，一般采用平行粘结方式，并通过粘结单元间的作用力和力矩计算得到单元间的法向应力和切向应力。采用该平行粘结模式不仅可以构造非规则颗粒单元，还可对连续体材料的破坏过程进行模拟，图 2.3 为球形颗粒组成的试样受压破坏的过程。粘结单元中颗粒间具有粘结强度，能够确保单元整体运动，但是当单元内部应力超过粘结强度时，单元会发生断裂并彼此分离。

在采用球形颗粒的组合单元中，通过增加球形颗粒的数量能更精确地模拟非规则颗粒的几何形态，甚至可采用上万个球形颗粒构造一个试样。随着破碎单元的数目增多,单元间接触检测和断裂判断的潜在接触对数目随之增加,这导致离散元的计算效率急剧降低。

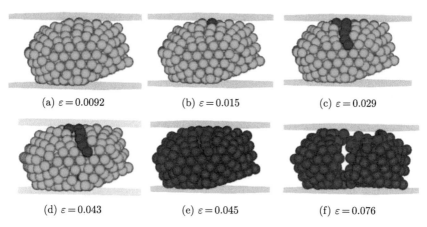

(a) $\varepsilon = 0.0092$ (b) $\varepsilon = 0.015$ (c) $\varepsilon = 0.029$

(d) $\varepsilon = 0.043$ (e) $\varepsilon = 0.045$ (f) $\varepsilon = 0.076$

图 2.3   试样受压破坏过程 (Yan et al., 2015)

2.1.2   镶嵌颗粒模型

镶嵌颗粒单元不考虑颗粒的破碎,且单元间接触对数目相比于粘结颗粒模型显著减少,在描述非规则颗粒的几何形态和力学行为中具有良好的计算效果。图 2.4 为不同镶嵌尺寸和组合方式的碎石料颗粒模型。

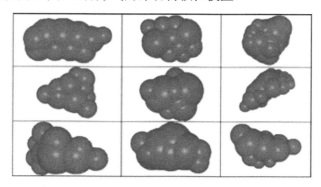

图 2.4   镶嵌模型构造的不同碎石料颗粒模型 (Ngo et al., 2014)

在构造组合镶嵌颗粒模型时,依据设定的碎石料尺寸,以及球形颗粒的个数和重叠量确定相应的球形颗粒尺寸,但不同的颗粒尺寸和重叠量显著影响碎石料模型的表面光滑度,并由此影响到整体的宏观力学性能。图 2.5 为采用镶嵌单元模拟道砟箱受压沉降和搅拌机的过程。

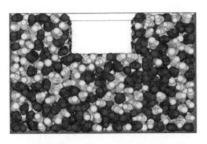
(a) 道砟箱模拟(Lin and McDowell, 2005)

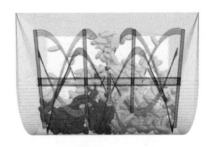
(b) 颗粒搅拌机(PFC3D)

图 2.5　镶嵌单元的应用

　　在镶嵌单元的动力计算过程中，质量和转动惯量是十分重要的参数，同时也是计算镶嵌单元运动的基础。由于镶嵌单元的颗粒间具有很大的重叠量，因此单元的质量和转动惯量需要重新计算，其计算方法如图 2.6 所示。通过累加所有有效网格的质量可以消除重叠区域的影响，计算出镶嵌单元的真实质量。

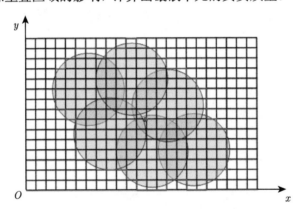

图 2.6　镶嵌单元中质量和转动惯量的计算示意图

镶嵌单元质量的计算公式为

$$M_c = \sum_{i=1}^{n} \rho l_i^3 \tag{2.1}$$

式中，M_c 为镶嵌单元的质量，n 为有效网格的数量，ρ 为道砟的密度，l_i 为网格的边长。

　　镶嵌单元的质心计算公式为

$$x_c = \frac{\sum_{i=1}^{n} \rho l_i^3 x_i}{M_c}, \quad y_c = \frac{\sum_{i=1}^{n} \rho l_i^3 y_i}{M_c}, \quad z_c = \frac{\sum_{i=1}^{n} \rho l_i^3 z_i}{M_c} \tag{2.2}$$

式中，x_c、y_c 和 z_c 为镶嵌单元质心坐标，x_i、y_i 和 z_i 为有效网格的中心坐标。

镶嵌单元的转动惯量为

$$J_{xc} = \sum_{i=1}^{n} m_i r_i^2 = \sum_{i=1}^{n} \rho l_i^3 \left[(y_i - y_c)^2 + (z_i - z_c)^2 \right]$$

$$J_{yc} = \sum_{i=1}^{n} m_i r_i^2 = \sum_{i=1}^{n} \rho l_i^3 \left[(x_i - x_c)^2 + (z_i - z_c)^2 \right] \tag{2.3}$$

$$J_{zc} = \sum_{i=1}^{n} m_i r_i^2 = \sum_{i=1}^{n} \rho l_i^3 \left[(x_i - x_c)^2 + (y_i - y_c)^2 \right]$$

式中，J_c 为镶嵌单元的转动惯量，m_i 为有效网格的质量，r_i 为有效网格中心与镶嵌单元质心的距离。

在镶嵌或粘结的组合单元计算过程中，单元内部每个颗粒都参与计算。镶嵌单元视为刚体，通过四元数法确定镶嵌单元在计算过程中的整体运动行为，这种方法已广泛地应用于分子动力学、固体力学和刚体动力学等诸多研究领域。利用四元数方法可对组合颗粒单元的力矩、转动速度等动力学分量在整体坐标系和局部坐标系之间进行自由转换 (严颖等，2009)。对于组合颗粒单元，设有整体 (固定) 坐标系 e^G 和局部 (移动) 坐标系 e^B，并通过坐标转换矩阵 $\boldsymbol{A}$ 相互转变，即

$$\boldsymbol{e}^B = \boldsymbol{A} \cdot \boldsymbol{e}^G \tag{2.4}$$

$$\boldsymbol{e}^G = \boldsymbol{A}^{\mathrm{T}} \cdot \boldsymbol{e}^B \tag{2.5}$$

这里转换矩阵满足 $\boldsymbol{A}^{-1} = \boldsymbol{A}^{\mathrm{T}}$，且该矩阵 $\boldsymbol{A}$ 可以由四元数方法确定。在四元数方法中，主要有四个标量，即

$$\boldsymbol{Q} = (q_0, q_1, q_2, q_3) \tag{2.6}$$

且满足

$$q_0^2 + q_1^2 + q_2^2 + q_3^2 = 1 \tag{2.7}$$

采用四元数方法，该坐标转换矩阵 $\boldsymbol{A}$ 可表示为

$$\boldsymbol{A} = \begin{bmatrix} q_0^2 + q_1^2 - q_2^2 - q_3^2 & 2(q_1 q_2 + q_0 q_3) & 2(q_1 q_3 - q_0 q_2) \\ 2(q_1 q_2 - q_0 q_3) & q_0^2 - q_1^2 + q_2^2 - q_3^2 & 2(q_2 q_3 + q_0 q_1) \\ 2(q_1 q_3 + q_0 q_2) & 2(q_2 q_3 - q_0 q_1) & q_0^2 - q_1^2 - q_2^2 + q_3^2 \end{bmatrix} \tag{2.8}$$

在局部坐标下, 组合颗粒单元的角加速度可表示为

$$
\begin{aligned}
\dot{\omega}_x^B &= \frac{M_x^B}{I_{xx}} + \left(\frac{I_{yy} - I_{zz}}{I_{xx}} \right) \omega_y^B \omega_z^B \\
\dot{\omega}_y^B &= \frac{M_y^B}{I_{yy}} + \left(\frac{I_{zz} - I_{xx}}{I_{yy}} \right) \omega_z^B \omega_x^B \\
\dot{\omega}_z^B &= \frac{M_z^B}{I_{zz}} + \left(\frac{I_{xx} - I_{yy}}{I_{zz}} \right) \omega_x^B \omega_y^B
\end{aligned}
\tag{2.9}
$$

式中, I_{xx}、I_{yy} 和 I_{zz} 为关于三个局部坐标轴的转动惯量。组合颗粒通过坐标转换将整体坐标系下的力矩分量转变为局部坐标系下的力矩分量, 即

$$
\begin{bmatrix} M_x^B \\ M_y^B \\ M_z^B \end{bmatrix} = \boldsymbol{A} \begin{bmatrix} M_x^G \\ M_y^G \\ M_z^G \end{bmatrix}
\tag{2.10}
$$

这里 $\boldsymbol{M}^B$、$\boldsymbol{M}^G$ 分别为组合颗粒单元绕局部坐标轴和整体坐标轴的力矩, 可由 DEM 模拟中颗粒间的作用力计算得到。

当组合颗粒在局部坐标系下的角速度确定后, 其在整体坐标系下的角速度可表示为

$$
\begin{bmatrix} \omega_x^G \\ \omega_y^G \\ \omega_z^G \end{bmatrix} = \boldsymbol{A}^{\mathrm{T}} \begin{bmatrix} \omega_x^B \\ \omega_y^B \\ \omega_z^B \end{bmatrix}
\tag{2.11}
$$

该四元数分量的增量与组合颗粒的角速度满足如下微分方程:

$$
\begin{bmatrix} \dot{q}_0 \\ \dot{q}_1 \\ \dot{q}_2 \\ \dot{q}_3 \end{bmatrix} = \frac{1}{2} \boldsymbol{W} \begin{bmatrix} 0 \\ \omega_x^B \\ \omega_y^B \\ \omega_z^B \end{bmatrix}
\tag{2.12}
$$

其中 $\boldsymbol{W}$ 可表示为

$$
\boldsymbol{W} = \begin{bmatrix} q_0 & -q_1 & -q_2 & -q_3 \\ q_1 & q_0 & -q_3 & q_2 \\ q_2 & q_3 & q_0 & -q_1 \\ q_3 & -q_2 & q_1 & q_0 \end{bmatrix}
\tag{2.13}
$$

通常,在颗粒系统初始生成时需要给定颗粒的全局坐标和欧拉角,进而确定颗粒的位置和方向。这里给出四元数与欧拉角满足如下关系:

$$
\begin{aligned}
q_0 &= \cos\frac{\theta}{2}\cos\frac{\varphi+\psi}{2} \\
q_1 &= \sin\frac{\theta}{2}\cos\frac{\varphi-\psi}{2} \\
q_2 &= \sin\frac{\theta}{2}\sin\frac{\varphi-\psi}{2} \\
q_3 &= \cos\frac{\theta}{2}\sin\frac{\varphi+\psi}{2}
\end{aligned}
\tag{2.14}
$$

式中,θ、φ 和 ψ 为欧拉角。如果在第 n 个 DEM 时间步时,在全局坐标系下组合颗粒单元受到外力 $\boldsymbol{F}_G^{(n)}$ 和力矩 $\boldsymbol{M}_G^{(n)}$,则在第 $n+1$ 个 DEM 时间步时,单元的平动速度更新为

$$
\boldsymbol{v}_G^{(n+1)} = \boldsymbol{v}_G^{(n)} + \frac{\boldsymbol{F}_G^{(n)} \cdot \Delta t}{M_c}
\tag{2.15}
$$

式中,$\boldsymbol{v}_G^{(n+1)}$ 和 $\boldsymbol{v}_G^{(n)}$ 分别为全局坐标系下在第 $n+1$ 个 DEM 时间步和第 n 个 DEM 时间步时组合颗粒单元的平动速度。同时,在第 $n+1$ 个 DEM 时间步时四元数可更新为

$$
\begin{bmatrix} q_0 \\ q_1 \\ q_2 \\ q_3 \end{bmatrix}^{(n+1)}
= \begin{bmatrix} q_0 \\ q_1 \\ q_2 \\ q_3 \end{bmatrix}^{(n)}
+ \frac{\Delta t}{2}\boldsymbol{W}^{(n)}
\begin{bmatrix} 0 \\ \omega_x^B \\ \omega_y^B \\ \omega_z^B \end{bmatrix}^{(n)}
\tag{2.16}
$$

通过以上整体坐标与局部坐标之间的转换关系,组合颗粒的转动分量可以采用四元数方法在时域上进行迭代求解。

2.2 超二次曲面颗粒单元

在 DEM 中最普遍的非球形颗粒是椭球体,目前已应用于漏斗卸料、稻谷堆积等多个领域。椭球体模型是在球体的基础上改变三个主轴方向的半轴长进而得到不同长宽比的细长或扁平颗粒模型。由于其接触判断较为简单,所以椭球体模型是目前在非球形离散单元法中常用的几何形状模型。然而,该模型由于形状变化较为有限,无法构造自然界中具有尖锐角点和平面的几何形态,且无法反映颗粒表面尖锐程度对颗粒系统动力学的影响。

超二次曲面方法是由二次曲面扩展演变而来,目前已广泛运用于计算机图形学、仿生机器人、工业加工等多个领域。1992 年,Williams 和 Pentland 首次提出数

学意义上描述非规则颗粒形态的普遍方法, 并统计得出 80%的颗粒形状可由超二次曲面方程描述, 而其他的形状可由更高维的曲面方程得到 (Williams and Pentland, 1992)。Cleary 等将超二次曲面方程进行简化, 并成功地应用于滑坡引起的山体崩塌、球磨机等工程问题中 (Cleary et al., 2016, 2017)。采用连续函数包络 (continuous function representation, CFR) 的超二次曲面方程能够精确地描述非规则颗粒形态, 并通过非线性迭代方法有效解决接触判断等问题。

2.2.1　超二次曲面颗粒单元

超二次曲面模型是基于二次曲面方程扩展得到的描述非球形单元的普遍方法。1981 年 AH 提出的超二次曲面方程可归纳成以下两种形式 (AH, 1981):

$$\left(\left|\frac{x}{a}\right|^{n_2} + \left|\frac{y}{b}\right|^{n_2}\right)^{n_1/n_2} + \left|\frac{z}{c}\right|^{n_1} - 1 = 0 \tag{2.17}$$

$$\left(\left(\frac{x}{a}\right)^{2/n_2} + \left(\frac{y}{b}\right)^{2/n_2}\right)^{n_2/n_1} + \left(\frac{z}{c}\right)^{2/n_1} - 1 = 0 \tag{2.18}$$

式中, a、b 和 c 分别表示颗粒沿主轴方向的半轴长, n_1 和 n_2 表示形状参数。以上两式除在表述形式上不同外并无本质差别, 参数 n_1 控制 x-z 和 y-z 平面的表面尖锐度, 而参数 n_2 则控制 x-y 平面的表面尖锐度, 当 $n_1 = n_2$ 时, 可化简得到

$$\left|\frac{x}{a}\right|^m + \left|\frac{y}{b}\right|^m + \left|\frac{z}{c}\right|^m - 1 = 0 \tag{2.19}$$

对于 $n_1 = n_2 = 2$ 得到椭球体, $n_1 \gg 2$ 且 $n_2 = 2$ 得到圆柱体, $n_1 \gg 2$ 且 $n_2 \gg 2$ 得到长方体。图 2.7 显示在超二次曲面方程中改变不同半轴长及形状参数得到的单元模型。

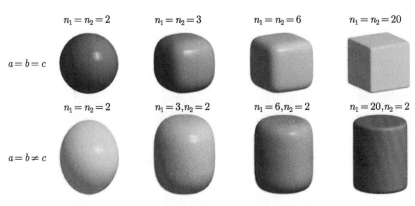

(a) 不同表面光滑度的超二次曲面单元

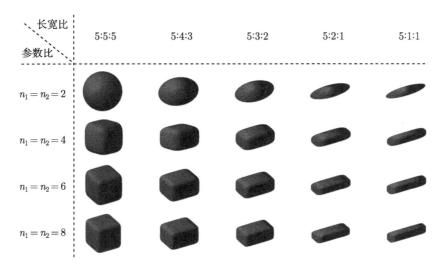

长宽比

参数比

| | 5:5:5 | 5:4:3 | 5:3:2 | 5:2:1 | 5:1:1 |

$n_1 = n_2 = 2$

$n_1 = n_2 = 4$

$n_1 = n_2 = 6$

$n_1 = n_2 = 8$

(b) 不同长宽比的超二次曲面单元

图 2.7 采用连续函数包络的超二次曲面模型

采用 CFR 算法构建的超二次曲面单元广泛地应用于岩土、矿山、工业加工等多个领域，如图 2.8 和图 2.9 所示 (Cleary, 2010)。崔泽群等 (2013) 研究了计算效率和计算精度与超二次曲面的形状指数和半轴长的关系，指出形状越接近球形，效率和精度越高；Cleary 等发展了超二次曲面模型的 DEM-SPH 和 DEM-CFD 的两种双向耦合算法，实现了工业应用中高浓度泥浆与粗颗粒的相互作用过程和颗粒的气动运输及工业粉尘的仿真模拟 (Cleary et al., 2016)；此外，超二次曲面模型还成功地应用于研磨机等矿山领域，还可用于分析高剪切混合器中颗粒形状对混合特性的影响 (Delaney et al., 2015; Sinnott and Cleary, 2016)。

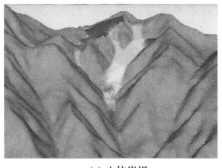

(a) 山体崩塌　　　　　　　　　　(b) 搅拌混合

图 2.8 超二次曲面颗粒单元的工程应用 (Cleary, 2010)

(a) 颗粒的随机排列　　　　　　　　　　　(b) 颗粒的研磨碎化

图 2.9　超二次曲面破碎过程及应用 (Cleary et al., 2017)

采用 CFR 算法的主要优势在于可以轻易地得到单元的表面法向:

$$f_x' = \frac{n_1}{a} \left|\frac{x}{a}\right|^{n_2-1} \left(\left|\frac{x}{a}\right|^{n_2} + \left|\frac{y}{b}\right|^{n_2}\right)^{n_1/n_2-1} \mathrm{sign}x$$

$$f_y' = \frac{n_1}{b} \left|\frac{y}{b}\right|^{n_2-1} \left(\left|\frac{x}{a}\right|^{n_2} + \left|\frac{y}{b}\right|^{n_2}\right)^{n_1/n_2-1} \mathrm{sign}y \qquad (2.20)$$

$$f_z' = \frac{n_1}{c} \left|\frac{z}{c}\right|^{n_1-1} \mathrm{sign}z$$

基于这种方法, 将颗粒间的接触判断问题转化为求解颗粒间最小距离的优化问题, 并通过非线性迭代方法计算颗粒间的接触力。在计算接触力时, 需要建立目标方程和约束方程。目标方程旨在寻找单元间的最短距离, 而约束方程保证接触点在两个单元表面, 并通过牛顿迭代、序列二次规划等方法计算单元间的接触信息。

然而, CFR 算法也存在一定的局限性。首先, 该方法仅能产生类似椭球体、柱体、六面体等具有中心对称的几何形状 (Podlozhnyuk et al., 2016); 其次, 在单元的接触判断方面, 无论采用公法线 (Wellmann et al., 2008) 或最低几何势能算法 (Lu et al., 2014) 都需要保证迭代的收敛, 并且随着函数幂次的升高 (即表面尖锐化), 算法的不稳定性也随之增加。

1995 年 Williams 和 O'Connor 提出了采用离散函数 (DFR) 表示的超二次曲面检测算法, 将单个点离散到颗粒表面。如果局部坐标系下颗粒的几何势能满足 $f(x, y, z) < 0$, 则其表面点 (x, y, z) 在颗粒内部, 反之亦然。因此, 接触检测简化为依次计算颗粒表面点是否在相邻颗粒内部。DFR 普遍被认为是一种具有广泛应用前景的检测算法, 但仍有一些关键问题待解决: 在保证足够精度下, 需要多少半离散的点表示一个颗粒表面; 一个颗粒表面半离散化的点如何分布; 在全部半离散点中如何有效地确定接触点。为解决这些问题, Lu 等 (2012) 介绍了统一半离散方法和自适应半离散方法。统一半离散方法适合完全对称的规则颗粒, 即球体, 这里半离散点均匀等距分布。然而, 自适应方法适合超二次曲面, 将大量的半离散点分布

在尖锐顶点和边界。Lu 等 (2012) 采用大量不同的实验方案对 DFR 和 CFR 方法的计算性能进行比较。结果表明, 两种算法在准确模拟颗粒床的动力学行为上有近似的计算结果。

2.2.2 基于超二次曲面的椭球体颗粒单元

椭球体模型是在球体模型的基础之上由二次曲面方程描述的非规则单元形态, 其方程可由超二次曲面函数简化得到, 即

$$\left(\frac{x}{a}\right)^2 + \left(\frac{y}{b}\right)^2 + \left(\frac{z}{c}\right)^2 - 1 = 0 \tag{2.21}$$

$$x = a\cos\theta\cos\varphi, \quad y = b\cos\theta\sin\varphi, \quad z = c\sin\theta \tag{2.22}$$

在固定坐标系中, a、b 和 c 是颗粒沿主轴方向的半轴长。参数方程中系数 θ 和 φ 的取值区间为 $-\pi/2 \leqslant \theta \leqslant \pi/2$ 和 $-\pi \leqslant \varphi \leqslant \pi$。改变 a、b 和 c 之间的比例关系, 可以得到不同长宽比的细长或扁平颗粒形态, 如图 2.10 所示。

图 2.10 椭球体颗粒模型

对于椭球体的接触碰撞问题可采用几何势能方法或公法线算法进行求解。几何势能方法是在目标单元表面寻找一点满足邻居单元的最低几何势能。如果值为负, 表明颗粒发生接触; 否则不发生接触。依次寻找颗粒表面上一点满足具有相邻颗粒的最低几何势能, 两个最低几何势能点的连线即为相邻颗粒的接触法向。公法线算法则是在两个邻居单元表面寻找两点, 且满足连线方向与外法向平行的几何关系, 并通过非线性迭代的算法进行求解。公法线算法可更好地满足接触力学的定义, 即法向力垂直于邻居颗粒表面, 然而它迭代收敛需要消耗更多的计算时间。

在 DEM 中, 椭球体模型广泛地应用于沉桩、堆积、料斗卸料等多个领域, 如图 2.11 所示。Yan 等 (2010) 发展了关于椭球体的 DEM-FEM 耦合算法模拟桩的贯入深度, Baram 和 Lind (2012) 基于几何势能算法研究椭球体的堆积特性, Zheng 等 (2013) 则发展了适用于椭球体的基于参数修正的非线性粘弹性接触模型, Liu 等 (2014) 研究了椭球体在平底料斗中的流动特性, 并与实验结果较好地吻合。

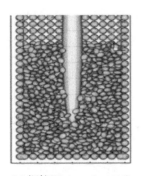

(a) 沉桩(Yan et al., 2010)　　　　(b) 堆积(Baram and Lind, 2012)　　　　(c) 卸料(Liu et al., 2014)

图 2.11　采用椭球单元的离散元模拟

2.3　多面体及扩展多面体单元

多面体单元能够更好地反映散体的几何形态，在岩土工程、地质演变的模拟中有着广泛的应用。采用 Minkowski Sum 理论的扩展多面体单元能够在体现多面体几何形态的同时，有效地解决接触搜索效率和接触力模型问题。

2.3.1　多面体单元

多面体单元由若干平面组合而成，其几何构成主要为角点、棱边和平面，如图 2.12 所示。多面体可以是凸多面体也可以是凹多面体，由于凸多面体的接触搜索较凹多面体简单，且凹多面体可由凸多面体拼接而成，故这里主要阐述凸多面体。

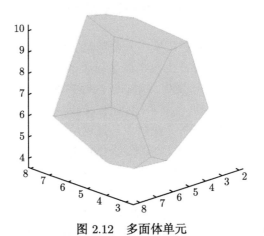

图 2.12　多面体单元

对于由 N 个平面围成的多面体，它所代表的空间可以由 N 个不等式来表示：

$$a_i x + b_i y + c_i z \leqslant d_i, \quad i = 1, 2, 3, \cdots, N \tag{2.23}$$

式中，a_i、b_i、c_i 代表每个面单位外法向的三个分量，d_i 是面到坐标原点的距离。实际上，多面体的外表面可用方程的形式表示：

$$f(x, y, z) = \sum_{i=1}^{N} \langle a_i x + b_i y + c_i z - d_i \rangle = 0 \qquad (2.24)$$

式中，$\langle \rangle$ 是 Macaulay 括号：$\langle x \rangle = x, x > 0$；$\langle x \rangle = 0, x \leqslant 0$。

近些年来，多面体由于其形状可任意多样，在离散元中应用广泛 (Nassauer et al., 2013)，且发展出了损伤断裂模型 (Ma et al., 2016)，如图 2.13 所示。多面体单元面临的主要问题是接触搜索过于复杂，且难以建立不同几何接触形式下的接触力模型 (Nezami et al., 2004, 2006; Boon et al., 2012; Wang et al., 2015)，如图 2.14 所示。此外，基于多面体单元的非连续变形法 (discontinuous deformation analysis, DDA) 在岩土工程中具有重要地位，其对散状岩石、脆性材料的滑坡、断裂等力学过程的分析模拟具有良好的效果，在岩土力学和相关工程应用中获得了广泛的关注 (Shi, 1988; Maclaughlin and Doolin, 2006; 石根华, 2016; Zhang et al., 2015)。

 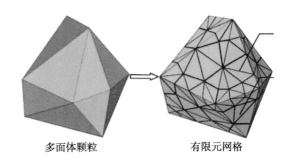

多面体颗粒　　　　　　　　　有限元网格

(a) 多面体的漏斗流动(Nassauer et al., 2013)　　　(b) 多面体耦合单元(Ma et al., 2016)

图 2.13　采用多面体单元的离散元方法

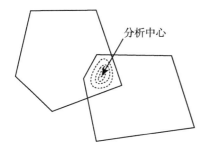 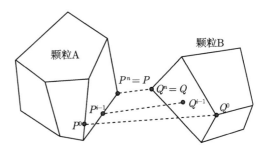

(a) 多面体接触计算(Boon et al., 2012)　　　(b) 多面体公共面搜索(Nezami et al., 2006)

图 2.14　多面体的接触搜索算法

2.3.2 基于 Minkowski Sum 的扩展多面体

近年来，基于 Minkowski Sum 理论的扩展多面体单元在描述颗粒形态、发展接触搜索算法、计算接触力等方面显示出了显著的优势，在离散元方法的工程应用方面得到了迅速的发展。Minkowski Sum 方法是由德国数学家赫曼·闵可夫斯基 (Herman Minkowski，1864~1909) 定义的 (Varadhan and Manocha, 2006)。假设两个点集 A 和 B 分别代表空间中封闭的几何形状，其闵可夫斯基和定义为

$$A \oplus B = \{x + y \,|\, x \in A, y \in B\} \tag{2.25}$$

式中，x 和 y 分别是点集 A 和 B 上的点，即 $A \oplus B$ 是 A 和 B 中所有点元素的位置矢量和。

Minkowski Sum 的几何求取过程可以概述为点集 B 扫略在点集 A 的外表面上，形成的新几何形状即为 A 和 B 的闵可夫斯基和，如图 2.15 所示。Minkowski

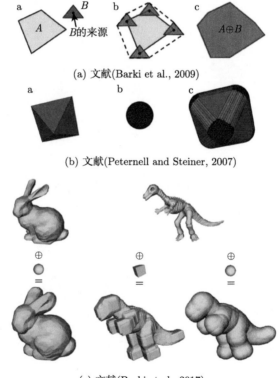

(a) 文献(Barki et al., 2009)

(b) 文献(Peternell and Steiner, 2007)

(c) 文献(Barki et al., 2017)

图 2.15　基于 Minkowski Sum 不同形状构造的几何形态

Sum 方法主要有以下性质: 若 A 和 B 是凸的, 那么 $A \oplus B$ 也是凸的; $A \oplus B = B \oplus A$; $\mu(A \oplus B) = \mu A \oplus \mu B$; $nA = A \oplus A \oplus \cdots \oplus A$; $A \oplus (B \cup C) = (A \oplus B) \cup (A \oplus C)$。

Minkowski Sum 方法广泛应用于复杂图形构建、复杂形体碰撞检测和机器人规避空间障碍的运动规划等方面, 在计算机图形学和计算机辅助设计中有重要的应用前景。在离散元中, 采用圆盘和球、多面体和球的 Minkowski Sum 构建的扩展单元能够较好地解决复杂形态颗粒之间的接触问题, 提高搜索效率和精度 (Hopkins and Tuhkuri, 1999; Hopkins, 2004; Galindo-Torres et al., 2012)。

扩展圆盘模型是在球形颗粒单元研究的基础上用球形单元和圆盘单元进行闵可夫斯基和运算得到的颗粒单元, 如图 2.16 所示。这个三维球体的圆心在圆盘上随意运动, 球体所有可能的运动轨迹的包络线即为这个圆盘冰模型 (Hopkins et al., 1999; Hopkins, 2004)。这种方法构建的颗粒单元几何描述简单, 可以更加精确地计算颗粒间的接触变形。颗粒单元的主要描述参数是颗粒的中心位置和圆盘的方向。

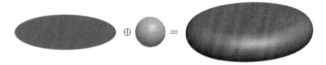

图 2.16 扩展圆盘单元的构造

采用球体和任意多面体的 Minkowski Sum 方法可构建扩展多面体 (Galindo-Torres et al., 2012), 如图 2.17 所示。扩展多面体的多样性可通过不同的多面体几何形态和球体大小来调整。扩展多面体单元可以极大地简化多面体的接触判断过程, 在满足计算精度的条件下有效地提高离散元计算效率。此外, 多面体单元之间尖锐的棱角接触可转化为光滑的球面或圆柱面接触, 其接触方向和接触重叠量都可以有效地求解, 解决了该接触的奇异性。由于外表面的光滑特性, 其接触力模型可采用传统的接触力学模型如 Hertz 接触理论。

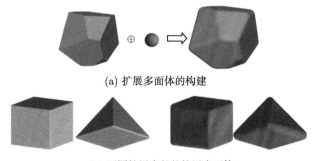

(a) 扩展多面体的构建

(b) 不同扩展半径的扩展多面体

图 2.17 采用 Minkowski Sum 构建扩展多面体

2.4　新型非规则颗粒单元

近年来，随着大规模离散元计算的发展和对非规则单元构造精度要求的提高，新型非规则颗粒单元的构建逐步成为研究的热点，有效且稳定的接触检测算法是当前新型非规则单元面临的主要挑战 (Lu et al., 2015; Zhong et al., 2016)。

2.4.1　随机星形颗粒模型

三维随机星形颗粒 (star-shaped random particles) 一般构造在球坐标系中，颗粒质心到表面的距离 r 为方位角、仰角的单值函数，因此不允许颗粒存在 "悬臂" 和内部的空腔。颗粒构造具有很大的自由度，可以生成十分复杂的几何形状。随机星形颗粒大量存在于工业加工、混凝土材料等领域，自然界中岩石、土壤、小行星等往往都可以使用这种方法构造，如图 2.18 所示。

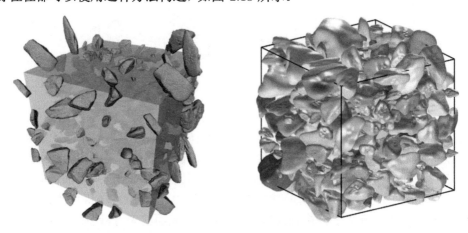

图 2.18　三维随机星形颗粒模型在混凝土骨料中的应用 (Qian et al., 2016; Zhu et al., 2014)

随机星形颗粒的构造一般采用球谐函数法。首先，通过颗粒的三维图像获取表面点径向距离的极坐标数值，然后使用球谐函数的级数形式表示颗粒表面。球坐标表示星形颗粒的表面函数为

$$r(\theta, \varphi) = \sum_{n=0}^{N} \sum_{m=-n}^{n} a_{nm} Y_n^m(\theta, \varphi) \tag{2.26}$$

式中，N 为展开阶数，与颗粒表面精确程度密切相关；a_{nm} 为根据 m、n 计算的展开系数；Y_n^m 为球谐函数，表达式如下：

$$Y_n^m(\theta, \varphi) = \sqrt{\frac{(2n+1)(n-m)!}{4\pi(n+m)!}} p_n^m \cos\theta \mathrm{e}^{\mathrm{i}m\varphi} \tag{2.27}$$

式中，p_n^m 为 m 阶 n 次连带勒让德函数 (associated Legendre functions)，这里令 $\cos\theta = x$，有

$$p_n^m(x) = (-1)^m (1-x^2)^{\frac{m}{2}} \frac{\mathrm{d}^m}{\mathrm{d}x^m} p_n(x) \tag{2.28}$$

$$p_n(x) = \frac{1}{2^n n!} \left[\frac{\mathrm{d}^n}{\mathrm{d}x^n} (x^2-1)^n \right] \tag{2.29}$$

当 m 为负数时，则

$$p_n^m(x) = (-1)^{-m} \frac{(n+m)!}{(n-m)!} p_n^{-m}(x) \tag{2.30}$$

取 N 在 1~30 时构造的颗粒形状，如图 2.19 所示 (a_{nm} 数据库来自 (Garboczi and Bullard, 2017))。

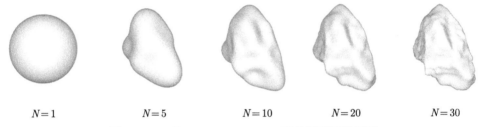

$N=1$　　　　$N=5$　　　　$N=10$　　　　$N=20$　　　　$N=30$

图 2.19　N 取 1、5、10、20、30 时的星形颗粒模型

　　由于随机星形颗粒函数表示的复杂性，其接触判断尚没有统一的解析形式。已有如分离轴算法 (Zhu et al., 2014)、接触函数算法 (Garboczi and Bullard, 2013) 等，但这些算法出于对复杂几何模型的精确期望，还需要采用更加精确的函数形式，这又会导致计算效率显著下降。

2.4.2　B 样条函数模型

　　B 样条模型是通过 Bezier 曲线拟合目标轮廓的一种非插值方法，其交互地确定一组控制点以获得曲线形式，如图 2.20 所示。这种曲线方程基于 Bernstein 基函数，改变其中的一个或者几个控制点，不会影响曲线的整体形态。由于通过它的控制点就可以得到曲线的方程，因此该方法可以得到各种非规则的颗粒形状，其多样性和易变性给予了用函数去逼近显示非规则单元的可能性。该方法的特点是 Bezier 曲面算法比较成熟，显示的图形比较平滑，控制参数较少，适用于非规则单元的建模与图形显示。这种方法通常用于非规则颗粒单元的堆积及力学性能的研究，如图 2.21 所示。然而，B 样条模型的控制点往往根据经验选取。一般说来，当轮廓变化剧烈时，为了精确逼近该轮廓，控制点要多选一些。轮廓变化平缓，在满足精度的要求下，控制点可适当少选，而控制点的选择将显著影响计算效率 (赵秀阳等，2010)。

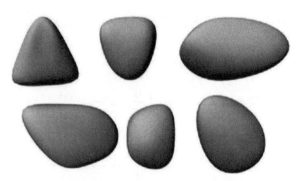

图 2.20   B 样条颗粒单元的构造

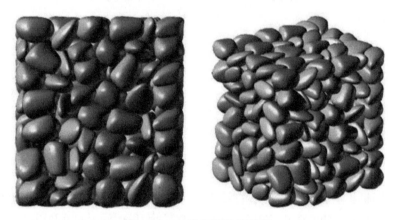

图 2.21   B 样条颗粒的堆积

2.4.3   组合几何单元法

组合几何单元法 (combined geometric element method) 是通过将任意几何形状的表面组合成一组几何单元而得到,如平面或光滑的曲面。这种方法使得在顶点或边位置处颗粒表面不连续,适用于构造常规的具有光滑表面或棱边的非规则颗粒形态,如实心圆柱体、管道、球柱体和两端都呈凸形的药片形状等,如图 2.22 所示。这种算法广泛地应用于化工、岩土、矿物等领域,图 2.23 为单元间的静态堆积过程。

区别于传统的球体镶嵌算法,它不局限于使用球体单元,可通过椭球体、圆柱体等单元的组合生成一个新的几何模型。但是,对于这种类型的组合颗粒单元,接触检测算法必须依次对顶点、边、面进行搜索,并判断颗粒间可能存在的每一种接触模式:顶点–边、边–边、顶点–面、面–面等,这将极大地限制大规模颗粒计算的并行能力 (Guo et al., 2013; Wehinger et al, 2015; Dong et al., 2015)。

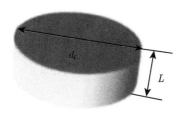
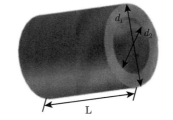
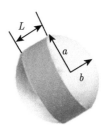

(a) 实心圆柱体(Guo et al., 2013)　　　(b) 管道(Wehinger et al., 2015)　　　(c) 药片(Dong et al., 2015)

图 2.22　组合几何单元法

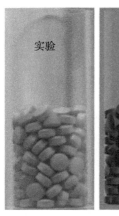

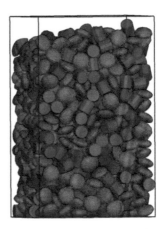

图 2.23　圆柱体的静态堆积 (Kodam et al., 2012; Dong et al., 2015)

2.4.4　势能颗粒单元

　　势能颗粒算法 (potential particle method) 是一种可以构造从圆形到多面体等具有广泛颗粒形态的函数表示算法。通过提出颗粒表面势能的函数概念,对颗粒形状、表面曲率、表面法向实现函数参数的有效控制,外侧的扩展球体可以保证颗粒形状的严格凸形,如图 2.24 所示。对于这种构造算法,其单元间的接触检测往往依赖于寻找表面最低的几何势能点。通过建立优化方程,采用数值迭代的算法求解单元间的接触点和接触法向,并将上一 DEM 时间步的计算结果作为下一时间步的初始预测,从而提高迭代的计算效率。一般而言,这种算法降低了传统多面体算法和扩展多面体算法在接触搜索中不同接触模式的复杂性,有利于大规模地并行计算。同时,这种算法弥补了二次函数和超二次曲面函数中无法构造多面体颗粒模型的不足,是一种新型颗粒模型构建算法中便于广泛使用和大规模并行的一种方法 (Houlsby, 2009)。

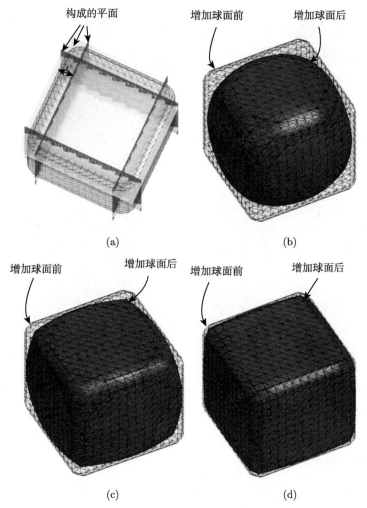

(a)   (b)

(c)   (d)

图 2.24 势能颗粒模型的构建：(a) 构成的正方形平面；(b)～(d) 不同的
表面曲率 (Houlsby, 2009)

2.5 小   结

　　本章主要介绍了基于球形颗粒的粘结和镶嵌模型、基于函数包络的椭球体和
超二次曲面模型、基于几何拓扑和 Minkowski Sum 理论的多面体和扩展多面体模
型。除此之外，简要阐述了新型非规则颗粒单元的构造方法及应用，主要包括：三
维随机星形颗粒模型、B 样条函数模型、组合几何单元模型、势能颗粒模型等。相
比于传统的球形颗粒单元，非规则颗粒形态能更加真实地反映颗粒材料的基本力
学行为，同时对颗粒材料的宏细观分析产生显著影响。但考虑算法的灵活性、数

值稳定性和计算效率等因素的影响，不同的方法具有其独特的优势和有限的适用范围。

因此，发展更加有效、稳定的非规则形态构造方法仍然是未来关注的重要领域。同时，当前非规则单元间的接触力主要采用传统理想球体单元的接触理论，但对非规则单元而言，尤其是具有尖锐顶点、边和面的单元，其接触力的计算通常与接触面积和重叠区域的等效曲率有关，难以精确计算。为此，发展适用于任意形状的接触理论同样是未来面临的重要挑战。

参 考 文 献

崔泽群, 陈友川, 赵永志, 等. 2013. 基于超二次曲面的非球形离散单元模型研究. 计算力学学报, (6): 854-859.

石根华. 2016. 接触理论及非连续形体的形成约束和积分. 北京: 科学出版社.

孙其诚, 程晓辉, 季顺迎, 等. 2011. 岩土类颗粒物质宏 - 细观力学研究进展. 力学进展, 41(3): 351-371.

严颖, 季顺迎. 2009. 碎石料直剪实验的组合颗粒单元数值模拟. 应用力学学报, 26(1): 1-7.

赵秀阳, 李萍萍, 张彩明, 等. 2010. 基于节点矢量优化的复合材料序列轮廓逼近及重构. 计算机辅助设计与图形学学报, 22(11): 1945-1951.

AH B. 1981. Superquadrics and angle-preserving transformations. IEEE Computer Graphics and Applications, 1(1): 11-23.

Baram R M, Lind P G. 2012. Deposition of general ellipsoidal particles. Physical Review E, 85(4 Pt 1): 041301.

Barki H, Denis F, Dupont F. 2009. Contributing vertices-based Minkowski sum computation of convex polyhedra. Computer-Aided Design, 41(7): 525-538.

Boon C W, Houlsby G T, Utili S. 2012. A new algorithm for contact detection between convex polygonal and polyhedral particles in the discrete element method. Computers & Geotechnics, 44(1): 73-82.

Cleary P W. 2010. DEM prediction of industrial and geophysical particle flows. Particuology, 8(2): 106-118.

Cleary P W, Hilton J E, Sinnott M D. 2016. Modelling of industrial particle and multiphase flows. Powder Technology, 314: 232-252.

Cleary P W, Sinnott M D, Morrison R D, et al. 2017. Analysis of cone crusher performance with changes in material properties and operating conditions using DEM. Minerals Engineering, 100: 49-70.

Delaney G W, Morrison R D, Sinnott M D, et al. 2015. DEM modelling of non-spherical particle breakage and flow in an industrial scale cone crusher. Minerals Engineering, 74: 112-122.

Dong K, Wang C, Yu A. 2015. A novel method based on orientation discretization for discrete element modeling of non-spherical particles. Chemical Engineering Science, 126: 500-516.

Galindo-Torres S A, Pedroso D M, Williams D J, et al. 2012. Breaking processes in three-dimensional bonded granular materials with general shapes. Computer Physics Communications, 183(2): 266-277.

Garboczi E J, Bullard J W. 2013. Contact function, uniform-thickness shell volume, and convexity measure for 3D star-shaped random particles. Powder Technology, 237(3): 191-201.

Garboczi E J, Bullard J W. 2016. 3D analytical mathematical models of random star-shape particles via a combination of X-ray computed microtomography and spherical harmonic analysis. Advanced Powder Technology, 28(2): 325-339.

Guo Y, Wassgren C, Hancock B, et al. 2013. Granular shear flows of flat disks and elongated rods without and with friction. Physics of Fluids, 25(6): 876-879.

Hopkins M A. 2004. Discrete element modeling with dilated particles. Engineering Computations, 21(2/3/4): 422-430.

Hopkins M A, Tuhkuri J. 1999. Compression of floating ice fields. Journal of Geophysical Research Atmospheres, 1041: 15815-15826.

Houlsby G T. 2009. Potential particles: a method for modelling non-circular particles in DEM. Computers & Geotechnics, 36(6): 953-959.

Kodam M, Curtis J, Hancock B, et al. 2012. Discrete element method modeling of bi-convex pharmaceutical tablets: Contact detection algorithms and validation. Chemical Engineering Science, 69(1): 587-601.

Lim W L, McDowell G R. 2005. Discrete element modeling of railway ballast. Granular Matter, 7: 19-29.

Liu S D, Zhou Z Y, Zou R P, et al. 2014. Flow characteristics and discharge rate of ellipsoidal particles in a flat bottom hopper. Powder Technology, 253(253): 70-79.

Lobo-Guerrero S, Vallejo L. 2006. Discrete element method analysis of rail track ballast degradation during cyclic loading. Granular Matter, 8(3-4): 195-204.

Lu G, Third J R, Müller C R. 2012. Critical assessment of two approaches for evaluating contacts between super-quadric shaped particles in DEM simulations. Chemical Engineering Science, 78(34): 226-235.

Lu G, Third J R, Müller C R. 2014. Effect of particle shape on domino wave propagation: A perspective from 3d, anisotropic discrete element simulations. Granular Matter, 16(1): 107-114.

Lu G, Third J R, Müller C R. 2015. Discrete element models for non-spherical particle systems: From theoretical developments to applications. Chemical Engineering Science, 127: 425-465.

Lu M, McDowell G R. 2007. The importance of modelling ballast particle shape in the discrete element method. Granular Matter, 9(1-2): 69-80.

Ma G, Zhou W, Chang X L, et al. 2016. A hybrid approach for modeling of breakable granular materials using combined finite-discrete element method. Granular Matter, 18(1): 1-17.

Maclaughlin M M, Doolin D M. 2006. Review of validation of the discontinuous deformation analysis (DDA) method. International Journal for Numerical & Analytical Methods in Geomechanics, 30(4): 271-305.

Nassauer B, Liedke T, Kuna M. 2013. Polyhedral particles for the discrete element method. Granular Matter, 15(15): 85-93.

Nezami E G, Hashash Y M A, Zhao D, et al. 2004. A fast contact detection algorithm for 3-D discrete element method. Computers & Geotechnics, 31(7): 575-587.

Nezami E G, Hashash Y M A, Zhao D, et al. 2006. Shortest link method for contact detection in discrete element method. International Journal for Numerical & Analytical Methods in Geomechanics, 30(8): 783-801.

Ngo N T, Indraratna B, Rujikiatkamjorn C. 2014. DEM simulation of the behaviour of geogrid stabilised ballast fouled with coal. Computers & Geotechnics, 55(1): 224-231.

Pereira G G, Cleary P W. 2017. Segregation due to particle shape of a granular mixture in a slowly rotating tumbler. Granular Matter, 19(2): 23.

Peternell M, Steiner T. 2007. Minkowski sum boundary surfaces of 3D-objects. Graphical Models, 69(3-4): 180-190.

Podlozhnyuk A, Pirker S, Kloss C. 2016. Efficient implementation of superquadric particles in discrete element method within an open-source framework. Computational Particle Mechanics, 4(1): 101-118.

Potyondy D O, Cundall P A. 2004. A bonded-particle model for rock. International Journal of Rock Mechanics & Mining Sciences, 41(8): 1329-1364.

Qian Z, Garboczi E J, Ye G, et al. 2016. Anm: A geometrical model for the composite structure of mortar and concrete using real-shape particles. Materials & Structures, 49(1-2): 149-158.

Shi G H. 1988. Discontinuous deformation analysis—a new model for the statics and dynamics of block systems. Ph.D. Thesis, University of California, Berkeley.

Sinnott M D, Cleary P W. 2016. The effect of particle shape on mixing in a high shear mixer. Computational Particle Mechanics, 3(4): 477-504.

Varadhan G, Manocha D. 2006. Accurate Minkowski sum approximation of polyhedral models. Graphical Models, 68(4): 343-355.

Wang J, Li S, Feng C. 2015. A shrunken edge algorithm for contact detection between convex polyhedral blocks. Computers & Geotechnics, 63(63): 315-330.

Wehinger G D, Eppinger T, Kraume M. 2015. Evaluating catalytic fixed reactors for dry reforming of methane with detailed CFD. Chemie Ingenieur Technik, 87(6): 734-745.

Wellmann C, Lillie C, Wriggers P. 2008. A contact detection algorithm for superellipsoids based on the common-normal concept. Engineering Computations, 25(5): 432-442.

Williams J R, Pentland A P. 1992. Superquadrics and modal dynamics for discrete elements in interactive design. Engineering Computations, 9(2): 115-127.

Yan B, Regueiro R A, Sture S. 2010. Three-dimensional ellipsoidal discrete element modeling of granular materials and its coupling with finite element facets. Engineering Computations, 27(4): 519-550.

Yan Y, Zhao J, Ji S. 2015. Discrete element analysis of breakage of irregularly shaped railway ballast. Geomechanics & Geoengineering, 10(1): 1-9.

Zeng Y W, Jin L, Du X, et al. 2015. Refined modeling and movement characteristics analyses of irregularly shaped particles. International Journal for Numerical & Analytical Methods in Geomechanics, 39(4): 388-408.

Zhang Y, Wang J, Xu Q, et al. 2015. DDA validation of the mobility of earthquake-induced landslides. Engineering Geology, 194: 38-51.

Zhao S, Zhang N, Zhou X, et al. 2017. Particle shape effects on fabric of granular random packing. Powder Technology, 310: 175-186.

Zheng Q J, Zhou Z Y, Yu A B. 2013. Contact forces between viscoelastic ellipsoidal particles. Powder Technology, 248(2): 25-33.

Zhong W, Yu A, Liu X, et al. 2016. DEM/CFD-DEM modelling of non-spherical particulate systems: theoretical developments and applications. Powder Technology, 302: 108-152.

Zhu Z, Chen H, Xu W, et al. 2014. Parking simulation of three-dimensional multi-sized star-shaped particles. Modelling & Simulation in Materials Science & Engineering, 22(3): 035008.

第3章 颗粒材料的细观接触模型

离散元方法 (DEM) 是将散体材料每个颗粒作为一个独立的离散单元进行研究,且每个离散单元都有颗粒形态、质量、尺寸、弹性模量、泊松比等物理力学参数。离散单元之间通过接触发生相互联系和制约,能全面反映颗粒材料不连续的状态。在 DEM 模拟中,每个颗粒单元的位置、速度、角速度等属性都需要以单个时间步为间隔进行计算和存储,这种方法可以充分考虑颗粒个体的独特性质。

静态或准静态颗粒接触作用的力学描述是颗粒动力学的核心内容,也是进一步建立颗粒粘性碰撞和动态接触模型的基础。对于粗颗粒的弹性接触,颗粒间的接触模型有多种,其中应用较多的是考虑弹性力和粘滞力的线性或非线性 Hertz-Mindlin 接触模型。为模拟更加复杂的颗粒行为,考虑弹塑性接触理论的离散元法正逐步发展并完善起来。对于细颗粒的粘附性接触,范德瓦耳斯力是颗粒运动的主要影响因素。为更加准确地描述颗粒受力与变形的关系,多个粘附接触模型相继提出。摩擦力亦是颗粒间接触的主要作用力,包括滚动摩擦和滑动摩擦。对滚动–滑动摩擦转换机制的研究能更好地解释颗粒介质的宏观动力特性。为采用离散元法模拟连续体材料的力学行为,基于梁单元模型,颗粒间的粘结破碎模型逐渐得到发展和完善,在实际工程中得到了很好的应用。

为了构造更加接近于真实颗粒形态的复杂单元,多种非规则形态的颗粒单元相继被提出,如超二次曲面单元和扩展多面体单元。对于非规则颗粒单元,球形颗粒的线性或非线性接触模型并不适用,因此需要发展非规则颗粒的接触模型。球形颗粒 Hertz 接触模型和基于椭球体表面曲率的接触模型为非规则颗粒接触力的计算提供了参考。在分子或原子层面,颗粒间的粘连作用不可忽略,Bradley、DMT 和 JKR 等理论相继提出并对颗粒间粘连现象进行了合理的解释。干燥颗粒物质常常呈现出奇异的现象和行为,加入液体后颗粒间增加了复杂的黏附作用,使得颗粒物质现象变得更加复杂。要探索干化到湿化发展过程导致的颗粒材料宏观破坏现象的成因,需要研究与其相关联的水动力相互作用的细观机制,在此很多学者提出多种三维液桥力模型。此外,颗粒材料中的热传导问题为工业界所常见。在颗粒材料热传导特性的研究中,离散元法有着独特的优势,从热传导方程出发,得到了颗粒材料热传导问题的离散元控制方程,充分考虑了接触面热阻的影响。以上理论构成了离散元方法的基础。

3.1 球形颗粒的粘弹性接触模型

颗粒间的接触模型是离散单元法的核心，构建合理的接触模型是确保计算准确的基础。颗粒间真实的作用力模型非常复杂，考虑到应用和计算效率的问题需要对其接触模型进行合理地简化。目前，颗粒间的接触模型有多种，其中应用较多的是考虑弹性力和粘滞力的线性模型或非线性 Hertz 接触模型。颗粒间的接触模型一般采用弹簧、阻尼器和滑块的唯象模型，并且单元间的接触力可解耦为法向分量和切向分量，解耦后的接触模型如图 3.1 所示。图中 K_n 和 C_n 分别为颗粒间的法向刚度系数和法向粘性系数，K_s 和 C_s 分别为颗粒间的切向刚度系数和切向粘性系数。

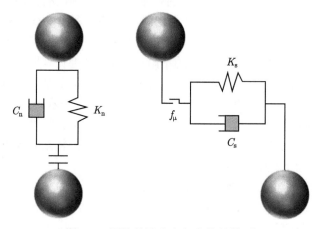

图 3.1   颗粒的法向和切向接触模型

接触刚度定义为两颗粒接触点处的接触力和相对位移间的关系。每个时间步的法向接触力可以由法向相对位移计算得到，剪切力的增量可以由剪切相对位移的增量计算得到。接触刚度模型主要有两种：一种是线性模型，另一种是 Hertz-Mindlin 非线性接触模型。在线性模型中，接触力和相对位移呈现出与接触刚度的线性相关。线性模型具有计算简单，易于编程实现等优点。然而，在真实的散体材料接触变形过程中，由于颗粒的形状各异，颗粒间的接触往往不是面-面接触。以二维圆形单元为例，接触点处为圆弧-圆弧式接触，两个接触颗粒间的相互作用力越大，颗粒间的重叠量也越大，这必然导致局部接触面积的增加，从而导致在两个颗粒的接触变形过程中，接触刚度随着重叠量的变化而改变 (Zhou and Zhou, 2011；Ji and Shen, 2006)。为此，目前应用最广泛的还是以 Hertz-Mindlin 接触模型为代表的非线性接触模型。

3.1.1 线性接触模型

在球体单元的线性接触模型中，单元间的接触力包括垂直于接触面的法向接触力 F_n 和平行于接触面方向的切向接触力 F_t。

法向力 F_n 由弹性力 F_e 和粘结力 F_v 组成，即

$$F_n = F_e + F_v \tag{3.1}$$

这里，

$$F_e = K_n x_n, \quad F_v = -C_n \dot{x}_n \tag{3.2}$$

式中，x_n 和 $\dot{x}_n$ 为两个接触颗粒之间的相对位移和相对速度；K_n 和 K_s 为两个接触颗粒间的等效法向和切向刚度；C_n 为法向粘性系数。

法向和切向刚度系数可写作

$$K_n = \frac{k_n^A k_n^B}{k_n^A + k_n^B} \tag{3.3}$$

$$K_s = \frac{k_s^A k_s^B}{k_s^A + k_s^B} \tag{3.4}$$

式中，上标 A 和 B 分别代表两个相互接触的颗粒 A 和颗粒 B；k_n^A 和 k_s^A 分别为颗粒 A 的法向和切向接触刚度；k_n^B 和 k_s^B 分别为颗粒 B 的法向和切向接触刚度。在线性接触模型中，颗粒单元的刚度可以由粒径和弹性模量近似确定 (Ji and Shen, 2008)。

两个颗粒间的法向粘性系数为

$$C_n = \xi_n \sqrt{2MK_n} \tag{3.5}$$

$$\xi_n = \frac{-\ln e}{\sqrt{\pi^2 + (\ln e)^2}} \tag{3.6}$$

式中，ξ_n 为阻尼比，e 为颗粒回弹系数，M 为两个颗粒的等效质量，即

$$M = \frac{M^A M^B}{M^A + M^B} \tag{3.7}$$

颗粒间的切向接触力一般采用增量形式的计算模型，即切向接触力的增量 $\Delta F_s = K_s \Delta x_s$ 或 $\Delta F_s = K_s \dot{x}_s \Delta t$。这里 Δx_s 和 $\dot{x}_s$ 分别为两个颗粒在接触点处的切向位移增量和相对切向速度；Δt 为时间步长。

假设颗粒的接触力满足库仑摩擦定律，接触点的剪应力与 x_s、v_s 的关系可写作

$$当 |F_t| \leqslant \mu |F_n| 时，\quad 有 F_t = K_s x_s - C_s v_s \tag{3.8a}$$

$$当 |F_t| > \mu |F_n| 时，\quad 有 F_t = \mu F_n \tag{3.8b}$$

其进一步可写作

$$F_t = \min \left(|K_s x_s - C_s v_s|, |\mu F_n| \right) \tag{3.9}$$

切向刚度与法向刚度、切向阻尼与法向阻尼存在 $K_s = \alpha K_n$ 和 $C_s = \beta C_n$ 的关系。一般取 α=0.8 或 1.0，β=0.0 (Babic et al, 1990; Shen and Sankaran, 2004; Campbell, 2002; Zhang and Rauenzahn, 2000; 季顺迎, 2007)。

在线性接触模型中，计算步长一般取时间步长为二元接触时间的 1/50~1/20。该二元接触时间定义为 (Babic et al., 1990)

$$T_{bc} = \frac{\pi}{\sqrt{\frac{2K_n}{M} \left(1 - \xi_n^2 \right)}} \tag{3.10}$$

式中，T_{bc} 为二元接触时间，即两个球体单元从碰撞到分离的接触时间。

3.1.2　非线性接触模型

对于球形颗粒间的弹性法向作用，一般采用 Hertz 接触理论计算。Hertz 接触理论假设相互接触的颗粒表面光滑且均质，接触面与颗粒表面相比很小，在接触面上仅发生弹性变形，且接触力垂直于该接触面。Hertz 接触理论是颗粒弹性接触问题的理论基础，适用于球体、柱体和椭球体等曲面体的弹性接触，也适用于接触面之间微凸体的接触。颗粒之间切向作用则由 Mindlin 和 Deresiewicz(1953) 建立。由于形变和接触力之间是非线性的，法向作用和切向作用混合在一起，很难采用单一的法向或切向作用形式进行计算，所以在数值模拟时往往采用形变和接触力微量叠加的方法。

(1) 非线性法向作用力

两个颗粒之间的法向作用力如图 3.2(a) 所示，半径分别为 R_A 和 R_B 的两个球形颗粒发生接触时，法向重叠量 δ 对应的法向接触力 F_n 可由 Hertz 理论计算：

$$F_n = \frac{4}{3} E^* (R^*)^{1/2} \delta^{3/2} \tag{3.11}$$

式中，E^* 和 R^* 分别为杨氏模量当量和等效半径：

$$E^* = \frac{E_A E_B}{(1 - \nu_A^2) E_B + (1 - \nu_B^2) E_A}, \quad R^* = \frac{R_A R_B}{R_A + R_B} \tag{3.12}$$

式中，E_A、ν_A 和 E_B、ν_B 分别为颗粒 A 和颗粒 B 的弹性模量和泊松比。

由式 (3.11) 得到在一个时间步内，如果两接触颗粒之间的重叠量增量为 $\Delta\delta$，相应的法向接触力增量为

$$\Delta F_\mathrm{n} = 2aE^*\Delta\delta \tag{3.13}$$

其中接触半径 $a = \left(\dfrac{3PR^*}{4E^*}\right)^{1/3}$ (Vu-Quoc et al., 2001)。

由于两个颗粒在接触面上会发生弹性变形，其压强分布有如下形式：

$$p(r) = p_\mathrm{m}\left[1 - \left(\frac{r}{a}\right)^2\right]^{1/2} \tag{3.14}$$

式中，r 为两个颗粒接触面任一点到接触中心的距离；p_m 为当 $r=0$ 时的最大压强，且有 $p_\mathrm{m} = \dfrac{3F_\mathrm{n}}{2\pi a^2}$。

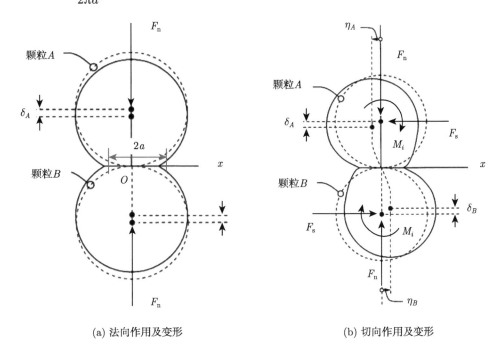

(a) 法向作用及变形　　　　　　　　　　(b) 切向作用及变形

图 3.2　两个球体颗粒的接触示意图

(2) 非线性切向作用力

采用 Mindlin-Deresiewicz 接触理论可计算颗粒间的切向接触力 (Mindlin and Deresiewicz, 1953; Vu-Quoc et al., 2001)。由于该计算方法较为复杂，这里仅对其简化模型进行介绍。两个球体颗粒发生切向接触时，其形变状态如图 3.2(b) 所示。接

触表面上的相对切向位移增量 $\Delta\eta$ 对应的切向力增量 ΔF_{s} 为

$$\Delta F_{\text{s}} = 8aG^{*}\theta_k\Delta\eta + (-1)^{k}\mu\left(1 - \theta_k\right)\Delta F_{\text{n}} \tag{3.15}$$

这里，$k = 0, 1, 2$ 分别对应加载、卸载和卸载后重新加载的情况。

如果 $|\Delta F_{\text{s}}| < \mu\Delta F_{\text{n}}$，则有 $\theta_k = 1$。

如果 $|\Delta F_{\text{s}}| \geqslant \mu\Delta F_{\text{n}}$，则有

$$\theta_k = \begin{cases} \left(1 - \dfrac{F_{\text{s}} + \mu\Delta F_{\text{n}}}{\mu F_{\text{n}}}\right)^{1/3}, & k = 0 \\[4mm] \left(1 - \dfrac{(-1)^{k}\left(F_{\text{s}} - F_{\text{s,k}}\right) + 2\mu\Delta F_{\text{n}}}{2\mu F_{\text{n}}}\right)^{1/3}, & k = 1, 2 \end{cases} \tag{3.16}$$

式中，μ 是颗粒表面的摩擦系数，G^{*} 是剪切模量当量，有

$$\frac{1}{G^{*}} = \frac{2 - \nu_A}{G_A} + \frac{2 - \nu_B}{G_B} \tag{3.17}$$

这里 G_A 和 G_B 分别是两颗粒的剪切模量；$F_{\text{s,k}}$ 是考虑卸载或重新加载历史的切向接触力，在每一时步予以更新。从方程 (3.11)~(3.16) 可以看出，由切向位移增量 $\Delta\eta$ 引起的切向力增量 ΔF_{s} 不仅依赖于加载历史，也受到法向接触力的影响。

在一个时步内颗粒间切向叠加量和接触力予以更新为

$$\eta^{N+1} = \eta^{N} + \Delta\eta \tag{3.18a}$$

$$F_{\text{s}}^{N+1} = F_{\text{s}}^{N} + \Delta F_{\text{s}} \tag{3.18b}$$

式中，η^{N} 和 F_{s}^{N} 是第 N 时间步的切向叠加量和切向接触力，η^{N+1} 和 F_{s}^{N+1} 是第 $N+1$ 时间步的切向叠加量和切向接触力。

当对颗粒表面施加多次连续的接触时，颗粒表面受撞击而硬化，使得每次的实验结果都有所变化。随着切向接触力的逐渐加载直至两颗粒表面发生相对滑移，其会将颗粒表面的微小凹凸磨去，改变颗粒表面的性能。由此，Hertz 法向接触理论和 Mindlin-Deresiewicz 切向接触理论属于理想情况下的计算方法。

当颗粒接触时，表面受到交变应力的作用，产生沿颗粒表面传播的偏振波，称为瑞利波。瑞利波法中确定时间步长的依据是接触形变应力传播至颗粒表面所需要的时间，以不传递到其他颗粒上为标准，其中瑞利波波速可表示为

$$v_{\text{R}} = (0.163\nu + 0.877)\sqrt{\frac{G}{\rho}} \tag{3.19}$$

两颗粒间的接触作用应仅限于发生碰撞的两颗粒上，而不会通过瑞利波传递到其他颗粒上，则时间步长应小于瑞利波传播半球面所需要的时间 (Kremmer and Favier, 2001a; 2001b)：

$$\Delta t = \frac{\pi R}{v_{\rm R}} = \frac{\pi R}{0.163\nu + 0.877}\sqrt{\frac{\rho}{G}} \tag{3.20}$$

对于不同颗粒组成的系统，时间步长为

$$\Delta t = \pi \left[\frac{R}{0.163\nu + 0.877}\sqrt{\frac{\rho}{G}} \right]_{\min} \tag{3.21}$$

在计算中，要依据颗粒运动剧烈程度选取合适的时间步长以保证数值计算的稳定性。

3.2 球形颗粒的弹塑性接触模型

颗粒材料的弹塑性接触模型在离散元模拟中至关重要，选用精细的接触模型能够获得更为准确的仿真结果并模拟更加复杂的颗粒物质行为。

3.2.1 法向弹塑性接触模型

颗粒材料间的相互作用主要以 Hertz 接触力学为基础，采用弹性理论方法对颗粒之间的碰撞问题进行预测。这种方法只适用于颗粒之间的低速碰撞问题。当颗粒碰撞速度较高时，预测的冲击力远远高于实际颗粒之间的冲击力。由于颗粒材料大多为弹塑性材料，当颗粒冲击速度达到一定值时，颗粒之间的碰撞会产生显著的塑性变形，Hertz 接触理论不再适用 (何思明等, 2008)。在 Thornton(1997) 提出的颗粒塑性模型中，假设在弹性阶段之后即为塑性阶段，其中弹性阶段遵从 Hertz 接触压力分布，在塑性阶段定义一个极限接触压力 $p_y \approx 2.5Y$，相当于削峰后的 Hertz 接触压力分布 (Thornton, 1997)，如图 3.3(a) 所示，其中 a 为接触半径，a_y 是接触区开始屈服时的半径，a_p 为假设均压为 p_y 的接触区半径，法向接触力分别是作用在弹性区的弹性力和塑性区的塑性力之和。

接触区压力分布为

$$p(r) = \frac{3F_{\rm n}}{2\pi a^2}\left[1 - \left(\frac{r}{a}\right)^2 \right]^{1/2} \tag{3.22}$$

由上式可知，两个球体间的接触压力在接触区域中心处最高。因此，屈服从该区域开始。当中心压力达到屈服极限时，$a_p < r < a$ 区域处于弹性状态；在 $r \leqslant a_p$ 区域，球体处于塑性状态。

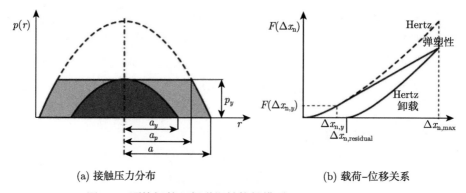

(a) 接触压力分布　　　　　　　　　　(b) 载荷–位移关系

图 3.3　颗粒间的理想弹塑性接触模型 (Thornton, 1997)

通过非线性 Hertz 理论可得屈服区域半径和重叠量的表达式分别为

$$a_y = \frac{\pi R^* p_y}{2E^*} \tag{3.23}$$

$$\Delta x_{\mathrm{n},y} = \left(\frac{\pi p_y}{2E^*}\right)^2 R^* \tag{3.24}$$

在卸载过程中，载荷–位移关系被认为遵循 Hertz 理论，直到接触力为零 (图 3.3(b))。关于颗粒法向弹塑性接触的卸载过程，法向压力分布是径向位置的函数，弹塑性接触理论与传统 Hertz 接触理论的对比情况，如图 3.4(a) 所示 (Mesarovic and Johnson, 2000)。尽管最终的接触力都趋于零，但其卸载过程却并不相同。Wu 等考虑了球体回弹的塑性行为，并将结果与有限元分析结果对比，能够较好地吻合，如图 3.4(b) 所示 (Wu et al., 2003)。

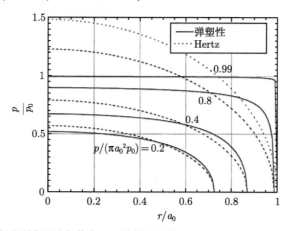

(a) 弹塑性接触理论与传统Hertz接触理论的对比 (Mesarovic and Johnson, 2000)

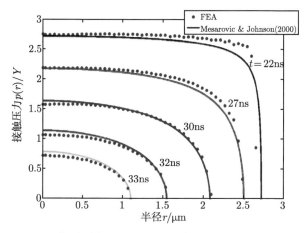

(b) 弹塑性接触理论与有限元结果对比(Wu et al., 2003)

图 3.4 颗粒材料接触的卸载过程

3.2.2 切向弹塑性接触模型

通过 Hertz 接触理论,Mindlin (1949) 得到了切向力–位移关系。当相似球体之间在弹性摩擦接触中受到常法向力和变切向力时,由 3.1.2 节可知,目前为止比较复杂的接触理论是 Mindlin 和 Deresiewicz 提出的增量形式的切向力–位移关系。在接触问题中,法向载荷、切向载荷和摩擦力会相互影响。

许多研究通常假设不断增加的切向载荷对法向预载下产生的接触面积大小和形状没有影响,而学者们对于接触区演变的试验研究发现这个假设并不准确。例如,采用测量接触力、测接触电阻等非直接测试手段,测试得到钢球–铟板以及金属球–光滑板的接触面积随切向载荷的增加而增大。基于此结果,Tabor (1959) 提出 “接触面积演化” 的概念来解释在屈服的接触点需要保持 von Mises 应力不变。根据这个要求,在法向载荷下已经塑性屈服的接触面受到切向载荷时,其面积必然增大,从而减少平均接触压力并承受附加的剪切应力。

Kogut 和 Etsion (2003) 提出一种半解析近似法来求解法向和切向载荷下可变形球体与刚性平面的弹性或弹塑性临界滑动问题。依据 Mises 准则,临界滑动被视为塑性屈服失效。然而,在临界滑动之前,该模型假设一个塑性体积,而不是一个点,扩展到球体表面,如图 3.5 所示。模型同时假设在切向附加载荷加载过程中,由法向预载 (滑动条件下) 产生的接触面积、重叠量和接触压力分布保持不变。当法向预载达到屈服临界载荷的 14 倍时,接触面上将不能承受任何的附加切向载荷。Chang 和 Zhang (2007) 推导出弹塑性球与刚性板接触时的静摩擦理论模型,即弹性接触时接触面积演化并不存在,塑性出现后开始增加,并在完全塑性接触达到一个不变的值。

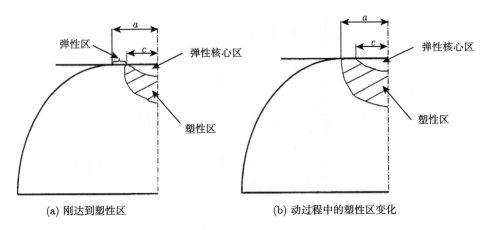

(a) 刚达到塑性区　　　　　　　　　　(b) 动过程中的塑性区变化

图 3.5　球体在法向和切向载荷下的弹性和塑性区 (Kogut and Etsion, 2003)

即使在很多假设下，粘性接触问题依然很难给出解析解，这是由非弹性材料的行为及复杂接触条件所致。对于粘性接触条件下球体与刚性平面的接触，Brizmer 等研究了完全粘性和光滑两种情况，考虑了材料特性的影响，并在后继研究中考虑了弹塑性接触 (Brizmer et al., 2006)。研究发现接触情况和力学特性对接触参数的影响很小，但塑性区的演化在完全粘性和光滑两种接触条件下有本质不同。Olsson 和 Larsson (2016) 提出计算两个不同球体单元间弹塑性接触力和接触区域的算法，包含材料参数的隐函数表示颗粒的塑性行为。这个模型基于传统的布氏 (Brinell) 硬度试验，接触区域的凹陷类似于粉末压制的过程，并与有限元的结果较好地吻合。

目前，颗粒间切向载荷对接触区域演变的影响还没有形成完善的理论，较为接近的理论模型是 Tabor 理论，但该模型缺少接触区应力场的精确解且只适用于高法向预载的情况。另外，两球体间相对滚动的弹塑性接触模型的相关研究工作还未见报道。

3.3　球形颗粒的滚动摩擦模型

颗粒间的滑动、滚动摩擦对其微观、宏观动力特性有很大的影响。颗粒介质内部粒子间的微观作用力决定了颗粒介质的宏观特性，从微观尺度对颗粒进行深入研究是全面认识颗粒介质的有效手段 (Wensrich and Katterfeld, 2012)。传统离散元模型均采用法向和切向两个方向上的弹簧和阻尼器对接触本构关系进行表征，通常不考虑颗粒间的滚动作用。但在颗粒材料变形过程中，接触颗粒之间或颗粒与边界之间有时存在相对滚动的趋势或无滑动的滚动，由于接触部分受压发生形变而产生对滚动的阻碍作用，即产生滚动摩擦 (Iwashita and Oda, 2000)。近年来，随着颗粒材料力学研究的深入, 颗粒滚动作用对材料的力学行为影响已引起重视, 在众多数值研究与物理试验研究中已经证实颗粒滚动作用不可忽略 (Jiang et al., 2006)。

3.3.1 滚动摩擦定律

Bardet 等在离散元模型中最早考虑了滚动约束的作用, 发现不考虑滚动约束作用的离散元模拟结果得到的力学参数在理论值范围之外, 因此推测接触力偶矩可能起着重要的影响, 并且证明当约束颗粒滚动的自由度后颗粒体系的内摩擦角增大 (Bardet and Huang, 1992); Oda 和 Iwashita 在颗粒的剪切带试验中, 通过在计算模型中引入滚动阻力进而得到与实验基本吻合的数值结果, 并提出了改进的离散元模型 (MDEM)(Oda and Iwashita, 2000)。颗粒材料滚动摩擦模型在颗粒界面的剪切行为、颗粒材料非各向同性接触的微观力学模型、密集颗粒体系的剪切带、力链的屈服等领域得到广泛研究。Jiang 等注意到 MDEM 需要经验试算确定模型参数的局限性。他们在接触力学的基础上, 给出纯滑动与纯滚动的新定义, 并在模型中添加了一个附加参数 "抗转动系数 β", 从而建立了一个新的滚动阻力模型 (Jiang et al., 2005)。

颗粒材料运动过程中, 滚动阻力主要考虑来自弹性滞后效应及塑形变形, 颗粒的微观滑移及粘着效应等因素带来的滚动阻力较小。通常当荷载增加时, 应力所产生的变形量小于荷载减小时所对应的变形量, 从而形成了一个弹性滞效环, 如图 3.6(a) 所示。阴影面积表示此种循环的能量损失, 使得法向力产生不对称分布, 这也是滚动摩擦力矩产生的主要原因, 如图 3.6(b) 所示。

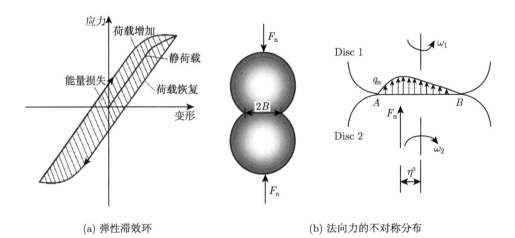

(a) 弹性滞效环   (b) 法向力的不对称分布

图 3.6 滚动摩擦的产生机制

3.3.2   球体单元的滚动摩擦模型

在接触力的计算中，滚动摩擦和滑动摩擦都属于接触阻尼。滚动摩擦是以力矩的形式存在于接触之间的阻尼。与滑动摩擦相比，滚动摩擦要小得多，因此在最初的离散单元的接触模型中没有考虑滚动摩擦。传统的离散单元法中都假定粒子的旋转是由切向接触力单独决定的，然而一些试验和数值模拟结果表明，颗粒之间的滚动阻尼会对颗粒物质的微观变形产生显著影响。滚动摩擦增加了颗粒单元间的接触时间，而这一现象在颗粒流密度较小时影响很小可以忽略不计。但对于高密度颗粒流，特别是颗粒流状态趋向于固体状态时，滚动摩擦的作用效果将会不断增加而不可忽略。如图 3.7 所示，在滚动过程中，当表面接触应力达到一定值时，首先在距离表面一定深处产生塑性变形，即图示中一个永久性的沟槽。

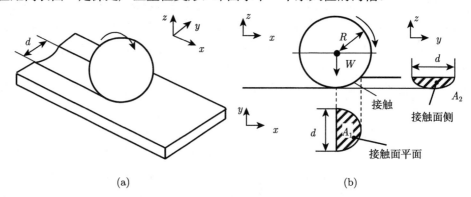

(a)   (b)

图 3.7   球体单元在塑性平面上的滚动过程

在离散单元法中常用的滚动摩擦模型主要分成三大类：等值型滚动摩擦阻力、粘滞型滚动摩擦阻力和组合型滚动摩擦阻力。

(1) 等值型滚动摩擦阻力

滚动摩擦阻力用一个大小恒定的力矩表示，其方向为阻止接触单元相对滚动的方向。力矩作用在一对接触单元 i、j 上，且单元 i 上的滚动阻力矩矢量 $\boldsymbol{M}_r$ 可表示为

$$\boldsymbol{M}_r = -\,\mu_r \left| \boldsymbol{F}_{ij}^n \right| \widehat{\boldsymbol{\omega}}_i \tag{3.25}$$

式中，μ_r 为与材料相关的滚动摩擦系数；$\boldsymbol{F}_{ij}^n$ 为接触单元 i 和 j 之间的法向力矢量；$\widehat{\boldsymbol{\omega}}_i$ 为滚动角速度的单位矢量，可表示为

$$\widehat{\boldsymbol{\omega}}_i = \frac{\boldsymbol{\omega}_i}{\left| \boldsymbol{\omega}_i \right|} \tag{3.26}$$

当采用上述模型时，单元间的法向接触力不变会导致相对滚动过程中摩擦阻力大小为恒定值，只是方向与滚动方向相反。这类模型的缺点是由于滚动摩擦力矩

的大小恒定，若单元停止滚动，阻力矩仍不为零，会以往复振动形式存在，残余一小部分动能无法耗散。

(2) 粘滞型滚动摩擦阻力

这类模型的滚动摩擦阻力大小与颗粒单元间相对转动的切向速度成正比，力矩的方向为阻止单元相对滚动的方向。力矩作用在一对接触单元 i、j 上，且单元 i 上的滚动阻力矩矢量 $\boldsymbol{M}_r$ 可表达为

$$\boldsymbol{M}_r = -\mu_r V_{ij}^t \left| \boldsymbol{F}_{ij}^n \right| \widehat{\boldsymbol{\omega}}_i \tag{3.27}$$

式中，V_{ij}^t 为接触单元 i 和 j 间相对切向速度的大小，可表示为

$$V_{ij}^t = \left| \boldsymbol{\omega}_j \times \boldsymbol{R}_j - \boldsymbol{\omega}_i \times \boldsymbol{R}_i \right| \tag{3.28}$$

式中，$\boldsymbol{R}_i$ 和 $\boldsymbol{R}_j$ 分别为接触单元 i 和 j 形心到接触点的等效半径矢量。

当采用上述模型时，如果两个接触单元的半径相同，滚动角速度大小相同且方向相反，即 $\boldsymbol{R}_i = \boldsymbol{R}_j$ 且 $\boldsymbol{\omega}_i = -\boldsymbol{\omega}_j$，此时相对切向速度为零，于是根据上式计算得到的滚动摩擦力矩为零。

(3) 组合型滚动摩擦阻力

目前离散元模拟中通常采用的接触力本构模型如图 3.8 所示，其中滚动摩擦阻力由弹性转动弹簧、转动粘壶、非承拉节点及滑阻器等多个元件组合构成。同样，滚动摩擦阻力矩作用在一对接触单元 i、j 上。

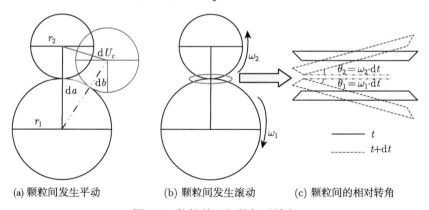

(a) 颗粒间发生平动 (b) 颗粒间发生滚动 (c) 颗粒间的相对转角

图 3.8 接触单元间的相对转角

接触单元上的滚动摩擦阻力矩 $\boldsymbol{M}_r$ 由转动弹簧力矩 $\boldsymbol{M}_r^k$ 和转动粘壶力矩 $\boldsymbol{M}_r^d$ 组成，即

$$\boldsymbol{M}_r = \boldsymbol{M}_r^k + \boldsymbol{M}_r^d \tag{3.29}$$

这里转动弹簧力矩 $\boldsymbol{M}_r^k$ 可表示为

$$\boldsymbol{M}_r^k = -k_r \boldsymbol{\theta}_r, \quad \boldsymbol{M}_r^k \leqslant \boldsymbol{M}_r^{\max} \tag{3.30}$$

式中，k_r 为弹性转动刚度，$\boldsymbol{\theta}_r$ 为转动角度。$M_r^{\max}$ 为弹簧临界转动弯矩，可表示为

$$M_r^{\max} = \mu_r \boldsymbol{R} \left| \boldsymbol{F}_{ij}^n \right| \tag{3.31}$$

转动粘滞力矩 M_r^d 可表示为

$$M_r^d = \begin{cases} -C_r \boldsymbol{\omega}_{r,ij}, & \left| \boldsymbol{M}_i^d \right| < M_r^{\max} \\ -f C_r \boldsymbol{\omega}_{r,ij}, & \left| \boldsymbol{M}_i^d \right| = M_r^{\max} \end{cases} \tag{3.32}$$

式中，C_r 为滚动阻尼参数，$\boldsymbol{\omega}_{r,ij}$ 为相对滚动的角速度，f 为依据不同计算问题选定的特定参数。当 $f = 0$ 时，体系能量耗散不显著，粘性阻力矩的作用主要是稳定颗粒单元的振动；当 $f = 1$ 时，体系能量耗散显著，可表示体系的能量耗散行为。通常，f 可取 $\boldsymbol{\omega}_{r,ij}$ 或 $\boldsymbol{M}_i^d$ 的函数。

3.4　球形颗粒的粘结–破碎模型

颗粒破碎机制的研究起源于 Griffith 强度理论。Griffith 认为材料中包含很多细小的裂纹，在外力作用下，在裂纹尖端产生应力集中，且始终为拉应力，称为诱导应力。当裂纹尖端的诱导应力超过材料的抗拉强度时，裂纹将扩展直至材料破坏 (Mcdowell et al., 1996)。

颗粒粘结模型主要包括点粘结模型和平行粘结模型。点粘结模型只在相邻颗粒的接触点处很小的邻域内进行粘结，由于点粘结模型的粘结区域太小，无法传递两颗粒间的力矩，因此只能施加法向和切向粘结力。平行粘结模型是在两相邻颗粒接触点附近填充附加材料对颗粒进行粘结。在粘结颗粒运动时，附加材料和颗粒本身发生作用，产生接触力。任何施加于粘结颗粒集合上的载荷都将被平行粘结键以及颗粒自身共同分担。由于平行粘结模型在接触点区域是一个粘结半径为 R 的圆盘，这就使得颗粒间除了能够传递力，同时也能传递力矩。两颗粒间能产生拉力约束并粘结成为一个整体且共同运动。当法向和切向接触力大于对应的粘结强度，则粘结键失效，两个颗粒彼此分离，表现为粘结颗粒的破碎。

平行粘结模型可以设想为一组具有恒定的法向和切向刚度的线性弹簧 (图 3.9)，均匀分布在位于接触平面上的圆盘上，并以接触点为中心。平行粘结键的力学性质由以下五个参数决定：法向和切向刚度 K_n 和 K_s；颗粒间法向和切向粘结强度 σ_n^b 和 σ_s^b；粘结圆盘半径 R，其通常被设置为两个粘结颗粒中的较小半径或平均半径 (Wang and Tonon, 2009, 2010; Nitka and Tejchman, 2015)。与平行粘结键相关的法向和切向的力和力矩分别由 F_n，F_s，M_n 和 M_s 表示。

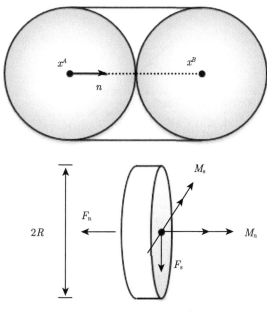

图 3.9 颗粒间的平行粘结模型

根据梁理论模型, 作用在圆盘上的最大拉应力和剪切应力可表示为 (Potyondy and Cundall, 2004)

$$\sigma_{\max} = \frac{-F_{\mathrm{n}}}{A} + \frac{|M_{\mathrm{s}}|}{I}R, \quad \tau_{\max} = \frac{|F_{\mathrm{s}}|}{A} + \frac{|M_{\mathrm{n}}|}{J}R \tag{3.33}$$

式中, A 为粘结圆盘的横截面积, I 为惯性矩, J 为圆盘横截面的极惯性矩, 且可以通过以下公式计算得到

$$A = \pi R^2, \quad J = \frac{1}{2}\pi R^4, \quad I = \frac{1}{4}\pi R^4 \tag{3.34}$$

如果作用在圆盘上的最大拉伸应力超过给定的法向粘结强度, 或最大剪切应力超过给定的切向粘结强度, 颗粒间的粘结键发生破坏, 粘结作用消失, 进而表现为颗粒材料中裂纹的生成、扩展、贯穿并最终导致材料发生破碎。由于粘结颗粒断裂后其断裂能往往在瞬间获得释放, 因此很容易导致颗粒的飞溅, 影响整个颗粒系统计算的稳定性。为了逐渐消除粘结颗粒断裂过程中产生的断裂能, 引入损伤的概念采用了如图 3.10 所示的软化模型 (Onate and Rojek, 2004)。在这种软化模型中, 接触点的法向刚度 K_{n} 在拉力到达峰值 $F_{\mathrm{n}}^{\max}$ 之后逐渐减小, 且材料的法向粘结强度随之降低, 意味着在卸载并重新加载的过程中, K_{n} 变小导致力–位移的线性关系发生变化。

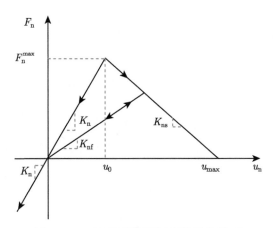

图 3.10　平行粘结断裂过程的软化模型

将法向拉伸强度 σ_{n}^{b} 设定为常数, 剪切强度由莫尔–库仑 (Mohr-Coulomb) 摩擦定律根据切向的粘结强度和法向应力引起的摩擦力来确定。两个粘结颗粒之间的滑动摩擦系数为 μ_{b}。两个粘结颗粒之间的剪切强度 τ_{b} 可以表示为

$$\tau_{b} = \sigma_{\mathrm{s}}^{b} + \mu_{b}\sigma_{\mathrm{n}} \tag{3.35}$$

式中, σ_{s}^{b} 为颗粒间切向粘结强度; μ_{b} 为粘结颗粒之间的摩擦系数; σ_{n} 为粘结颗粒的法向应力。在粘结颗粒破碎之后, 颗粒间粘结力为零, 摩擦系数为 μ。以前关于颗粒粘结失效准则的研究中摩擦系数 μ_{b} 取为 0, 这意味着颗粒间剪切强度与法向应力无关。最近更多的研究人员注意到法向载荷对切向强度的影响 (Nitka and Tejchman, 2015)。颗粒的切向粘结强度与法向强度的比可以设定为常数 α:

$$\alpha = \frac{\sigma_{\mathrm{s}}^{b}}{\sigma_{\mathrm{n}}^{b}} \tag{3.36}$$

式中, α 可以设定为 1 或其他值 (Tarokh and Fakhimi, 2014)。最大剪切力由法向力、切向粘结强度和粘结摩擦系数决定 (Scholtes and Donze, 2012)。在软化破坏准则中, 法向刚度随渐进破坏过程中两个粘结颗粒之间的损伤程度而变化 (Tarokh and Fakhimi, 2014)。

粘结颗粒中法向接触力可通过下式计算得到:

$$f = K_{\mathrm{nf}}u_{\mathrm{n}} = (1 - \omega)\,K_{\mathrm{n}}u_{\mathrm{n}} \tag{3.37}$$

式中, K_{nf} 为弹性损伤正向模量, ω 为损伤变量, u_{n} 是两个接触颗粒之间的法向重叠量。标量损伤变量 ω 是材料损伤的指标。对于无损伤状态, $\omega = 0$; 对于损伤状态, $0 < \omega \leqslant 1$。

标量损伤变量 ω 可表示为

$$\omega = \frac{\varphi(u_\text{n}) - 1}{\varphi(u_\text{n})} \tag{3.38}$$

这里 $\varphi(u_\text{n})$ 可表示为

$$\varphi(u_\text{n}) = \begin{cases} 1, & u_\text{n} \leqslant u_0 \\ \dfrac{K_\text{n}^2 u_\text{n}}{(K_\text{ns} + K_\text{n}) F_\text{n}^\text{max} - K_\text{ns} K_\text{n} u_\text{n}}, & u_0 \leqslant u_\text{n} \leqslant u_\text{max} \\ \infty, & u_\text{n} \geqslant u_\text{max} \end{cases} \tag{3.39}$$

式中，$F_\text{n}^\text{max} = A\sigma_\text{n}^b$，$A$ 为粘结圆盘的横截面积。在剪切方向引入具有损伤的接触力–剪切位移模型。剪切方向的刚度和强度根据法向方向的损伤状态而减小，其中 λ 可表示为

$$\lambda = \frac{\sigma_\text{n}^{b'}}{\sigma_\text{n}^b} \tag{3.40}$$

式中，$\sigma_\text{n}^{b'}$ 为粘结颗粒的残余拉伸强度；σ_n^b 为粘结颗粒的初始内聚力。

当粘结键断裂时，考虑到接触颗粒之间的库仑摩擦定律，在图 3.11 中，$F_\text{s}^\text{max} = A\lambda\sigma_\text{s}^b$。两个粘结颗粒之间的法向和切向刚度可以用圆盘半径和弹性模量来定义 (Azevedo et al., 2015; Wang and Tonon, 2010; Nitka and Tejchman, 2015)：

$$K_\text{n} = E\frac{2R_A R_B}{R_A + R_B}, \quad \beta = \frac{K_\text{n}}{K_\text{s}} \tag{3.41}$$

式中，参数 β 与泊松比密切相关 (Weerasekara, 2013)。

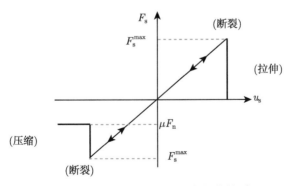

图 3.11 切向力与切向位移之间的关系

采用颗粒粘结–破碎模型的离散元方法已经应用在海冰、土体、堆石体和岩体等不同材料的数值模拟中。如破冰船与海冰相互作用过程中，块体海冰以粘结颗粒的形式受到作用力后发生破碎，如图 3.12 所示。虽然，目前采用粘结颗粒单元在

岩土力学等领域得到了广泛应用，可很好地处理连续材料的断裂和破碎问题，但其在拉伸、剪切和压缩状态下的破坏准则依然是一个尚待深入研究的关键问题 (Ji et al., 2017)。总之，球形颗粒组合单元的粘结–破碎模型克服了单颗粒破碎后形态难以描述的困难，且能够实现颗粒的破碎过程，对工程应用具有一定的指导作用。

图 3.12　粘结海冰的破碎

3.5　非球形颗粒的接触模型

在离散元方法中，二维圆盘或三维球体的单元间接触模型得到广泛地发展和应用，包括线弹簧模型 (Di Renzo and Di Maio, 2004) 和 Hertz-Mindlin 非线性模型 (Zhu et al., 2008) 等。然而，这些接触模型并不适用于非规则颗粒单元。近年来，为确定非规则颗粒间的作用力，对于任意形状颗粒间的能量保守理论开展了相关的研究，但重叠体积的精确计算导致计算效率降低，不易于大规模并行 (Feng et al., 2012)。虽然针对椭球体颗粒的构造特点，在球体非线性接触理论基础上考虑表面曲率进行修正，并与有限元的数值结果较好地吻合 (Zheng et al., 2013)，但该方法扩展到超二次曲面和扩展多面体模型则变得十分复杂，无法精确计算不同形状及光滑度下的修正参数。但是，基于球体的赫兹接触模型和基于椭球体表面曲率的接触模型都为超二次曲面单元和扩展多面体模型的非线性接触力的计算提供了很好的研究思路。

3.5.1　超二次曲面单元间的接触模型

在超二次曲面单元间的相互作用中，法向接触力主要是由弹性力和粘滞力组成，同时考虑接触力不通过颗粒形心引起的附加弯矩，图 3.13 为超二次曲面单元间考虑等效曲率的接触模型。对于法向作用力，则可表示为

$$F_n = K_n \delta_n^{3/2} + C_n A v_{n,ij} \tag{3.42}$$

式中，K_n 为两个接触单元的法向有效刚度；δ_n 为法向重叠量；C_n 为法向粘性系数；A 为颗粒间的粘滞参数；$v_{n,ij}$ 为法向相对速度。

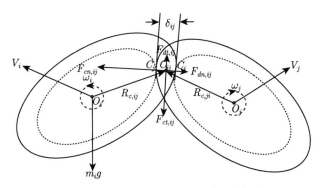

图 3.13　超二次曲面单元的接触模型

这里法向有效刚度 K_n 和粘滞参数 A 分别表示为

$$
\begin{aligned}
K_n &= \frac{4}{3} E^* \left(R^*\right)^{1/2} \\
A &= \left(8 m^* E^* \left(R^* \delta_n\right)^{1/2}\right)^{1/2}
\end{aligned}
\tag{3.43}
$$

式中, $E^* = \dfrac{E}{2\left(1-\nu^2\right)}$, $m^* = \dfrac{m_i m_j}{m_i + m_j}$, $R^* = \dfrac{R_i R_j}{R_i + R_j}$。$E$、$\nu$ 和 R 分别为颗粒材料的弹性模量、泊松比和接触点处的平均曲率半径, 其中曲率半径可表示为

$$
R = 1/K \tag{3.44}
$$

式中, K 为接触点处的局部曲率, 可写为平均曲率 K_{mean}, 即

$$
K_{\text{mean}} = \frac{\nabla F^{\mathrm{T}} H\left(F\right) \nabla F - \left|\nabla F\right|^2 \left(F_{XX} + F_{YY} + F_{ZZ}\right)}{2 \left|\nabla F\right|^3} \tag{3.45}
$$

或表示为高斯曲率 K_{Gauss}

$$
K_{\text{Gauss}} = \frac{\sqrt{AB - C^2}}{D} \tag{3.46}
$$

这里,

$$
A = F_Z \left(F_{XX} F_Z - 2 F_X F_{XZ}\right) + F_X^2 F_{ZZ}, \quad B = F_Z \left(F_{YY} F_Z - 2 F_Y F_{YZ}\right) + F_Y^2 F_{ZZ}
$$

$$
C = F_Z \left(F_{XY} F_Z - F_{XZ} F_Y - F_X F_{YZ}\right) + F_X F_Y F_{ZZ}, \quad D = F_Z^2 \left(F_X^2 + F_Y^2 + F_Z^2\right)^2
$$

单元的切向接触力主要由弹性力 F_s^e 和粘滞力 F_s^d 组成, 同时考虑 Mohr-Coulomb 摩擦定律, 则切向弹性力 F_s^e 可表示为

$$
F_s^e = \mu_s \left| K_n \delta_n^{3/2} \right| \left[1 - \left(1 - \min\left(\delta_t, \delta_{t,\max}\right) / \delta_{t,\max}\right)^{3/2}\right] \tag{3.47}
$$

式中, μ_s 为滑动摩擦系数, δ_t 为切向重叠量, $\delta_{t,\max} = \mu_s \left(2 - \nu\right) / 2 \left(1 - \nu\right) \cdot \delta_n$。

切向粘滞力 F_s^d 表示为

$$F_s^d = C_t \left(6\mu_s m^* \left| K_n \delta_n^{3/2} \right| (1 - \min(\delta_t, \delta_{t,\max}))^{1/2} / \delta_{t,\max} \right)^{1/2} \cdot \nu_{t,ij} \tag{3.48}$$

式中，C_t 为切向粘滞系数，$\nu_{t,ij}$ 为单元间的切向相对速度。

3.5.2　扩展多面体的接触模型

在扩展多面体单元间的相互作用中，除了弹性变形引起的弹性恢复力，还要考虑到单元之间碰撞产生的能量损耗。由此，单元间接触力应同时考虑弹性接触力和粘滞力。对于法向粘滞力和切向力，可参考球体或超二次曲面单元的接触模型。

目前，在多面体和扩展多面体的法向弹性力 F_n^e 的计算模型中，大多采用线性模型，即

$$F_n^e = K_n \delta_n \tag{3.49}$$

式中，K_n 是法向刚度系数，δ_n 是法向重叠量。该模型的法向刚度系数 K_n 强烈依赖于经验，或需要通过大量的数值试验来确定 (Behraftar et al., 2017)。该模型目前只适合于唯象的模拟，并不具有一般性。

由于扩展多面体单元主要由角点、棱边和平面等元素组成，其有效接触刚度与单元接触模式密切相关，所以可采用 Hertz 接触模型解决扩展多面体的接触问题。Hertz 模型的简化形式为

$$F_n^e = \frac{4}{3} E^* \sqrt{\tilde{R}} \delta_n^{\frac{3}{2}} \tag{3.50}$$

上式中唯一需要确定的是等效半径 $\tilde{R}$ 的选取。扩展多面体单元间的接触模式可分为三类，即球体与球体、圆柱、平面接触；圆柱与圆柱、平面接触；平面与平面接触。下面对不同接触模式下等效半径 $\tilde{R}$ 的选取分别进行描述。

1. 球体与球体、圆柱、平面接触

球体与球体、平面接触的形式可以参考球体的接触模型。球体与圆柱的模型需要参考椭球体的 Hertz 接触模型。图 3.14(b) 所示是沿着轴向接触的两个椭球，对于其 Hertz 模型的等效半径可表示为

$$\frac{1}{\tilde{R}} = \frac{\left(R_1^i + R_1^j \right) \left(R_2^i + R_2^j \right)}{R_1^i R_2^i R_1^j R_2^j} \tag{3.51}$$

式中，R_1^i、R_2^i、R_1^j、R_2^j 是接触点处两个椭球上的曲率半径，令 $R_1^j = R_2^j = R_{sphere}$，$R_2^i \to \infty$ 和 $R_1^i = R_{cylinder}$，则有

$$\frac{1}{\tilde{R}} = \frac{1}{R_{sphere}} \left(\frac{1}{R_{sphere}} + \frac{1}{R_{cylinder}} \right) \tag{3.52}$$

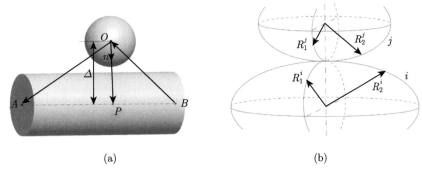

(a)　　　　　　　　　　　　　　　　　　　　(b)

图 3.14　球体与圆柱接触

2. 圆柱与圆柱、平面接触

如图 3.15(a) 和 (b) 所示，柱面与柱面的接触分为两种情况：平行接触和交叉接触。交叉接触时，等效半径的计算可通过曲面距离方程计算。图 3.15(a) 中，x-O-y 平面为垂直于两柱面接触法向的平面，O 为接触点。那么两个曲面的距离可用方程表示为

$$d = \frac{x^2}{2R_1} + \frac{(x\cos\theta - y\sin\theta)^2}{2R_2} = ax^2 + 2bxy + cy^2 \tag{3.53}$$

式中，$a = 1/(2R_1) + \cos^2\theta/(2R_2)$，$b = -\sin\theta\cos\theta/(2R_2)$，$c = \sin^2\theta/(2R_2)$。该方程的二次型矩阵可表示为

$$\boldsymbol{M} = \begin{pmatrix} a & b \\ b & c \end{pmatrix} \tag{3.54}$$

令 $T = \mathrm{tr}\,(\boldsymbol{M}) = a + c$，$D = \det(\boldsymbol{M}) = ac - b^2$。定义 R_1' 和 R_2' 分别为两个柱面上的主曲率半径，可由其二次型矩阵的特征值计算出

$$R_1', R_2' = \frac{2}{T \pm \sqrt{T^2 - 4D}} \tag{3.55}$$

那么 $\tilde{R} = \sqrt{R_1' R_2'}$。

对于两圆柱的平行接触以及圆柱与平面的接触，其等效半径可参考球体的等效半径求解方法，即

$$\frac{1}{\tilde{R}} = \frac{1}{R_1} + \frac{1}{R_2} \tag{3.56}$$

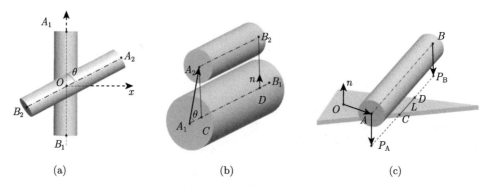

(a)　　　　　　　　　　　(b)　　　　　　　　　　　(c)

图 3.15　圆柱与圆柱、平面接触

3. 平面与平面接触

平面与平面的接触 (图 3.16) 可采用以下公式计算 (Popov, 2010)

$$F_n^e = 2E^*\beta\sqrt{\frac{A}{\pi}}\delta_n \tag{3.57}$$

式中，β 根据不同的接触面形状来定义，一般来说，圆形：$\beta = 1$；三角形：$\beta = 1.034$；矩形：$\beta = 1.012$。为了计算方法，在实际的模拟中可以取一个定值。

图 3.16　平面与平面接触

以上是根据不同的接触方式定义的法向弹性力计算模型。该模型具有一定的理论依据，但是计算过程较为繁琐。在实际的编程过程中需要进行大量的判断，并不适合于大规模的唯象化模拟。实际上，可以通过简化的模型来计算法向接触力。这里介绍两种计算方法。

一种是通过等效质量或者说等效体积的方式。假设某一扩展多面体单元的质量为 m，密度为 ρ，那么其等效半径的计算参考相等质量的球体半径，即

$$\tilde{R} = \sqrt[3]{\frac{3m}{4\pi\rho}} \tag{3.58}$$

另一种方式是通过求每个顶点到形心的距离，即

$$\tilde{R} = \frac{1}{N} \sum_{i=1}^{N} d_i \tag{3.59}$$

式中，d_i 为第 i 个顶点到形心的距离。

通过以上两种等效形式计算可提高计算效率，在实际计算中也具有精确的计算结果。

3.6 颗粒间的非接触物理作用

Hertz 接触理论适用于宏观尺度的精确计算，此时颗粒间表面作用力与弹性力相比显得非常微弱，因此往往不予以考虑。但在分子或者原子尺度上，颗粒间表面作用力不可忽略，需要考虑颗粒接触表面分子或者原子间的粘连作用。Bradley 接触理论视颗粒为刚性，不考虑颗粒由吸引力引起的表面变形；Johnson-Kendall-Roberts(JKR) 接触理论适用于大粒径、低粘附能的低弹性模量材料；DMT 接触理论则适用于小粒径、高粘附能的高弹性模量材料。

此外，在自然界中，降雨和各种生产活动因素引起的颗粒材料干化到湿化的发展过程是导致滑坡、崩塌、泥石流等灾害现象的关键环境载荷及诱发因素。颗粒材料中液体的存在影响了颗粒材料本身的强度和变形性质。对于颗粒材料内的热传导问题，目前仅通过固相颗粒接触的简单传导现象，尚不能充分认识。离散单元法为颗粒材料的热传导研究提供了有效的支撑。利用离散元法来模拟颗粒材料热传导问题的关键在于对颗粒接触对传热性能的合理描述。对颗粒间热传导的研究有助于更好地了解颗粒材料的传热规律。

3.6.1 球形颗粒的粘连接触力

(1) 范德瓦耳斯力

颗粒之间的范德瓦耳斯力正比于粒径 D_p，而颗粒重力正比于粒径 D_p^3，因此随着颗粒尺寸的减小，范德瓦耳斯力相对于重力的影响以 $1/D_p^2$ 的关系迅速增强。在不存在静电力、液桥力等作用时，尺寸在 1mm 及以上的颗粒通常不会发生颗粒间的粘附，而 100μm 以下的颗粒则恰好相反。范德瓦耳斯力是细颗粒流的主要影响因素。对于粗颗粒的弹性接触，Hertz 理论的合理性已经得到普遍公认，但是对于细颗粒的粘附性接触，接触区分子间的范德瓦耳斯力将导致颗粒的局部变形。

分子间的相互作用通常采用经验的 Lennard-Jones 表达式 (图 3.17)：

$$U = \frac{D}{z^{12}} - \frac{C}{r^6} = 4U_0 \left[\left(\frac{a}{z} \right)^{12} - \left(\frac{a}{z} \right)^6 \right] \tag{3.60}$$

式中，a 为分子半径；z 为分子间距；$U_0 = C/\left(2z_0^6\right)$，且有 $z_0 = (2D/C)^{1/6}$；C 为约等于 10^{-79}J·m^6 的常数。

由此，颗粒间的范德瓦耳斯力可表示为

$$F = -\frac{\mathrm{d}U}{\mathrm{d}z} = \frac{12D}{z^{13}} - \frac{6c}{z^7} \tag{3.61}$$

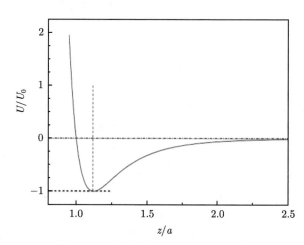

图 3.17　分子间的 Lennard-Jones 势

(2) Bradley 理论和 DMT 理论

对于处于范德瓦耳斯力平衡状态下的两固体颗粒，其粘连能 $\Delta\gamma$ 可表示为

$$\Delta\gamma = \gamma_1 + \gamma_2 - \gamma_{12} \tag{3.62}$$

式中，γ_1 和 γ_2 分别为两个颗粒表面的自由能；γ_{12} 表示界面能。

Lennard-Jones 定律给出了距离为 h 的两表面之间单位面积上的作用力 (Johnson and Greenwood, 1997)，即

$$\sigma\left(h\right) = \frac{8\Delta\gamma}{3\varepsilon}\left[\left(\frac{\varepsilon}{h}\right)^3 - \left(\frac{\varepsilon}{h}\right)^9\right] \tag{3.63}$$

式中，ε 为分子或原子的平衡间距。

两个半径为 R_1 和 R_2 的刚性颗粒发生接触时，基于 Bradley 理论的粘着力可表示为

$$F_0 = 2\pi R^*\Delta\gamma \tag{3.64}$$

式中，$R^* = R_1 R_2/\left(R_1 + R_2\right)$ 为颗粒等效半径。Bradley 是利用两个球体之间的作用势能得到的 (Bradley, 1932)。

将原子之间的作用力视为颗粒表面之间的作用力，采用抛物面来近似表示球体表面，则表面之间的间隙为 $h = r^2/(2R)$，用 $\sigma(h)$ 表示单位面积上的作用力，则得到两个球形颗粒间的作用力可表示为

$$F = \int_0^\infty 2\pi\sigma(h)\,\mathrm{d}r = 2\pi R \int_0^\infty \sigma(h)\,\mathrm{d}h \qquad (3.65)$$

将式 (3.63) 代入式 (3.65) 中，并且假设两个球体颗粒表面之间的间隙为 h_0，得到球体间的作用力可表示为

$$F(h_0) = \frac{2}{3}\left[4\left(\frac{\varepsilon}{h_0}\right)^2 - \left(\frac{\varepsilon}{h_0}\right)^8\right]\pi R^*\Delta\gamma \qquad (3.66)$$

上式称为 Bradley 方程。它适用于刚性不变形的情况，且要求 $z \ll R$。这导致其适用范围相当有限。

考虑两个弹性固体球之间的接触，杨氏模量分别为 E_1 和 E_2，泊松比分别为 ν_1 和 ν_2。在载荷 P 的作用下，由 Hertz 接触理论得到接触区域的半径 a 满足 (Landau and Lifshitz, 1999)：

$$a^3 = R^*P/K \qquad (3.67)$$

式中，$K = \dfrac{4}{3}\left[\dfrac{(1-\nu_1^2)}{E_1} + \dfrac{(1-\nu_2^2)}{E_2}\right]$。弹性压缩量为 $\delta = a^2/R^*$。但在实际的观测中却发现在外载较小时，物体之间的接触面积远大于利用 Hertz 接触理论预测的结果，并且在载荷逐渐减小到零时，接触面积趋于保持为恒定的值。这就表明在固体之间有表面吸引力的作用，此作用在载荷减小到零的过程中变得非常重要。Derjaguin、Muller 和 Toprov (1975) 应用 Bradley 关系式 (3.64) 给出了考虑接触表面粘着力时修正的 Hertz 关系：

$$\frac{a^3K}{R^*} = P + 2\pi R^*\Delta\gamma, \quad \delta = a^2/R^* \qquad (3.68)$$

式 (3.68) 一般被称为 DMT 理论，可以看出，当无外力作用时，在表面力作用下将产生半径为 $a_0 = (2\pi R^{*2}\Delta\gamma/K)^{1/3}$ 的接触圆域。

(3) JKR 理论

Johnson 等在 Hertz 理论的基础上结合 Boussinesq 问题解的线性叠加，并基于最小能原理导出了 JKR 理论模型 (Johnson et al., 1971)。JKR 接触理论是 Hertz 接触理论的延伸，其认为粘连作用仅存在于接触面上。如果颗粒间没有粘连，两颗粒接触面半径 a_0 由 Hertz 接触理论给出；若存在粘连，虽然此时外荷载仍然为 P，但接触面半径 $a > a_0$。

对颗粒施加的法向载荷与接触面半径 a 满足如下关系式:

$$a^3 = \frac{3R^*}{4E^*}\left(F + 3\pi R^*\Delta\gamma + \sqrt{(3\pi R^*\Delta\gamma)^2 + 6\pi R^*\Delta\gamma P}\right) \tag{3.69}$$

颗粒变形受外加载荷 F 和接触表面粘附力共同作用,可得到其等效载荷力 F_1 为

$$F_1 = N + 3\pi R^*\Delta\gamma + \sqrt{(3\pi R^*\Delta\gamma)^2 + 6\pi R^*\Delta\gamma P} \tag{3.70}$$

在没有外加载荷时,重叠量 δ 和接触面半径 a 均为有限值 (>0);随着拉伸载荷增大,a 逐渐减小,当达到临界载荷时出现突然的跳离;之后界面发生脱离接触,如图 3.18 所示。由于控制拉伸载荷逐渐增加,因此属于硬卸载。对硬卸载而言,JKR给出的 $a \sim N$ 关系在拉开点之后不代表实际物理过程。拉开点对应于 $N \sim \delta$ 曲线的极小值点,此时 δ 和 a 均为非零的有限值,对应的临界载荷等于 $-1.5\pi R^*\Delta\gamma$。如果是软卸载,即控制重叠率缓慢变化而不是逐渐增大对颗粒的拉伸载荷,则拉开点之后一段过程仍按 JKR 关系进行,直到 $N \sim \delta$ 曲线斜率等于无穷大的临界点,此处也发生跳离。

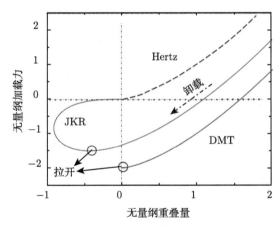

图 3.18　Hertz、JKR 和 DMT 接触模型无量纲力–重叠量曲线

JKR 接触模型认为粘附力作用只存在于接触区,而忽略了接触区以外的吸引力。如果接触区的面积较大,粘附力的有效作用距离又与重叠率相比很小,这使得粘附力在接触区以外与以内相比很小,那么 JKR 接触模型是合理的。

3.6.2　湿颗粒间的液桥力

当颗粒表面湿润且相互靠近时,部分液膜逐渐融合在一起,并在其接触点及附近形成液桥。颗粒间的液桥力由液桥的压力差、液体的表面张力以及粘性阻力引起。按照含液体量的多少可将含液颗粒材料的液相分为如下四个状态,如图 3.19

所示。摆动状态：颗粒接触点上存在透镜状或环状的液相，液相间互不相连；链索状态：随着液体量的增多，上述环长大，颗粒孔隙间的液相相互连接形成液体网状组织，空气分布其间；毛细状态：颗粒间所有孔隙均被液体填满，仅在外表面存在气液界面；浸渍状态：颗粒浸在液体中，存在自由液面。

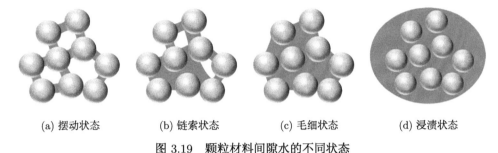

(a) 摆动状态　　　(b) 链索状态　　　(c) 毛细状态　　　(d) 浸渍状态

图 3.19　颗粒材料间隙水的不同状态

液桥力与液桥的几何形状有关。它包括表面张力和静压力两个部分，而液桥的几何形状又与两个颗粒的间距有关。三维液桥投影面的几何特征值示意图如图3.20 所示。三维液桥的气、液交界面即液桥弯曲面可用 Laplace-Young 方程描述为 (Soulié et al., 2010)

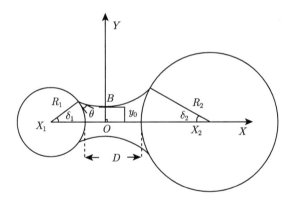

图 3.20　不等大小颗粒间的液桥几何特征值示意图

$$\Delta p = \sigma_{\mathrm{su}} \left(\frac{1}{\rho_{\mathrm{ext}}} - \frac{1}{\rho_{\mathrm{int}}} \right) \tag{3.71}$$

式中，Δp 表示界面处的压力差；σ_{su} 表示孔隙液体的表面张力；ρ_{ext} 和 ρ_{int} 分别表示液桥弯曲面的外曲率半径及内曲率半径，其具体表达式表示为

$$\rho_{\mathrm{ext}} = \frac{\left[1 + (y'(x))^2 \right]^{3/2}}{y''(x)} \tag{3.72}$$

$$\rho_{\mathrm{int}} = y(x) \cdot \sqrt{1 + (y'(x))^2} \tag{3.73}$$

三维 Laplace-Young 方程因高度非线性而只能在极特殊情况下才能得到解析解，而数值方法是解决这一问题的有效手段。Lian 等通过数值方法求解三维液桥的 Laplace-Young 方程 (Lian et al., 1993)。当接触角 $\theta < 40°$ 时，由三相接触角及液桥体积表示的三维液桥临界断裂距离 D_{r}，其表达式为

$$D_{\mathrm{r}} = \left(1 + \frac{\theta}{2}\right) V_{\mathrm{w}}^{1/3} \tag{3.74}$$

式中，θ 代表三相接触角；V_{w} 表示液桥液体体积。

液桥力由液体表面张力及静水压力两部分构成，其计算方法通常分为如下两种：一种是 Gorge 方法，即计算液桥瓶颈处横截面的力 $F_{\mathrm{s}}^{\mathrm{Gorge}}$；另一种是计算直接作用于固体颗粒表面的孔隙流体压力及表面张力的合力 $F_{\mathrm{s}}^{\mathrm{dir}}$。两种方法得到的液桥力可表示为

$$F_{\mathrm{s}}^{\mathrm{Gorge}} = \pi\, y_0^2\, \Delta p + 2\pi\, y_0\, \sigma_{\mathrm{su}} \tag{3.75}$$

$$F_{\mathrm{s}}^{\mathrm{dir}} = \pi\, (R_1 \sin \delta_1)^2\, \Delta p + 2\pi\, R_1\, \sigma_{\mathrm{su}} \sin \delta_1 \sin(\delta_1 + \theta) \tag{3.76}$$

式中，δ_1 表示半填充角；R_1 表示颗粒半径。

上述两种计算液桥力的前提条件是半填充角等液桥几何特征值是已知条件。三维 Laplace-Young 方程高度非线性导致的数值求解过程计算量极其繁琐复杂，Soulie 和 Richefeu 等通过拟合得到了形式各异的三维液桥力拟合公式 (Soulié et al., 2010; Richefeu et al., 2008)。

1) Soulie 等得到的三维液桥力表达式为 (Soulié et al., 2010)

$$F_{\mathrm{s}} = \pi\, \sigma_{\mathrm{su}} \sqrt{R_1 R_2} \left[c + \exp\!\left(a \frac{D}{R_2} + b\right) \right] \tag{3.77}$$

式中，D 表示颗粒间距；R_1、R_2 表示颗粒半径；a、b、c 表示拟合系数，其具体形式为

$$a = -1.1 \left(\frac{V_{\mathrm{w}}}{R_2^3}\right)^{-0.53}$$

$$b = \left[-0.148 \ln\!\left(\frac{V_{\mathrm{w}}}{R_2^3}\right) - 0.96 \right] \theta^2 - 0.0082 \cdot \ln\!\left(\frac{V_{\mathrm{w}}}{R_2^3}\right) + 0.48 \tag{3.78}$$

$$c = 0.0018 \cdot \ln\!\left(\frac{V_{\mathrm{w}}}{R_2^3}\right) + 0.078$$

2) Richefeu 等得到的三维液桥力表达式为 (Richefeu et al., 2008)

$$F_{\mathrm{s}} = \begin{cases} -2\pi\, \sigma_{\mathrm{su}}\, R \cos\theta, & D < 0 \\ -2\pi\, \sigma_{\mathrm{su}}\, R \cos\theta \exp\!\left(-\dfrac{D}{\lambda}\right), & 0 \leqslant D \leqslant D_{\mathrm{r}} \\ 0, & D > D_{\mathrm{r}} \end{cases} \tag{3.79}$$

其中 λ 和 R 可分别表示为

$$\lambda = \frac{0.9}{\sqrt{2}} V_{\mathrm{w}}^{1/2} R^{-1/2} \left(\frac{1}{R_1} + \frac{1}{R_2}\right)^{1/2}, \quad R = \max\left(\frac{R_2}{R_1}, \frac{R_1}{R_2}\right) \qquad (3.80)$$

此外, 当存在填隙流体时, 颗粒间的相对运动主要涉及狭小间隙中流体的流动。这种物理现象可由雷诺润滑方程描述。对于钟摆形液桥, 液体粘性的影响主要体现在两方面: 一是液体粘性影响凹形气液表面形状的演变, 该表面附近的区域称为非润滑区; 二是液体粘性控制液桥内部的强度, 该区域称为润滑区。当两颗粒间距很小时, 气液界面对动态液桥力的贡献可忽略不计, 可采用润滑理论分析动态粘性力 (Briscoe and Adams, 1987; Lian et al., 1998, 2001; 黄文彬等, 2002; 李红艳等, 2002; 徐泳等, 2003)。

3.6.3 颗粒间的热传导

颗粒材料由于其分散性和颗粒之间作用关系的复杂性, 颗粒体的传热性能也表现出非各向同性的特点, 并且受到颗粒尺寸、分布、颗粒温度、孔隙流体性质、体分比和边界条件等因素的影响 (Bala et al., 1989; Hadley, 1986)。有关研究表明, 改变颗粒体的温度, 通过颗粒的热胀冷缩所引起的材料内部结构的变化, 也可以对颗粒体的宏观性质产生影响, 这提供了一种不需要对颗粒体施加任何力学扰动的改变颗粒体性质的手段 (Chen et al., 2009, 2012)。在工程应用中, 例如, 粉体材料的烧结与制备, 传热、隔热材料的应用等, 都需要了解热传导性能等颗粒材料的属性, 以便对工艺、配方等进行改进, 提高产品性能。但是, 目前人们对于颗粒材料内的热传导问题, 即便是仅通过固相颗粒接触的简单传导现象, 也尚不能充分认识, 对颗粒材料热传导的相关理论和数值模型的研究是工程应用的迫切要求。

离散元方法在处理颗粒材料的细观特性方面有着独特的优势。为模拟颗粒材料中的热传导问题, 温度自由度被引入来表征颗粒的热量变化, 而控制方程与接触传热模型则为数值算法实施的关键。作为研究对象的颗粒材料主要有以下两个特点。一是颗粒间的接触热传导是颗粒材料中热传导的唯一途径, 颗粒集合处于真空状态, 孔隙中无填充物质, 且忽略颗粒之间的辐射作用; 二是颗粒温度的变化不会引起颗粒材料属性和尺寸的变化。

(1) 热传导控制方程

对于颗粒材料中的颗粒 i, 其温度 T^i 的变化规律满足热传导方程 (Bergman et al., 2007):

$$\rho^i c^i \frac{\partial T^i}{\partial \tau} - \frac{\partial}{\partial x}\left(k_1 \frac{\partial T^i}{\partial x}\right) - \frac{\partial}{\partial y}\left(k_2 \frac{\partial T^i}{\partial y}\right) - \frac{\partial}{\partial z}\left(k_3 \frac{\partial T^i}{\partial z}\right) - \rho^i \dot{q}^i = 0 \qquad (3.81)$$

相应的边界条件为

$$P_1 : T = \overline{T}$$

$$P_2 : k_1 \frac{\partial T^i}{\partial x} n_1 + k_2 \frac{\partial T^i}{\partial y} n_2 + k_3 \frac{\partial T^i}{\partial z} n_3 = q'' \tag{3.82}$$

$$P_3 : k_1 \frac{\partial T^i}{\partial x} n_1 + k_2 \frac{\partial T^i}{\partial y} n_2 + k_3 \frac{\partial T^i}{\partial z} n_3 = -\beta(T - T_a)$$

式中，ρ^i 表示颗粒本身的密度；c^i 表示材料的比热；$\dot{q}^i$ 表示颗粒内部的热源密度；n_1, n_2, n_3 为边界外法线方向余弦；边界条件 $\overline{T}$ 是在颗粒边界上给定的温度；q'' 是边界上给定的热流密度；β 为热换系数；k 为热传导系数。在自然对流条件下，T_a 为外界环境温度；在强迫对流条件下，T_a 为边界层的绝热壁温度。

若在离散元计算中考虑每一个颗粒内部的温度分布，则需要耗费巨大的计算量。为简化计算，在离散元计算中设定每一个颗粒只有一个温度。对于颗粒 i 来说，假设其内部没有热源，即 $\dot{q} = 0$，所有改变颗粒温度的因素都来自于外界条件，即与其他颗粒热交换的总和 q^i。

颗粒温度变化与边界热交换的关系表达式为

$$\rho^i c^i v^i \frac{\partial T^i}{\partial \tau} = \int_p \left(k_1 \frac{\partial T^i}{\partial x} n_1 + k_2 \frac{\partial T^i}{\partial y} n_2 + k_3 \frac{\partial T^i}{\partial z} n_3 \right) \mathrm{d}a = q^i \tag{3.83}$$

式中，v^i 为颗粒体积；$\int_p$ 表示在颗粒边界上的积分。将每一个接触对的热交换 q^{ji} 相加，就可以得到与其他 N 个颗粒总的热交换，即 $q^i = \sum\limits_{j=1}^{N} q^{ji}$。然而，$q^{ji}$ 与接触对颗粒的属性和温差有关，可以表示为

$$q^{ji} = h^{ij}(T^j - T^i) \tag{3.84}$$

式中，h^{ij} 表示两接触颗粒之间的接触热导；T^i 和 T^j 则分别代表颗粒 i 和 j 的温度。

颗粒温度的变化就可由接触热交换的总和来计算，即

$$\rho^i c^i v^i \frac{\partial T^i}{\partial \tau} = \sum\limits_{j=1}^{N} h^{ij}(T^j - T^i) \tag{3.85}$$

上式以静态物理量近似计算颗粒集合内的瞬态热传导过程，要求模拟的时间步长要足够小，使得每个时间步内的热传导可以用准静态方式描述。

(2) 接触传热模型

在离散元方法中，接触热导 h^{ij} 是计算颗粒接触对之间热交换的重要参数。这里在计算接触热导 h^{ij} 所使用的接触传热模型中考虑了接触面性质的影响。将接

触热阻模型引入离散元方法可在数值分析中计入接触面性质对颗粒集合温度分布和热传导性能的影响,增强了离散元方法反映颗粒材料性质的能力。

如图 3.21 所示,接触对由 i、j 两个颗粒组成,c 为接触点。将接触对简化为由颗粒本身的热阻 R^i、R^j 与接触热阻 R^c 串联而成一维热传导系统。颗粒 i 上球心处温度为 T^i,接触处温度为 T_c^i,颗粒 j 上球心处温度为 T^j,接触处温度为 T_c^j。

图 3.21 颗粒接触对及其热传导过程

颗粒系统的稳态热传导方程可表示为

$$\frac{\partial}{\partial z}\left(k\frac{\partial T}{\partial z}\right) = 0 \tag{3.86}$$

式中,z 表示热传导的方向。对上式进行积分就可以得到傅里叶热传导方程:

$$-k\frac{\partial T}{\partial z} = q'' \tag{3.87}$$

式中,q'' 表示热流密度。颗粒系统中任一截面 A 的热流率 q^{ji} 都可以通过在该截面上对 q'' 的积分得到,即

$$q^{ji} = \int_A k\frac{\partial T}{\partial z}\mathrm{d}A = \int_A q''\mathrm{d}A \tag{3.88}$$

根据热阻的定义,颗粒 i 和 j 接触面上的热流率与颗粒系统内热阻的关系为

$$q^{ji} = \frac{T^i - T_c^i}{R^i} = \frac{T^i - T_c^j}{R^c} = \frac{T_c^j - T^j}{R^j} = \frac{T^i - T^j}{R^{ij}} \tag{3.89}$$

颗粒宏观热阻和接触热阻串联构成了接触对总热阻 R^{ij},可以根据系统的热流率 q^{ij} 和温差 $T^j - T^i$ 求得,其表达式为

$$R^{ij} = \frac{1}{h^{ij}} = \frac{T^j - T^i}{q^{ij}} \tag{3.90}$$

这里,h^{ij} 为接触对热阻 R^{ij} 的倒数。

对于两接触颗粒表面均为光滑面的理想情况，以 Hertz 弹性接触理论为基础，理想接触热导 $\overline{h}^{ij}$ 的近似解析表达形式为 (Batchelor and O'Brien, 1977)：

$$\overline{h}^{ij} = \frac{1}{\overline{R}} = 2k \left(\frac{3\,F_{\mathrm{n}}\,r_{\mathrm{e}}}{4\,E_{\mathrm{e}}} \right)^{1/3} \tag{3.91}$$

式中，$\overline{R}$ 为接触面为光滑表面时接触对的理想宏观热阻，F_{n} 表示颗粒之间的接触法向压力，k 为接触对的有效热传导系数，r_{e} 表示有效半径，E_{e} 表示有效弹性模量。k 与 k^i、k^j 满足如下关系：

$$k = 2\,k^i\,k^j\,(k^i + k^j)^{-1} \tag{3.92}$$

工程实际中的颗粒表面总是粗糙的，接触截面处散布着间隙，如图 3.22 所示。由于热传导需要通过微接触面进行，而微接触面的总面积有限，因此粗糙接触面限制了接触颗粒之间的热传导能力。诸多学者在表面粗糙弹性体接触问题的基础上研究了接触面的热传导模型 (Lambert and Fletcher, 1996; Bahrami et al., 2005)。

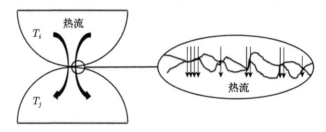

图 3.22　粗糙颗粒表面的热流示意图

一般认为，两个高斯型粗糙表面之间的接触可以等效为一个包含两个粗糙表面特性的高斯型表面和一个光滑表面之间的接触，等效粗糙度 η 和等效表面坡度与两个粗糙面 s 各自的属性有关，且 η 和 s 可以表示为

$$\eta = \sqrt{\eta^{i^2} + \eta^{j^2}}, \quad s = \sqrt{s^{i^2} + s^{j^2}} \tag{3.93}$$

表面坡度是表面粗糙度的函数，Tanner 和 Faboum 给出了换算关系 (Tanner and Fahoum, 1976)：

$$s = 0.152\,\eta^{0.4} \tag{3.94}$$

两个接触面之间的接触热阻 R_s 是接触面上所有微接触对于热阻贡献的总和，可以表示为 (Batcgelor and O'Brien, 1977)

$$R_{\mathrm{s}} = \frac{0.565\,H^*(\eta/s)}{k\,F_{\mathrm{n}}} \tag{3.95}$$

式中，H^* 为表面等效微观硬度系数，一般为维氏微观硬度的有效值（Sridhar and Yovanovich, 1996）。

宏观热阻与接触热阻串联构成了接触对总热阻 R^{ij}，可以近似表示为宏观理想热阻 $\overline{R}$ 和接触热阻 R_s 之和，即 (Lambert and Fletcher, 1996; Bahrami et al., 2005)

$$R^{ij} = \overline{R} + R_s \tag{3.96}$$

(3) 颗粒体的有效热传导系数

在颗粒集合两端施加温度边界条件，如图 3.23 所示，当颗粒集合达到热平衡状态时，单位时间内流入颗粒集合的热流量与流出的热流量相等，即 $q_{\mathrm{in}} = q_{\mathrm{out}}$。颗粒集合在某一方向的热传导可以由一维傅里叶热传导方程来描述

$$q = -k_e A \frac{\Delta T}{\Delta x} \tag{3.97}$$

式中，k_e 为颗粒集合在该传导方向上的有效热传导系数，A 为颗粒集合的截面面积，温度梯度 $\Delta T / \Delta x$ 可以由施加的温度边界条件和集合的尺寸获得，热流率 q 可以由边界上的热流量统计获得，在离散元模拟中，根据颗粒单元与边界之间的热流率统计得到。于是，颗粒体的有效传热系数就可以根据上述统计量直接求出：

$$k_e = -q \frac{1}{A} \frac{\Delta x}{\Delta T} \tag{3.98}$$

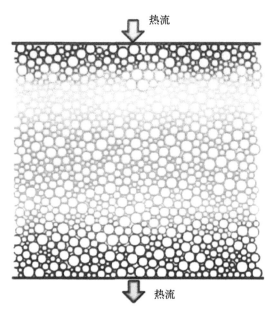

图 3.23　颗粒集合热传导示意图

(4) 颗粒体特征参数对热传导性能的影响

a) 接触热阻的影响

接触热阻的存在可以对颗粒整体热传导性能产生影响 (Zhang et al., 2011)。如图 3.24 所示颗粒集合为例，该颗粒集合包含 1106 个球形颗粒，颗粒粒径服从正态分布，其平均粒径为 $d = 4 \times 10^{-3}\,\mathrm{m}$，标准差为 $0.25d$，材料参数由表 3.1 给出。颗粒被刚性墙约束在矩形区域内，刚性墙本身有质量，可以在外力和接触力的合力作用下沿法向平动，并通过与颗粒的接触将热传入颗粒集合。每个时间步内流入颗粒集合的热流量可以通过刚性墙上的热流率数据得到，从而为颗粒集合是否达到热平衡状态提供依据。外载分成两个阶段施加于颗粒集合上。第一阶段为挤压阶段，即以外力施加在颗粒集合周围的刚性墙上，直到集合达到平衡状态。第二阶段为施加温度载荷，在 x 方向施加 1K 的温度差 (颗粒集合两端刚性墙上的温度分别为 273K 和 274K)。热平衡后的温度分布如图 3.24(b) 所示。

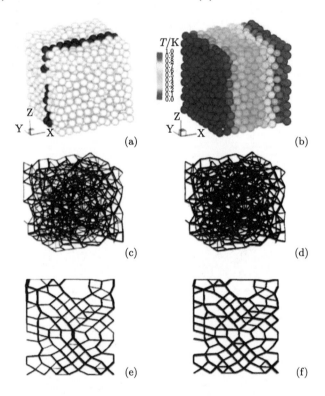

图 3.24　随机排布颗粒集合的示意图: (a) 颗粒分布示意图，深色部分为 (e) 和 (f) 所绘热力传播路径所在颗粒层; (b) 相对温度分布 (参考温度 273K); (c) 法向力网络; (d) 热传导路径; (e) (a) 中深色颗粒层中的力链; (f) (a) 中深色颗粒层中的热传导路径 (Zhang et al., 2011)

表 3.1 颗粒的材料参数

参数		值
密度	ρ	$2.7 \times 10^3 \mathrm{kg \cdot m^{-3}}$
弹性模量	E	$6.89 \times 10^{10} \mathrm{Pa}$
泊松比	ν	0.23
热传导系数	k	$1.0 \times 10^2 \mathrm{W \cdot m^{-1} \cdot K^{-1}}$
比热	c	$8 \times 10^2 \mathrm{J \cdot kg^{-1} \cdot K^{-1}}$
摩擦系数	μ	0.5
有效微观硬度	H^*	$2.3 \times 10^8 \mathrm{Pa}$
表面粗糙度	η	$0.13 \times 10^{-6} \mathrm{m}$

颗粒间接触面的性质会影响颗粒集合的热传导性质。以下通过改变表面等效微观硬度参数来揭示接触面材料特性对有效传导系数 k_e 的影响。分别取表面等效微观硬度参数为 $H^* = 2.3 \times 10^9 \mathrm{Pa}$、$2.3 \times 10^8 \mathrm{Pa}$ 和 $2.3 \times 10^7 \mathrm{Pa}$,并保持其余材料参数不变。表面等效微观硬度参数的增大将导致接触热阻的增大,在相同的外载下,有效热传导系数 k_e 随着表面等效微观硬度参数的增大而减小。几组不同压缩载荷的结果均显示了相同的趋势,如图 3.25 所示。

由于接触热阻与理想热阻为串联关系,当接触面性质不利于热传导时,接触热阻会变得很大,有效热传导系数 k_e 则会显著下降。而当接触面性质较好时,接触热阻会接近于零,接触对之间的热阻将接近于理想热阻,这时 k_e 才会保持在一个良好的水平上。而接触面的性质始终是由颗粒表面性质决定。由此可见,颗粒本身材料的热传导属性和颗粒的表面性质对于颗粒集合整体的热传导性能十分重要。

图 3.24(c) 为所绘颗粒集合中接触法向力的空间网络,其中线段的粗细表示了法向力的大小。由于在挤压阶段,颗粒集合达到了平衡状态,颗粒在施加温度载荷之前均停止了运动;又因为颗粒的膨胀系数为零,温度的变化不会引起接触力的改变继而导致颗粒位置的变化,故力网络的拓扑结构在温度载荷施加之后一直保持在图示 3.24(c) 所示状态。颗粒集合内的热传导路径在图 3.24(d) 中绘出,与力网络类似,线段的粗细表示接触对热流率的大小。图 3.24(e) 和 3.24(f) 给出了图 3.24(a) 中深色颗粒层中的力链和热传导路径。结果表明,力和热的传导路径在拓扑结构上完全相同,不同之处在于线段的粗细,即接触颗粒之间热流率大小的分布与接触力的分布不完全相同。究其原因,尽管接触热流率的大小是接触力的函数,但与接触对的材料、几何参数以及颗粒之间的温度差均有关系,与接触力的大小不完全成正比。另外,由于颗粒材料处于真空状态,且忽略了颗粒之间的热辐射,故而图 3.24(d) 中所示的热传导路径是颗粒集合内部的唯一传播途径。鉴于力链对于颗粒集合力学性质的反映和影响,明确热传导路径的性质和作用对于了解颗粒集

合的热传导性质将起到积极的作用。

b) 压缩载荷的影响

图 3.25 为一个由 18112 个大小不同的球形颗粒组成的颗粒集合，颗粒的平均粒径 $d = 6 \times 10^{-3}\,\mathrm{m}$，标准差为 $0.25d$，材料参数由表 3.1 给出。在 x 方向施加 1K 的温度差，待颗粒集合达到热平衡状态，得到平均热流密度和平均温度梯度，通过式 (3.98) 得到有效热传导系数 k_{e}。保持颗粒集合材料参数不变，只改变对集合施加的外压力载荷大小，并进行对应的离散元模拟。

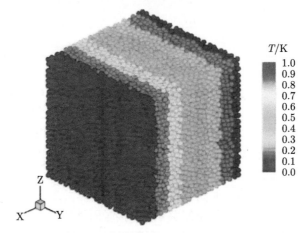

图 3.25　颗粒集合温度分布示意图 (参考温度 273K)(Zhang et al., 2011)

在离散元模拟中，不同压力载荷下颗粒内部的应力可以计算得到。图 3.27 给出了热传导系数 k_{e} 与颗粒集合平均应力 σ 之间的关系：k_{e} 随着 σ 的增大而增大。这一结果与 Weidenfeld 等 (2003; 2004) 给出的试验观测数据所显示的规律一致。当压缩载荷增大时，颗粒之间的接触力随之增大；若材料参数一定，颗粒接触对的接触热导 h^{ij} 由接触力决定，而 h^{ij} 随着接触力的增大而增大。由于接触对是颗粒体传热的基本单位，因此接触对的导热能力增强，系统整体的导热能力也随之增强。压缩载荷的增大对于改善颗粒整体的热传导性能起着积极的作用。

3.7　小　　结

本章首先介绍了离散单元法的基本原理，包括球形颗粒间的线性和非线性接触模型、运动方程、阻尼作用，以及时间步长的选取；考虑材料进入塑形阶段后，给出了球形颗粒处于塑性状态下的屈服区域半径、重叠量表达式及法向压力径向分布图；随后基于球体的 Hertz 接触模型和椭球体表面曲率的接触模型，分别介绍了超二次曲面单元、扩展多面体等典型的非规则颗粒单元间的接触模型；对于考虑粘连作用的颗粒接触理论模型, 以范德瓦耳斯力为基础, 介绍了 Bradley 接触理论、JKR 接触理论及 DMT 理论; 此外, 若颗粒表面湿润且相互靠近, 可基于 Laplace-Young 方程得到湿颗粒间液桥力模型的表达式; 最后, 讨论了模拟颗粒材料热传导的离散元方法的控制方程、接触热交换计算方法。

参 考 文 献

何思明, 吴永, 李新坡. 2008. 颗粒弹塑性碰撞理论模型. 工程力学, 25(12): 19-24.

黄文彬, 徐泳, 练国平, 等. 2002. 存在滑移时两圆球间的幂律流体挤压流动. 应用数学和力学, 7(7): 722-728.

季顺迎. 2007. 非均匀颗粒介质的类固 - 液相变行为及其本构模型. 力学学报, 39(2): 223-237.

李红艳, 黄文彬, 徐泳. 2002. 存在填隙幂律流体时圆球间切向作用的近似解. 应用力学学报, 19(4): 43-46.

徐泳, 孙其诚, 张凌, 等. 2003. 颗粒离散元法研究进展. 力学进展, 33(2): 251-260.

Azevedo N, Candeias M, Gouveia F. 2015. A rigid particle model for rock fracture following the Voronoi tessellation of the grain structure: Formulation and validation. Rock Mechanics and Rock Engineering, 48(2), 535-557.

Babic M, Shen H H, Shen H T. 1990. The stress tensor in granular shear flows of uniform, deformable disks at high solids concentrations. Journal of Fluid Mechanics, 219: 81-118.

Bahrami M, Yovanovich M M, Culham J R. 2005. A compact model for spherical rough contacts. Journal of Tribology, 127(4): 884-889.

Bala K, Pradhan P R, Saxena N S, et al. 1989. Effective thermal conductivity of copper powders. Journal of Physics D Applied Physics, 22(8): 1068.

Bardet J P, Huang Q. 1992. Numerical modeling of micro-polar effects in idealized granular materials. American Society of Mechanical Engineers, Materials Division(Publication) MD, 37: 85-92.

Batchelor G K, O'Brien R W. 1977. Thermal or electrical conduction through a granular material. Proceedings of the Royal Society A Mathematical Physical & Engineering Sciences, 355(355): 313-333.

Behraftar S, Galindo-Torres S A, Scheuermann A, et al. 2017. Validation of a novel discrete-based model for fracturing of brittle materials. Computers and Geotechnics, 81: 274-283.

Bergman T L, Lavine A, Incropera F P, et al. 2007. Fundamentals of Heat and Mass Transfer. Wiley.

Bradley R S. 1932. The cohesive force between solid surfaces and the surface energy of solids. Philosophical Magazine, 13(86): 853-862.

Briscoe B J, Adams M J. 1987. Tribology in Particulate Technology. Adam Higler.

Brizmer V, Zait Y, Kligerman Y, et al. 2006. The effect of contact conditions and material properties on elastic-plastic spherical contact. Journal of Mechanics of Materials and Structures, 5: 865-879.

Campbell C. 2002. Granular shear flows at the elastic limit. Journal of Fluid Mechanics, 465: 261-291.

Chen K, Cole J, Conger C, et al. 2012. Packing grains by thermally cycling. Physics, 442(7100): 257-257.

Chen K, Harris A, Draskovic J, et al. 2009. Granular fragility under thermal cycles. Granular Matter, 11(4): 237-242.

Di Renzo A, Di Maio F P. 2004. Comparison of contact-force models for the simulation of collisions in dem-based granular flow codes. Chemical Engineering Science, 59(3): 525-541.

Feng Y T, Han K, Owen D R J. 2012. Energy-conserving contact interaction models for arbitrarily shaped discrete elements. Computer Methods in Applied Mechanics and Engineering, 205-208(1): 169-177.

Hadley G R. 1986. Thermal conductivity of packed metal powders. International Journal of Heat & Mass Transfer, 29(6): 909-920.

Iwashita K, Oda M. 2000. Micro-deformation mechanism of shear banding process based on modified distinct element method. Powder Technology, 109(1-3): 192-205.

Ji S Y, Di S C, Long X. 2017. DEM simulation of uniaxial compressive and flexural strength of sea ice: Parametric study of inter-particle bonding strength. ASCE Journal of Engineering Mechanics, 143(1): C4016010.

Ji S Y, Shen H H. 2006. Effect of contact force models on granular flow dynamics. ASCE Journal of Engineering Mechanics, 132(11): 1252-1259.

Ji S Y, Shen H H. 2008. Internal parameters and regime map for soft poly-dispersed granular materials. Journal of Rheology, 52(1): 87-103.

Jiang M J, Yu H S, Harris D. 2005. A novel discrete model for granular material incorporating rolling resistance. Computers & Geotechnics, 32(5): 340-357.

Jiang M J, Yu H S, Harris D. 2006. Kinematic variables bridging discrete and continuum granular mechanics. Mechanics Research Communications, 33(5): 651-666.

Johnson K L, Greenwood J A. 1997. An adhesion map for the contact of elastic spheres. Journal of Colloid & Interface Science, 192(2): 326-333.

Johnson K L, Kendall K, Roberts A D. 1971. Surface energy and the contact of elastic solids. Proceedings of the Royal Society of London A Mathematical Physical & Engineering Sciences, 324(1558): 301-313.

Kogut L, Etsion I. 2003. A semi-analytical solution for the sliding inception of a spherical contact. ASME Journal of Tribology, 125: 499-506.

Kremmer M, Favier J F. 2001a. A method for representing boundaries in discrete element modelling-part I: Geometry and contact detection. International Journal for Numerical Methods in Engineering, 51: 1407-1421.

Kremmer M, Favier J F. 2001b. A method for representing boundaries in discrete element modelling-Part II: Kinematics. International Journal for Numerical Methods in Engineering, 51: 1423-1436.

Lambert M A, Fletcher L S. 1996. Thermal contact conductance of spherical rough metals. Journal of Heat Transfer, 119(4): 684-690.

Landau L D, Lifshit'S E M. 1999. Theory of Elasticity. 北京: 世界图书出版公司.

Lian G, Thornton C, Adams M J. 1993. A theoretical study of the liquid bridge forces between two rigid spherical bodies. Journal of Colloid & Interface Science, 161(1): 138-147.

Lian G, Thornton C, Adams M J. 1998. Discrete particle simulation of agglomerate impact coalescence. Chemical Engineering Science, 53(19): 3381-3391.

Lian G, Xu Y, Huang W, et al. 2001. On the squeeze flow of a power-law fluid between rigid spheres. Journal of Non-Newtonian Fluid Mechanics, 100(1): 151-164.

Mcdowell G R, Bolton M D, Robertson D. 1996. The fractal crushing of granular materials. Journal of the Mechanics and Physics of Solids, 44: 2079-2102.

Mesarovic S D, Johnson K L. 2000. Adhesive contact of elastic–plastic spheres. Journal of the Mechanics & Physics of Solids, 48(10): 2009-2033.

Mindlin R D. 1949. Compliance of elastic bodies in contact. ASME Journal of Applied Mechanics, 16(3): 259-268.

Mindlin R D, Deresiewicz H. 1953. Elastic spheres in contact under varying oblique forces. ASME Journal of Applied Mechanics, 20: 327-344.

Nitka M, Tejchman J. 2015. Modelling of concrete behaviour in uniaxial compression and tension with DEM. Granular Matter, 17(1), 145-164.

Oda M, Iwashita K. 2000. Study on couple stress and shear band development in granular media based on numerical simulation analyses. International Journal of Engineering Science, 38(15): 1713-1740.

Onate E, Rojek J. 2004. Combination of discrete element and finite element methods for dynamic analysis of geomechanics problems. Computer Methods in Applied Mechanics and Engineering, 193, 3087-3128.

Popov V L. 2010. Contact Mechanics and Friction: Physical Principles and Applications. Berlin: Springer-Verlag.

Potyondy D O, Cundall P A. 2004. A bonded-particle model for rock. International Journal of Rock Mechanics & Mining Sciences, 41(8), 1329-1364.

Richefeu V, Youssoufi M S E, Peyroux R, et al. 2008. A model of capillary cohesion for numerical simulations of 3D polydisperse granular media. International Journal for Numerical & Analytical Methods in Geomechanics, 32(11): 1365-1383.

Scholtes L, Donze F V. 2012. Modelling progressive failure in fractured rock masses using a 3D discrete element method. International Journal of Rock Mechanics & Mining Sciences, 52: 18-30.

Shen H H, Sankaran B. 2004. Internal length and time scales in a simple shear granular flow. Physical Review E, 70: 051308.

Soulié F, Cherblanc F, Youssoufi M S E, et al. 2010. Influence of liquid bridges on the mechanical behaviour of polydisperse granular materials. International Journal for Numerical & Analytical Methods in Geomechanics, 30(3): 213-228.

Sridhar M R, Yovanovich M M. 1996. Empirical methods to predict Vickers microhardness. Wear, 193(1): 91-98.

Tabor D. 1959. Junction growth in metallic friction: The role of combined stresses and surface contamination. Proceedings of the Royal Society of London A, 251: 378-393.

Tanner L H, Fahoum M. 1976. A study of the surface parameters of ground and lapped metal surfaces, using specular and diffuse reflection of laser light. Wear, 36(3): 299-316.

Tarokh A, Fakhimi A. 2014. Discrete element simulation of the effect of particle size on the size of fracture process zone in quasi-brittle materials. Computers & Geotechnics, 62: 51-60.

Thornton, C. 1997. Coefficient of restitution for collinear collisions of elastic-perfectly plastic spheres. Trans. ASME Journal of Applied Mechanics, 64: 383-386.

Vu-Quoc L, Zhang X, Lesburg L. 2001. Normal and tangential force-displacement relations for frictional elasto-plastic contact of spheres. International Journal of Solids and Structures, 38: 6455-6489.

Wang Y, Tonon F. 2010. Calibration of a discrete element model for intact rock up to its peak strength. International Journal for Numerical & Analytical Methods in Geomechanics, 34(5): 447-469.

Wang Y, Tonon F. 2009. Modeling Lac du Bonnet granite using a discrete element model. International Journal of Rock Mechanics & Mining Sciences, 46(7): 1124-1135.

Weerasekara N S. 2013. The contribution of DEM to the science of comminution. Powder Technol., 248: 3-24.

Weidenfeld G, Weiss Y, Kalman H. 2004. A theoretical model for effective thermal conductivity (ETC) of particulate beds under compression. Granular Matter, 6(2-3): 121-129.

Wensrich C M, Katterfeld A. 2012. Rolling friction as a technique for modelling particle shape in DEM. Powder Technology, 217(2): 409-417.

Widenfeld G, Weiss Y, Kalman H. 2003. The effect of compression and preconsolidation on the effective thermal conductivity of particulate beds. Powder Technology, 133(1): 15-22.

Wu C Y, Li L Y, Thornton C. 2003. Rebound behaviour of spheres for plastic impacts. International Journal of Impact Engineering, 28(9): 929-946.

Zhang D Z, Rauenzahn R M. 2000. Stress relaxation in dense and slow granular flows. Journal of Rheology, 44(5): 1019-1041.

Zhang H W, Zhou Q, Xing H L, et al. 2011. A DEM study on the effective thermal conductivity of granular assemblies. Powder Technology, 205(1-3): 172-183.

Zheng Q J, Zhou Z Y, Yu A B. 2013. Contact forces between viscoelastic ellipsoidal particles. Powder Technology, 248: 25-33.

Zhou Y, Zhou Y. 2011. A theoretical model of collision between soft-spheres with Hertz elastic loading and nonlinear plastic unloading. Theoretical and Applied Mechanics Letters, 1(4): 34-39.

Zhu H P, Zhou Z Y, Yang R Y, et al. 2008. Discrete particle simulation of particulate systems: A review of major applications and findings. Chemical Engineering Science, 63(23): 5728-5770.

第 4 章　颗粒材料的宏细观分析

　　相较于典型的连续介质材料，颗粒材料具有很多独特的离散、非线性物理力学性质。对离散材料以往通常从宏观上视为连续体处理，采用有限元法或无网格法进行分析，对颗粒材料的力学行为进行计算。离散元方法可从细观尺度上捕捉到颗粒材料的细观力学信息，并由此确定其在宏观尺度上的力学行为，但其计算量大。通过发展基于宏观连续体-细观离散模型的颗粒材料多尺度理论模型有助于对颗粒材料的基本力学行为进行全面认识。

　　颗粒材料宏细观多尺度分析的关键是建立宏细观性质的联系。确定非均质材料宏细观性质联系的基本途径是基于物理的平均场理论和基于数学的均匀化理论。平均场理论是一类把环境对物体的作用平均化，从而获得一个物理模型中最主要物理信息的方法，并广泛地应用于力学、凝聚态体系的复杂系统、磁学和结构相变的研究之中。颗粒材料在细观上由离散的固体组成，当在宏观尺度可近似看作连续体处理时，需借助平均场理论或均匀化理论获得准连续体的物理力学性质。采用均匀化理论能够通过小参数摄动方法建立颗粒材料微结构信息与宏观性能间的关系，为离散元分析提供一个多尺度计算的数学框架 (Terada and Kikuchi, 2001; Kouznetsova et al., 2001; Kaneko et al., 2003)。基于平均场理论的多尺度计算均匀化方法不需要宏观唯象本构假设，可同时从两个尺度上分析物体的变形，反映复杂微结构对宏观力学行为的影响，是材料多尺度分析的有效手段。

　　由于颗粒材料的离散性和非周期性，传统的基于非均质连续介质的理论不再适用。此外，离散单元法的理论基础与经典连续介质力学相比仍不完善。基于离散颗粒模型的颗粒材料的应变定义仍存在很大的分歧，虽然离散元方法的数值模拟过程中并不依赖颗粒材料应力应变的定义，但为建立颗粒材料载荷与宏观力学行为之间的关系需要确定颗粒材料的应力和应变 (Ehlers et al., 2003; Bardet and Vardoulakis, 2001; Chang and Kuhn, 2005)。尽管颗粒材料具有很强的离散特性，但其宏观应力状态依然是描述其力学行为的重要依据，也是离散单元法中的重要研究内容。

4.1　基于平均场理论的颗粒材料计算均匀化方法

　　计算均匀化是在平均场理论框架下基于表征元的多尺度计算方法。计算均匀化方法最为关注的问题是寻找细宏观尺度变量之间的关系。由图 4.1 可以看出若已知颗粒接触的本构关系，为得到基于细观力学的颗粒材料等价连续体的宏观本构关系，需要建立颗粒响应与表征元宏观量之间的对应关系，即局部化分析。

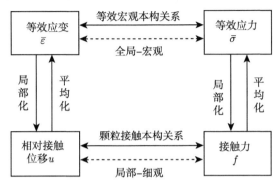

图 4.1 颗粒材料的均匀化一般流程

4.1.1 摩擦接触问题的变分表述

在准静态条件下颗粒集合体的受力情况如图 4.2(a) 所示 (Kaneko et al., 2003)。颗粒集合体由大量的细观胞元结构周期布置而成，其中胞元结构由若干弹性颗粒以及孔隙组成，如图 4.2(b) 所示。假设此问题为平面应变问题，且每个胞元的尺寸相对于整体结构足够小，并用符号 ε 表示。

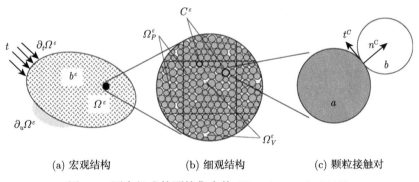

(a) 宏观结构   (b) 细观结构   (c) 颗粒接触对

图 4.2 圆盘组成的颗粒集合体 (Kaneko et al., 2003)

假设 Ω^ε 为颗粒集合体中的任意开域，颗粒集合体的边界为 $\partial\Omega^\varepsilon$，$\Omega^\varepsilon$ 由三部分构成，如图 4.2(b) 所示，且有

$$\Omega^\varepsilon = \Omega_P^\varepsilon \cup \Omega_V^\varepsilon \cup C^\varepsilon \tag{4.1}$$

式中，Ω_P^ε 为颗粒的开域，Ω_V^ε 为孔隙的开域，C^ε 为内部接触颗粒表面的总和。此外，定义 Ω_C^ε 为 Ω^ε 中去除 C^ε 的区域，即 $\Omega_C^\varepsilon = \Omega^\varepsilon \backslash C^\varepsilon = \Omega_P^\varepsilon \cup \Omega_V^\varepsilon$。于是，此问题

也可描述为：在边界 $\partial\Omega^\varepsilon$ 内，颗粒和孔隙 Ω^ε_C 中的接触力和摩擦力在区域 C^ε 上的受力平衡问题。

在域 Ω^ε_C 内的应力平衡方程以及颗粒集合体的边界条件分别为

$$\mathrm{div}\boldsymbol{\sigma}^\varepsilon(x) + \boldsymbol{b}^\varepsilon(x) = 0, \text{ 在域 } \Omega^\varepsilon_C \text{ 上} \tag{4.2}$$

$$\boldsymbol{u}^\varepsilon = 0, \text{ 在域 } \partial_u\Omega^\varepsilon \text{ 上, 以及 } \boldsymbol{\sigma}^\varepsilon \cdot \boldsymbol{n} = \boldsymbol{t}, \text{ 在域 } \partial_t\Omega^\varepsilon \text{ 上} \tag{4.3}$$

式中，$\boldsymbol{u}^\varepsilon$ 为位移向量，$\boldsymbol{b}^\varepsilon(x)$ 为体力，$\boldsymbol{t}$ 为域 $\partial_t\Omega^\varepsilon$ 上的外力向量，$\partial_t\Omega^\varepsilon$ 的外法向单位向量为 $\boldsymbol{n}$。需要指出变量的上标 ε 表示微观非均质性。

颗粒和孔隙的力学行为遵循如下弹性本构方程：

$$\boldsymbol{\sigma}^\varepsilon(x) = \boldsymbol{D}^\varepsilon(x) : \boldsymbol{e}^\varepsilon(x) \tag{4.4}$$

式中，e^ε 为应变；$\boldsymbol{D}^\varepsilon$ 为弹性张量。应变可以用位移表示为

$$\boldsymbol{e}^\varepsilon(x) = \nabla^{(S)}\boldsymbol{u}^\varepsilon \tag{4.5}$$

式中，$\nabla^{(S)}$ 为梯度算子，通过梯度算子可生成一个二阶对称张量。

为求解上述方程，还需给出一定的约束条件，定义域 C^ε 上的接触摩擦力方程，如图 4.2(c) 所示。颗粒 a 在接触点处的外法向单位向量为 $\boldsymbol{n}^C$，切向单位向量为 $\boldsymbol{t}^C$，$(\boldsymbol{n}^C, \boldsymbol{t}^C)$ 遵循右手法则。在域 C^ε 上的位移向量 $\boldsymbol{u}^\varepsilon$ 和应力向量 $\boldsymbol{T}^\varepsilon$ 的法向和切向分量分别为

$$\boldsymbol{u}^\varepsilon = \{u^\varepsilon_n, u^\varepsilon_t\}^{\mathrm{T}} \quad (u^\varepsilon_n = \boldsymbol{u}^\varepsilon \cdot \boldsymbol{n}^C, \quad u^\varepsilon_t = \boldsymbol{u}^\varepsilon \cdot \boldsymbol{t}^C) \tag{4.6}$$

$$\boldsymbol{T}^\varepsilon = \{T^\varepsilon_n, T^\varepsilon_t\}^{\mathrm{T}} \quad (T^\varepsilon_n = \boldsymbol{T}^\varepsilon \cdot \boldsymbol{n}^C, \quad T^\varepsilon_t = \boldsymbol{T}^\varepsilon \cdot \boldsymbol{t}^C) \tag{4.7}$$

通过上述分量能够得到在域 C^ε 上的接触状态为

$$-T^\varepsilon_n \geqslant 0, \quad [\![u^\varepsilon_n]\!] \geqslant 0, \quad -T^\varepsilon_n[\![u^\varepsilon_n]\!] = 0, \text{ 在域 } C^\varepsilon \text{ 上} \tag{4.8}$$

莫尔–库仑摩擦定律可表示为

$$-\mu T^\varepsilon_n + \boldsymbol{c} \geqslant |T^\varepsilon_t|, \text{ 在域 } C^\varepsilon \text{ 上} \tag{4.9}$$

式中，μ 和 c 分别为摩擦角和内聚力。

至此，由离散颗粒构成的颗粒集合体的准静态问题可分别通过平衡方程 (4.2)~(4.5) 以及约束条件 (4.8) 和 (4.9) 描述。于是，原问题转化为如下变分不等式：

$$\boldsymbol{u}^\varepsilon \in \kappa^\varepsilon(\Omega^\varepsilon_C) : \alpha(\boldsymbol{u}^\varepsilon, \boldsymbol{v}^\varepsilon - \boldsymbol{u}^\varepsilon) + j(\boldsymbol{u}^\varepsilon - \boldsymbol{v}^\varepsilon) - j(\boldsymbol{u}^\varepsilon, \boldsymbol{u}^\varepsilon) \geqslant l(\boldsymbol{v}^\varepsilon - \boldsymbol{u}^\varepsilon)$$

$$\forall \boldsymbol{v}^{\varepsilon} \in \kappa^{\varepsilon}\left(\Omega_{C}^{\varepsilon}\right) \tag{4.10}$$

式中，双线性形式 $\alpha\left(\cdot, \cdot\right)$ 表示内力虚功；线性形式 $l\left(\cdot\right)$ 表示外力；$j\left(\cdot, \cdot\right)$ 表示摩擦力。由此可得

$$\alpha\left(\boldsymbol{u}^{\varepsilon}, \boldsymbol{v}^{\varepsilon}\right) = \int_{\Omega_{C}^{\varepsilon}} \nabla \boldsymbol{v}^{\varepsilon} : \boldsymbol{D}^{\varepsilon} : \nabla \boldsymbol{u}^{\varepsilon} \mathrm{d}x \tag{4.11}$$

$$l\left(\boldsymbol{v}^{\varepsilon}\right) = \int_{\partial_{t} \Omega^{\varepsilon}} \boldsymbol{t} \cdot \boldsymbol{v}^{\varepsilon} \mathrm{d}s + \int_{\Omega_{C}^{\varepsilon}} b \cdot \boldsymbol{v}^{\varepsilon} \mathrm{d}x \tag{4.12}$$

$$j\left(\boldsymbol{u}^{\varepsilon} - \boldsymbol{v}^{\varepsilon}\right) = \int_{C^{\varepsilon}} \mu \left|\boldsymbol{T}_{n}^{\varepsilon}(\boldsymbol{u}^{\varepsilon})\right| \left|\left[\boldsymbol{v}_{t}^{\varepsilon}\right]\right| \mathrm{d}s \tag{4.13}$$

定义域 C^{ε} 上的容许位移为

$$\boldsymbol{\kappa}^{\varepsilon}\left(\Omega_{C}^{\varepsilon}\right) = \{\boldsymbol{v}^{\varepsilon} | \boldsymbol{v}_{i}^{\varepsilon} \in \gamma\left(\Omega_{C}^{\varepsilon}\right) ; \left[\!\left[\boldsymbol{v}_{n}^{\varepsilon}\right]\!\right] \geqslant 0 \quad \text{在域 } C^{\varepsilon} \text{ 上}\} \tag{4.14}$$

$$\boldsymbol{\gamma}^{\varepsilon}\left(\Omega_{C}^{\varepsilon}\right) = \{\boldsymbol{v}^{\varepsilon} | \boldsymbol{v}_{i}^{\varepsilon} \in H^{l}\left(\Omega_{C}^{\varepsilon}\right) ; \boldsymbol{v}_{i}^{\varepsilon} = 0 \quad \text{在域 } \partial_{t} \Omega^{\varepsilon} \text{ 上}\} \tag{4.15}$$

式中，$H^{l}\left(\Omega_{C}^{\varepsilon}\right)$ 为一阶 Sobolev 空间。

4.1.2 宏、细观两尺度上的边值问题

平均场理论中的一个重要思路为建立宏、细观两个尺度 (x, y) 的对应关系，x 和 y 间的转换关系为 $y = x/\varepsilon$。根据图 4.2 中空间的介绍，由颗粒和孔隙构成的域 Ω_{C}^{ε} 可分为宏观尺度 x 上的 Ω 域和细观尺度 y 上的 $Y_{C} = Y \backslash C$ 域，如图 4.3 所示。这里取

$$\Omega_{C}^{\varepsilon} = \Omega \times Y_{C} = \{(x, y) | x \in \Omega \subset R^{2}, y = x/\varepsilon \in Y_{C} \subset R^{2}\} \tag{4.16}$$

式中，Y 为细观尺度上的区域；C 为接触区域。通过如此划分区域，所以变量的上标可在宏、细观两个尺度上重新定义：

$$\begin{cases} \boldsymbol{u}^{\varepsilon}(x) = \boldsymbol{u}(x, y), & \boldsymbol{e}^{\varepsilon}(x) = \boldsymbol{e}(x, y), & \boldsymbol{\sigma}^{\varepsilon}(x) = \boldsymbol{\sigma}(x, y) \\ \boldsymbol{b}^{\varepsilon}(x) = \boldsymbol{b}(x, y), & \boldsymbol{D}^{\varepsilon}(x) = \boldsymbol{D}(x, y) \end{cases} \tag{4.17}$$

上式在细观尺度 y 上具有周期性质。

Terada 和 Kikuchi 论证了具有周期性细观结构的各向异性材料在宏、细观两尺度上的边值收敛条件 (Terada et al., 2000; Terada and Kikuchi, 2001)。式 (4.10) 也需要满足类似的收敛条件，即

$$\int_{\Omega} \nabla_{x}\left(\boldsymbol{v}^{0} - \boldsymbol{u}^{0}\right) : \langle \boldsymbol{D} \rangle : \nabla_{x}\left(\boldsymbol{u}^{0}\right) \mathrm{d}x + \int_{\Omega} \langle \nabla_{y}\left(\boldsymbol{v}^{1} - \boldsymbol{u}^{1}\right) : \boldsymbol{D} \rangle : \nabla_{x}\left(\boldsymbol{u}^{0}\right) \mathrm{d}x$$

$$+ \int_{\Omega} \nabla_{x}\left(\boldsymbol{v}^{0} - \boldsymbol{u}^{0}\right) : \langle \boldsymbol{D} : \nabla_{y}\left(\boldsymbol{u}^{1}\right) \rangle \mathrm{d}x + \int_{\Omega} \langle \nabla_{y}\left(\boldsymbol{v}^{1} - \boldsymbol{u}^{1}\right) : \boldsymbol{D} \rangle : \nabla_{y}\left(\boldsymbol{u}^{1}\right) \mathrm{d}x$$

$$+ \int_C \mu \left| \boldsymbol{T}_n(\boldsymbol{u}^1) \right| \left| [[\boldsymbol{v}_t^1]] \right| \mathrm{d}s - \int_\Omega \mu \left| \boldsymbol{T}_n(\boldsymbol{u}^1) \right| \left| [[\boldsymbol{u}_t^1]] \right| \mathrm{d}s - \int_\Omega \langle \boldsymbol{b} \rangle \cdot \left(\boldsymbol{v}^0 - \boldsymbol{u}^0 \right) \mathrm{d}x$$

$$- \int_{\partial_t \Omega} t \cdot \left(\boldsymbol{v}^0 - \boldsymbol{u}^0 \right) \mathrm{d}s \geqslant 0, \ \forall \boldsymbol{v}^0 \in \gamma, \forall \boldsymbol{v}^1 \in \boldsymbol{k}_{Y_C} \tag{4.18}$$

式中，$\langle \cdot \rangle$ 表示域 Y 内单元晶胞的体积平均；∇_x 和 ∇_y 分别表示宏、细观尺度上的梯度。$\boldsymbol{u}^0(x)$ 和 $\boldsymbol{v}^0(x)$ 在细观尺度上是相互独立的，并可由如下方程表示为

$$\gamma = \{ \boldsymbol{v}^0(x) | v_i^0 \in H^l(\Omega) \, ; v_i^0 = 0 \quad \text{在域 } \partial_u \Omega \text{ 上} \} \tag{4.19}$$

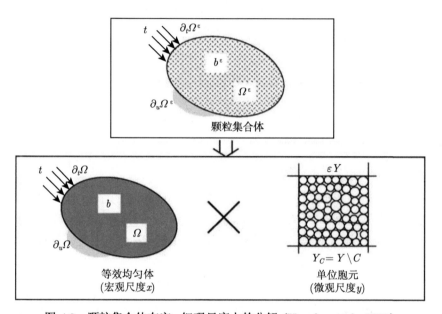

图 4.3　颗粒集合体在宏、细观尺度上的分解 (Kaneko et al., 2003)

另一方面，细观尺度上的位移 $\boldsymbol{u}^1(x, y)$ 以及其变分 $\boldsymbol{v}^1(x, y)$ 均具有细观周期性质，可表示为

$$\gamma_{Y_C} = \{ \boldsymbol{v}^1(x, y) | v_i^1 \in H^l(\Omega \times Y_C) \, ; Y\text{-周期性} \} \tag{4.20}$$

$$\boldsymbol{k}_{Y_C} = \{ \boldsymbol{v}^1(x, y) | \boldsymbol{v}^1 \in \gamma_{Y_C} \, ; [\![v_n^1]\!] \geqslant 0 \quad \text{在域 } C \text{ 上} \} \tag{4.21}$$

在不等式 (4.18) 中，测试函数 $\boldsymbol{v}^1$ 可选取为 $\boldsymbol{v}^1 = \boldsymbol{u}^1$。因为 γ 是线性空间，$\boldsymbol{v}^0$ 可选取为 $\boldsymbol{v}^0 = \boldsymbol{u}^0 = \alpha \boldsymbol{w}^0$，其中 $\boldsymbol{w}^0$ 为空间 γ 内的任意函数，α 为任意实数。不等式 (4.18) 遵循如下等式：

$$\int_\Omega \nabla_x(\boldsymbol{w}^0) : \langle D : (\nabla_x(\boldsymbol{u}^0) + \nabla_y(\boldsymbol{u}^1)) \rangle \, \mathrm{d}x = \int_\Omega \langle \boldsymbol{b} \rangle \cdot \boldsymbol{w}^0 \mathrm{d}x + \int_{\partial_t \Omega} t \cdot \boldsymbol{w}^0 \mathrm{d}s, \ \forall \boldsymbol{w}^0 \in \gamma$$

$$\tag{4.22}$$

此外, 不等式 (4.18) 中, v^0 也可选取为 $v^0 = u^0$, v^1 可取为 $v^1 = u^1 = \alpha w^1$。w^1 是域 κ_{Y_C} 内的任意函数, α 为任意正实数。

在一个胞元内, $u^1(x, y)$ 服从下式:

$$\int_{Y_C} \nabla_y(w^1) : D : \nabla_y(u^1) \mathrm{d}y + \int_C \mu \left|T_n(u^1)\right| \left|[\![w_t^1]\!]\right| \mathrm{d}s - \int \mu \left|T_n(u^1)\right| \left|[\![u_t^1]\!]\right| \mathrm{d}s$$

$$\geqslant - \left(\int_{Y_C} \nabla_y(w^1) : D \mathrm{d}y \right) : \nabla_x(u^0), \quad \forall w^1 \in \kappa_{Y_C} \tag{4.23}$$

在域 κ_{Y_C} 内不等式 (4.23) 有唯一解的条件为 (Sánchez-Palencia, 1980)

$$\tilde{\kappa}_{Y_C} = \left\{ v^1(x, y) | v^1 \in \kappa_{Y_C}; \langle v^1 \rangle = 0 \right\} \tag{4.24}$$

式 (4.23) 描述了细观结构的力学行为。在式 (4.23) 的约束下, 式 (4.22) 给出了宏观结构平均化的力学行为。因此, 只要细观尺度上的问题存在解, 那么宏观尺度问题便可求解, 反之亦然。式 (4.23) 的强形式定义为

$$\mathrm{div}\sigma^0 = 0, \text{ 在域 } Y_C \text{ 内} \tag{4.25}$$

$$\left. \begin{array}{l} -T_n \geqslant 0, \quad [\![u_n^1]\!] \geqslant 0 \\ -\mu T_n + c \geqslant |T_t| \end{array} \right\} \text{ 在域 } C \text{ 内} \tag{4.26}$$

细观尺度下的本构方程为

$$\sigma^0(x, y) = D : (\nabla_x u^0 + \nabla_y u^1) = D : (E + \nabla_y u^1) \tag{4.27}$$

这里将宏观应变 E 定义为

$$E = \nabla_x^{(s)}(u^0) \tag{4.28}$$

于是, 细观位移向量 $u(x, y)$ 可通过宏观 (均匀) 位移向量 u^0 和细观周期性的位移 $u^1(x, y)$ 表示为

$$u(x, y) = E \cdot y + u^1(x, y) \tag{4.29}$$

式 (4.22) 可等效地写为宏观边值问题的局部形式为

$$\mathrm{div}\Sigma + B = 0, \text{ 在域 } \Omega \text{ 内} \tag{4.30}$$

$$u^0 = 0, \text{ 在域 } \partial_u \Omega \text{ 内}; \Sigma \cdot n = t, \text{ 在域 } \partial_t \Omega \text{ 内} \tag{4.31}$$

式中, Σ 和 B 分别为宏观的应力和体力, 可通过晶胞中的细观一致变量确定, 即

$$\Sigma(x) = \langle \sigma^0(x, y) \rangle = \langle D : (E + \nabla_y u^1) \rangle \tag{4.32}$$

$$B(x) = \langle b(x, y) \rangle \tag{4.33}$$

4.1.3　基于均匀场理论的颗粒材料宏、细观尺度求解过程

考虑单个由硬球颗粒构成的胞元, 如图 4.4(a) 所示。宏观尺度下的平均应力可写为

$$\frac{1}{|Y|}\int_Y \boldsymbol{\sigma}^0 \mathrm{d}y = \Sigma \approx \frac{1}{|Y|}\sum_E \boldsymbol{T}^E \boldsymbol{y}^E \tag{4.34}$$

式中, E 为胞元与外部边界 ∂Y_C 间接触点的总和; $\boldsymbol{T}^E$ 为胞元外部颗粒对胞元内部颗粒的作用力; $\boldsymbol{y}^E$ 为胞元外部颗粒和内部颗粒接触点的位置向量; $|Y|$ 为晶胞的体积。在颗粒材料的细观力学分析中也采用此公式定义平均应力 (Oda and Iwashita, 2000)。虽然以上公式存在一定误差, 但是其对应力的逼近程度还是令人满意的。

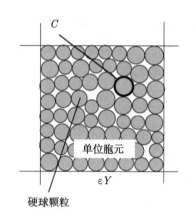

(a) 晶胞单元　　　　　　　　　　(b) 晶胞与外部颗粒间的受力状态

图 4.4　由颗粒构成的单元晶胞 (Kaneko et al., 2003)

宏观尺度下式 (4.22) 可通过有限元方法进行分析, 其宏观尺度下的数学形式可表示为

$$\{\boldsymbol{G}(\Sigma)\} = \{\boldsymbol{F}_{\mathrm{ext}}\}, \ \text{在域 } \Omega \text{ 内} \tag{4.35}$$

式中, $\{\boldsymbol{F}_{\mathrm{ext}}\}$ 为外力节点载荷; $\{\boldsymbol{G}(\Sigma)\}$ 为与宏观应力 Σ 相关的内部节点载荷, 其在每个节点上的值可通过式 (4.34) 进行计算。在离散元方法中细观尺度刚度方程为

$$\{\Delta \boldsymbol{H}\} = [\boldsymbol{K}]\{\Delta \boldsymbol{u}\}, \ \text{在域 } Y_C \text{ 内 (细观尺度)} \tag{4.36}$$

约束条件为

$$\llbracket u_n^{ij} \rrbracket = 0, \ \text{在域 } C^{ij} \in C \text{ 内 (接触条件)} \tag{4.37}$$

$$\left| \boldsymbol{T}_t^{ij} \right| \leqslant -\boldsymbol{T}_n^{ij} \tan \phi, \ \text{在域 } C^{ij} \text{ 内 (摩擦定律)} \tag{4.38}$$

$$\begin{cases} \boldsymbol{T}_t^{ij} \leqslant -\boldsymbol{c}_n \\ \left| \boldsymbol{T}_t^{ij} \right| \leqslant -\boldsymbol{T}_n^{ij} \tan \phi + \boldsymbol{c}_t \end{cases} \quad 在域 \ C^{ij} 内 \ (内聚力条件) \qquad (4.39)$$

式中，$\{\Delta \boldsymbol{H}\}$ 为由宏观应变增量 $\Delta \boldsymbol{E}$ 引起的外力增量；$[\boldsymbol{K}]$ 为整体刚度矩阵；$\{\Delta \boldsymbol{u}\}$ 为颗粒的位移增量，包括两个水平位移和一个转角分量；$[\![\boldsymbol{u}_n^{ij}]\!]$ 为颗粒 i 和颗粒 j 在接触点 C^{ij} 上相对位移的法向分量；$\boldsymbol{T}_n^{ij}$ 和 $\boldsymbol{T}_t^{ij}$ 分别为接触点 C^{ij} 处接触力的法向和切向分量；ϕ 为摩擦角；$\boldsymbol{c}_n$ 和 $\boldsymbol{c}_t$ 分别为内聚力的法向和切向分量。

在细观尺度的分析中，胞元内的所有颗粒需要满足如下平衡方程：

$$\sum_{j=1}^{\alpha} \left[\boldsymbol{R}^{ij} \right] \left\{ \boldsymbol{T}^{ij} \right\} = \{0\}, \quad 在域 \ Y_C \ 内 \ (i = 1, \cdots, n) \qquad (4.40)$$

式中，n 为晶胞内所有颗粒的数量；α 为与颗粒 i 相接触的颗粒数量；$\left[\boldsymbol{R}^{ij} \right]$ 为接触点 C^{ij} 处的坐标转换矩阵。细观尺度下方程 (4.36)~(4.40) 的更多细节请参考文献 (Kishino, 1988)。

基于以上平均场理论建立的宏观模型，如图 4.5(a) 所示。计算模型的上、下表面的宽度为 50.0mm，高度为 100.0mm，上表面以及左右两侧施加均布的法向载荷，下表面对竖向位移进行约束。宏观模型中的每个胞元示意图如图 4.5(b) 所示，每个胞元包含大约 200 个大小不等的颗粒。

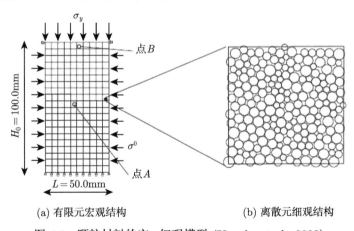

(a) 有限元宏观结构   (b) 离散元细观结构

图 4.5 颗粒材料的宏、细观模型 (Kaneko et al., 2003)

在围压为 0.3MPa 时，结构的体积应变如图 4.6 所示。可以发现在轴向应变为 2.0% 时，结构围绕其中心发生了明显的膨胀效应；当轴向应变为 2.4% 时，整体结构的膨胀率可达到 0.5%，这意味着晶胞内的颗粒也就是细观结构的体积发生了膨胀。

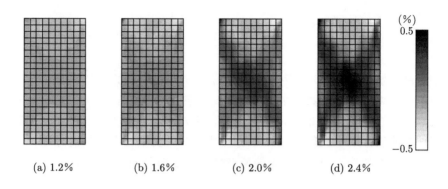

(a) 1.2%   (b) 1.6%   (c) 2.0%   (d) 2.4%

图 4.6   体积应变分布云图 (数据表示轴向应变) (Kaneko et al., 2003)

4.2   颗粒材料应力场的细观分析

对颗粒材料应力的定义开始于对颗粒集合体内部接触力和外力平衡状态的考察，表征元模型的变化将导致颗粒材料应力描述方式的不同。目前颗粒材料应力的数学表达形式已经趋于统一，但是在应力的对称性以及高阶应力计算方法等方面仍具有一定争议。

由于颗粒材料通常是非均质、非周期性材料，传统的基于均质材料的理论不再适用。根据连续介质力学的概念，应力定义为分析截面上某一点单位面积的内力。由于散体材料具有很强的不均匀性质，并同时包含固体颗粒和孔隙，定义在无穷小区域上的应力在散体材料中不仅高度不均匀，而且在固体颗粒的边界处不连续。为了把应力概念引入散体材料中，需要从宏观上审视散体材料。

颗粒材料应力的定义一般与表征元 (RVE) 的方式密切相关，而表征元内部平均应力的表述方法也因表征元模型的差异而有所不同。Drescher 与 De Josselin 将由球形颗粒组成，有任意形状且总体积为 V 的颗粒集合作为表征元，并将颗粒材料的应力 σ_{ij} 定义为该球形集合内的平均应力，即

$$\sigma^{ij} = \frac{1}{V} \sum_{k=1}^{N_e} \boldsymbol{x}_i^k \boldsymbol{f}_j^{ke} \tag{4.41}$$

式中，k 为集合内接触的标志；$\boldsymbol{x}_i^k$ 为表征元边界上颗粒的坐标；$\boldsymbol{f}_j^{ke}$ 表示作用于边界点处的外力；N_e 为颗粒边界上外力作用点总数。式 (4.41) 的定义需要对边界颗粒的位置进行准确的描述，并且没有考虑集合内部的接触情况。

通过定义不同表征元的形式来描述颗粒材料的微观拓扑结构，并根据颗粒之间接触力的作用方式，给出与式 (4.41) 表达方式一致的平均应力计算方法。其中，Bagi

基于所提出的空间胞元模型给出了颗粒集合的等价连续体描述，并推导出关于应力、应变的数学表达 (应变在后续内容中介绍)，并在后续的研究中考虑了边界力和体积力对应力的影响。Ehlers 等利用颗粒集合的力平衡条件给出了平均应力和偶应力的表达形式 (Ehlers et al., 2003)，其平均应力的表达式实质上与式 (4.41) 相同。

上述研究中并未考虑颗粒的旋转对应力计算结果的影响。随后，相关学者将颗粒之间接触力偶以及颗粒自身转动引入颗粒材料应力的计算中，得到了更加准确的应力表述 (Bardet and Vardoulakis, 2001)。在此基础上，Bardet 和 Vardoulakis 进一步分析了平均应力的对称性，得到

$$\sigma^{ij} - \sigma^{ji} = \frac{1}{V} \sum_e \left(x_i^{ae} f_j^e - x_j^{ae} f_i^e \right) \tag{4.42}$$

上式说明，在宏观尺度上，在没有外力偶的作用时，外力对颗粒集合表征元形心所产生的力矩也可能不为零，导致颗粒材料应力不对称。Bardet 和 Vardoulakis 对颗粒材料应力对称性的分析引起了广泛争论，使得研究人员意识到颗粒材料的应力需要统一规范。为此，Chang 和 Kuhn 建议宏观与平均应力的描述应该满足三个条件，即宏观或平均应力量的描述不依赖于确定颗粒分支向量的参考点的选择；对于相同颗粒集合，不同观测者测量所得应力经过适当张量变换后应相同，即应力客观性要求；宏观或平均应力量的表示不依赖于颗粒材料中心的选择。

4.2.1 颗粒材料微观拓扑结构的平均应力描述

基于连续介质力学中柯西应力张量的概念，根据表征元的外部接触力构造平均应力的表达形式 (Fortin et al., 2002, 2003; Saxcé et al., 2004; Nicot et al., 2013)。首先，连续介质力学中三维子空间 V 的柯西应力表达式为

$$\boldsymbol{\sigma}(\boldsymbol{x}) = \boldsymbol{\sigma}^t(\boldsymbol{x}) \tag{4.43}$$

三维子空间基本面的定义为：$\mathrm{d}S = \|\mathrm{d}\boldsymbol{x}_1 \times \mathrm{d}\boldsymbol{x}_2\|$；其外法线单位矢量为：$\boldsymbol{n} = -\mathrm{d}\boldsymbol{x}_1 \times \mathrm{d}\boldsymbol{x}_2/\mathrm{d}S$，如图 4.7 所示。应力张量为：$\boldsymbol{p} = \mathrm{d}\boldsymbol{F}/\mathrm{d}s$，$\boldsymbol{p} = \boldsymbol{\sigma}(\boldsymbol{x})\boldsymbol{n}$。图 4.7 所示的三维空间可剖分为若干四面体，如图 4.8 所示。四面体的体积可表示为

$$\mathrm{d}V = \frac{1}{6}\mathrm{d}\boldsymbol{x}_1 \cdot (\mathrm{d}\boldsymbol{x}_2 \times \mathrm{d}\boldsymbol{x}_3) \tag{4.44}$$

线性算子的计算公式可表示为

$$\boldsymbol{I} = \frac{\mathrm{d}\boldsymbol{x}_1 \cdot (\mathrm{d}\boldsymbol{x}_2 \times \mathrm{d}\boldsymbol{x}_3)^t + \mathrm{d}\boldsymbol{x}_2 \cdot (\mathrm{d}\boldsymbol{x}_3 \times \mathrm{d}\boldsymbol{x}_1)^t + \mathrm{d}\boldsymbol{x}_3 \cdot (\mathrm{d}\boldsymbol{x}_1 \times \mathrm{d}\boldsymbol{x}_2)^t}{\mathrm{d}\boldsymbol{x}_1 \cdot (\mathrm{d}\boldsymbol{x}_2 \times \mathrm{d}\boldsymbol{x}_3)} \tag{4.45}$$

四面体中四个外表面向量为

$$\mathrm{d}\boldsymbol{S}_1 = \frac{1}{2}\mathrm{d}\boldsymbol{x}_2 \times \mathrm{d}\boldsymbol{x}_3, \quad \mathrm{d}\boldsymbol{S}_2 = \frac{1}{2}\mathrm{d}\boldsymbol{x}_3 \times \mathrm{d}\boldsymbol{x}_1, \quad \mathrm{d}\boldsymbol{S}_3 = \frac{1}{2}\mathrm{d}\boldsymbol{x}_1 \times \mathrm{d}\boldsymbol{x}_2$$

$$\mathrm{d}\boldsymbol{S}_4 = \frac{1}{2}\left(\mathrm{d}\boldsymbol{x}_3 - \mathrm{d}\boldsymbol{x}_1\right) \times \left(\mathrm{d}\boldsymbol{x}_2 - \mathrm{d}\boldsymbol{x}_1\right) \tag{4.46}$$

由于四个面构成封闭空间, 因此有

$$\boldsymbol{I}\mathrm{d}V = \frac{1}{3}\sum_{i=1}^{3}\mathrm{d}\boldsymbol{x}_i\mathrm{d}\boldsymbol{S}_i^t \tag{4.47}$$

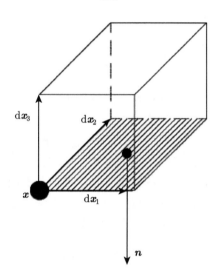

图 4.7　连续介质力学中的三维子空间

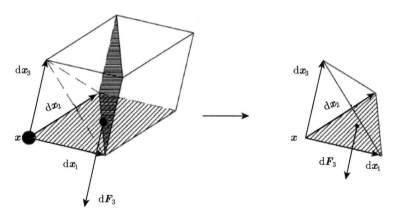

图 4.8　分割后四面体单元示意图 (Fortin et al., 2003)

通过旋转张量 $\delta\boldsymbol{x}$ 的作用, 原位置向量变为如下公式, 如图 4.9 所示。

$$\mathrm{d}\boldsymbol{x}_i \to \mathrm{d}\boldsymbol{x}_i' = \mathrm{d}\boldsymbol{x}_i - \delta\boldsymbol{x} \tag{4.48}$$

$$3\boldsymbol{I}\mathrm{d}V = \sum_{i=0}^{3} \mathrm{d}\boldsymbol{x}_i\mathrm{d}\boldsymbol{S}_i^t = \sum_{i=0}^{3} \mathrm{d}\boldsymbol{x}_i'\mathrm{d}\boldsymbol{S}_i^t + \delta\boldsymbol{x}\sum_{i=0}^{3} \mathrm{d}\boldsymbol{S}_i^t \tag{4.49}$$

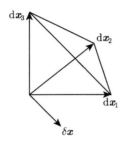

图 4.9 三个坐标轴旋转示意图 (Fortin et al., 2003)

将式 (4.49) 代入式 (4.47) 中可得到

$$3\boldsymbol{I}\mathrm{d}V = \sum_{i=0}^{3} \mathrm{d}\boldsymbol{x}_i'\mathrm{d}\boldsymbol{S}_i^t - \delta\boldsymbol{x}\mathrm{d}\boldsymbol{S}_4^t \tag{4.50}$$

将式 (4.49) 代入式 (4.48) 又可得到

$$\boldsymbol{I}\mathrm{d}V = \frac{1}{3}\sum_{i=1}^{4} \mathrm{d}\boldsymbol{x}_i'\mathrm{d}\boldsymbol{S}_i''^t \tag{4.51}$$

作用于第四个面上的力可表示为

$$\mathrm{d}\boldsymbol{F}_i^t = -\boldsymbol{\sigma}(x)\mathrm{d}\boldsymbol{S}_i \tag{4.52}$$

考虑到应力张量的对称性质可得

$$\mathrm{d}\boldsymbol{F}_i^t = -\mathrm{d}\boldsymbol{S}_i^t\boldsymbol{\sigma}(x) \tag{4.53}$$

通过式 (4.51) 和式 (4.53) 可推导出下式为

$$\boldsymbol{\sigma}(x) = \boldsymbol{I}\boldsymbol{\sigma}(x) = \frac{1}{3\mathrm{d}V}\sum_{i=1}^{4} \mathrm{d}\boldsymbol{x}_i\mathrm{d}\boldsymbol{F}_i^t \tag{4.54}$$

从而得到应力的表达式为

$$\boldsymbol{\sigma}(x) = -\frac{1}{3\mathrm{d}V}\sum_{i=1}^{4} \mathrm{d}\boldsymbol{x}_i\mathrm{d}\boldsymbol{F}_i^t \tag{4.55}$$

至此给出基于四面体单元连续介质材料的应力张量求解方法。根据四面体单元每个面上的力通过式 (4.55) 可求出单元的平均应力张量。以下详细介绍一个表征元内平均应力张量的计算方法。在确定离散材料平均应力之前需要首先定义中尺度下包含球形颗粒的表征元形式，其尺度介于颗粒的细观尺度和整体材料宏观尺度之间，如图 4.10 所示。图中表征元采用符号 v 表示，表征元的体积为

$$V = \sum_{p \in V} v_p \left(1 + e \right) \tag{4.56}$$

式中，e 为孔隙率，其计算公式为

$$e = \frac{V - \sum\limits_{p \in v} v_p}{\sum\limits_{p \in v} v_p} \tag{4.57}$$

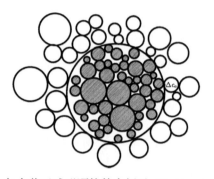

图 4.10 包含若干球形颗粒的表征元 (Fortin et al., 2003)

表征元外表面力的计算公式为

$$\mathrm{d}\boldsymbol{F} = \sum_a \delta x_a \boldsymbol{r}_a \tag{4.58}$$

式中，$\boldsymbol{r}_a$ 和 δx_a 分别表示接触位移以及接触刚度，在任意试探域 w^i 内都有

$$\int_{\partial v_p} w \mathrm{d}\boldsymbol{F}^t \mathrm{d}S = \sum_a w\left(x_a\right) \boldsymbol{r}_a^t \tag{4.59}$$

表征元平均应力的计算公式为

$$\boldsymbol{\sigma}_{v_p} = \frac{1}{v_p} \left(\sum x_a \boldsymbol{r}_a^t + \int_{v_p} x \boldsymbol{f}^t \mathrm{d}V \right) \tag{4.60}$$

式中，$\boldsymbol{f}$ 表示颗粒所受的体力，由重力和颗粒间的内力计算得到。表征元内的平均应力张量为

$$\boldsymbol{\sigma}_V^{ij} = \frac{1}{V} \sum_{a \in K_v} r_a^i d_a^j \tag{4.61}$$

式中，V 表示表征元的体积；N 表示表征元中所包含颗粒的数量；r_a^i 表示接触力；d_a^j 为两接触颗粒的形心距离；K_v 为表征元中所有接触对的数量。在式 (4.61) 中，求和公式遍历所有接触对，其中既包括颗粒间的接触，也包括颗粒和边界间的接触。

4.2.2 颗粒集合体的应力表征

颗粒集合体中的接触力主要分布于颗粒间的接触点处，其分布不均匀，给颗粒集合体中应力的计算带来很大困难。Christoffersen 等通过虚功原理考虑颗粒间接触力以及颗粒尺寸提出了颗粒集合体宏观应力的计算方法。

两个接触颗粒 A 和 B 的空间位置关系如图 4.11 所示。颗粒 A 和颗粒 B 的形心坐标分别为 $\boldsymbol{x}^A$ 和 $\boldsymbol{x}^B$，接触点的坐标为 $\boldsymbol{x}^{AB}$。$\boldsymbol{f}_i^{AB}$ 和 $\boldsymbol{f}_i^{BA}$ 分别为颗粒 A 对颗粒 B 的作用力和颗粒 B 对颗粒 A 的作用力，根据牛顿第三运动定律有

$$\boldsymbol{f}_i^{AB} + \boldsymbol{f}_i^{BA} = 0 \tag{4.62}$$

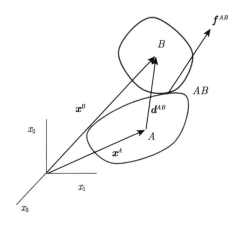

图 4.11　相互接触颗粒 A 和 B 的空间位置关系

由于颗粒 A 受力平衡，则有

$$\sum_{\beta=1}^{\kappa} \boldsymbol{f}_i^{A\beta} = 0 \tag{4.63}$$

式中，κ 为颗粒 A 上的接触点的个数。根据力矩平衡可得

$$\sum_{\beta=1}^{\kappa} \boldsymbol{f}_i^{A\beta} \left(\boldsymbol{x}_j^{A\beta} - \boldsymbol{x}_j^A \right) = \sum_{\beta=1}^{\kappa} \boldsymbol{f}_i^{A\beta} \left(\boldsymbol{x}_i^{A\beta} - \boldsymbol{x}_i^A \right) \tag{4.64}$$

对材料内部所有颗粒进行求和计算，并注意到每个接触点的力矩为

$$\boldsymbol{f}_i^{AB} \left(\boldsymbol{x}_j^{AB} - \boldsymbol{x}_j^A \right) + \boldsymbol{f}_i^{BA} \left(\boldsymbol{x}_j^{AB} - \boldsymbol{x}_j^B \right) \tag{4.65}$$

则有

$$\sum_{\alpha=1}^{N} \boldsymbol{f}_i^{\alpha} \boldsymbol{d}_j^{\alpha} = \sum_{\alpha=1}^{N} \boldsymbol{f}_j^{\alpha} \boldsymbol{d}_i^{\alpha} \tag{4.66}$$

式中，α 代表接触点；N 为接触点的数量；$\boldsymbol{d}_i^{AB} = \boldsymbol{x}_i^B - \boldsymbol{x}_i^A$ 为连接颗粒 A 和颗粒 B 形心的向量。

通过虚功原理建立接触力和应力间的关系，假设颗粒在边界 S 上承受牵引力 $\boldsymbol{T}_i$，即

$$\boldsymbol{T}_i = \sigma_{ij}\boldsymbol{v}_j, \text{ 在面 } S \text{ 上} \tag{4.67}$$

式中，v 为面 S 的外法线单位矢量。在颗粒外表面假设产生虚位移 $\boldsymbol{u}_i$，此虚位移使颗粒上第 α 个接触点产生 $\boldsymbol{\Delta}_i^{\alpha}$ 的虚位移，假设牵引力 $\boldsymbol{T}_i$ 和接触力 $\boldsymbol{f}_i^{\alpha}$ 相等，则根据虚功原理可得

$$\sum_{\alpha=1}^{N} \boldsymbol{f}_i^{\alpha} \boldsymbol{\Delta}_i^{\alpha} = \frac{1}{V} \int_S \boldsymbol{T}_i \boldsymbol{u}_i \mathrm{d}S \tag{4.68}$$

令虚位移 $\boldsymbol{u}_i$ 为线性函数，则有

$$\boldsymbol{u}_i = \phi_{ij}\boldsymbol{x}_j + \boldsymbol{c}_i, \text{ 在面 } S \text{ 上} \tag{4.69}$$

式中，ϕ_{ij} 为任意定常二阶张量；c 为定常向量，可得

$$\boldsymbol{\Delta}_i^{\alpha} = \phi_{ij}\boldsymbol{d}_j^{\alpha} \tag{4.70}$$

将式 (4.70) 和 (4.69) 代入式 (4.68)，根据散度定理得

$$\phi_{ij} \left(\bar{\sigma}_{ij} - \sum_{\alpha=1}^{N} \boldsymbol{f}_i^{\alpha} \boldsymbol{d}_j^{\alpha} \right) = 0 \tag{4.71}$$

式中，$\bar{\sigma}_{ij} = \dfrac{1}{v} \int_v \sigma_{ij}\mathrm{d}V$ 为平均体积应力。ϕ_{ij} 为任意张量，根据式 (4.71) 可得

$$\bar{\sigma}_{ij} = \sum_{\alpha=1}^{N} \frac{1}{2} \left(\boldsymbol{f}_i^{\alpha} \boldsymbol{d}_j^{\alpha} + \boldsymbol{f}_j^{\alpha} \boldsymbol{d}_i^{\alpha} \right) \tag{4.72}$$

此公式同时适用于二维和三维的情况。

4.2.3 基于虚功原理颗粒材料的宏观应力描述

为满足上节的三种条件，Chang 和 Kuhn 提出一种广义虚功表达式。该表达式考虑了颗粒集合内的力平衡条件，并以多项式形式描述颗粒材料的位移场，基于虚功原理给出了 σ_{ij}、σ_{jki}、T_i、T_{ij} 的表达式，其分别代表宏观应力 (macro stress)、宏观高阶应力 (macro high-order stress)、宏观内矩 (macro internal torque) 和宏观内矩应力 (macro touque stress) (Kuhn and Chang, 2006; Alonso-Marroquín, 2011)。

颗粒材料的代表体积如图 4.12 所示。所选的代表体积通常为颗粒集合体的一个子域。通过统计计算代表体积内的力和力矩能够得到代表体积中的平均应力。代表体积的体积为 V，包括内部颗粒、边界颗粒以及孔隙。在代表体积中会产生两种载荷，一种是来自于内部的力和力矩，另一种是代表体积内的颗粒与边界颗粒的作用力。

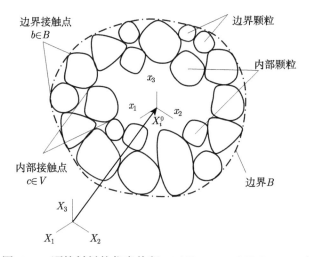

图 4.12 颗粒材料的代表体积 V (Chang and Kuhn, 2005)

在全局坐标系 $\boldsymbol{X}$ 中代表体积的形心位置用 $\boldsymbol{X}_i^0$ 表示。采用形心处的应力代替代表体积中的平均应力。在代表体积中建立局部坐标系 $\boldsymbol{x}$，其原点为 $\boldsymbol{X}_i^0$。于是代表体积内任意一点的坐标可表示为

$$\boldsymbol{x}_i = \boldsymbol{X}_i - \boldsymbol{X}_i^0 \tag{4.73}$$

在局部坐标系 $\boldsymbol{x}$ 中，第 n 个颗粒的形心坐标为 $\boldsymbol{x}_i^n$，颗粒 m 对颗粒 n 的内部接触力和力矩分别表示为 $\boldsymbol{f}_i^{nm}$ 和 $\boldsymbol{m}_i^{nm}$，如图 4.13 所示。边界接触 b 对颗粒 n 的外部接触力和力矩分别表示为 $\boldsymbol{f}_i^{nb}$ 和 $\boldsymbol{m}_i^{nb}$，如图 4.14 所示。对颗粒 n 进行静力平衡分析可得

$$f_i^n + \sum_{b \in B} f_i^{nb} + \sum_{m \in V} f_i^{nm} = 0 \tag{4.74}$$

$$m_i^n + \sum_{b \in B} \left(m_i^{nb} + e_{ijk} r_j^{nb} f_k^{nb} \right) + \sum_{m \in V} \left(m_i^{nm} + e_{ijk} r_j^{nm} f_k^{nm} \right) = 0 \tag{4.75}$$

式中，r_j^{nm} 表示第 n 个颗粒形心到第 m 个内部接触点的矢量，如图 4.13 所示；r_j^{nb}
表示第 n 个颗粒的形心到第 b 个外部接触点的矢量，如图 4.14 所示；e_{ijk} 为排列
张量。忽略体力和体力矩的影响，即 $f_i^n = 0$ 和 $m_i^n = 0$。于是可以将式 (4.74) 和式
(4.75) 简化为

$$f_i^{nm} = -f_i^{mn} \tag{4.76}$$

$$m_i^{nm} = -m_i^{mn} \tag{4.77}$$

因此，所有的内部接触力自平衡且相互抵消。

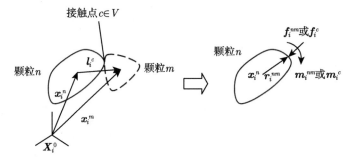

图 4.13　代表体积的内部接触 (Chang and Kuhn, 2005)

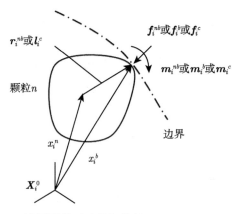

图 4.14　边界颗粒以及外部接触 (Chang and Kuhn, 2005)

根据能量守恒原理可得代表体积内的虚功为

$$\delta W^{d,1} = \frac{1}{V} \sum_n \left(\sum_{b \in B} \boldsymbol{f}_i^{nb} + \sum_{m \in V} \boldsymbol{f}_i^{nm} \right) \delta \boldsymbol{u}_i^n$$
$$+ \frac{1}{V} \sum_n \left(\sum_{b \in B} \left(\boldsymbol{m}_i^{nb} + e_{ijk} \boldsymbol{r}_j^{nb} \boldsymbol{f}_k^{nb} \right) + \sum_{m \in V} \left(\boldsymbol{m}_i^{nm} + e_{ijk} \boldsymbol{r}_j^{nm} \boldsymbol{f}_k^{nm} \right) \right) \delta \boldsymbol{\omega}_i^n = 0$$

(4.78)

上式并未考虑体力和体力矩的影响。假设在第 n 个颗粒的形心处存在虚位移 $\delta \boldsymbol{u}^n$ 和虚旋转角度 $\delta \boldsymbol{\omega}_i^n$,对代表体积内的所有颗粒进行求和可得到代表体积内 "离散的" 虚功 $\delta W^{d,1}$。对于任意 δu_i^n 和 $\delta \boldsymbol{\omega}_i^n$,虚功始终等于零。虚功 $\delta W^{d,1}$ 中的上标 d 代表离散系统的虚功,上标 1 表示将要讨论的两种虚功方程的第一种。由于代表体积中边界颗粒的位移和旋转可能与内部颗粒不同,虚功方程可进一步表示为

$$\delta W^{d,2} = \frac{1}{V} \sum_n \left(\sum_{b \in B} \boldsymbol{f}_i^{nb} + \sum_{m \in V} \boldsymbol{f}_i^{nm} \right) \delta u_i^n$$
$$+ \frac{1}{V} \sum_n \left(\sum_{b \in B} \left(\boldsymbol{m}_i^{nb} + e_{ijk} \boldsymbol{r}_j^{nb} \boldsymbol{f}_k^{nb} \right) + \sum_{m \in V} \left(\boldsymbol{m}_i^{nm} + e_{ijk} \boldsymbol{r}_j^{nm} \boldsymbol{f}_k^{nm} \right) \right) \delta \boldsymbol{\omega}_i^n$$
$$+ \frac{1}{V} \sum_{b \in B} \left(\boldsymbol{f}_i^b - \boldsymbol{f}_i^b \right) \delta u_i^n + \frac{1}{V} \sum_{b \in B} \left(\boldsymbol{m}_i^b - \boldsymbol{m}_i^b \right) \delta \boldsymbol{\omega}_i^n = 0 \qquad (4.79)$$

上式右侧最后两项通过 $\boldsymbol{f}_i^b$ 和 $\boldsymbol{m}_i^b$ 来代替外部力 $\boldsymbol{f}_i^{nb}$ 和力矩 $\boldsymbol{m}_i^{nb}$,并分别乘以边界虚位移 δu_i^n 和 $\delta \boldsymbol{\omega}_i^n$。由于最后两项并不做功,因此虚功表达式 $\delta W^{d,1}$ 和 $\delta W^{d,2}$ 是等效的。

式 (4.79) 可以分成两部分:边界位移产生的虚功项 $\delta W_E^{d,1}$ 和内部颗粒位移产生的虚功项 $\delta W_I^{d,1}$。由此得到

$$\delta W^{d,1} = \delta W_E^{d,1} - \delta W_I^{d,1} = 0 \qquad (4.80)$$

单位体积所产生的边界位移和内力虚功分别为

$$\delta W_E^{d,1} = \frac{1}{V} \sum_n \sum_{b \in B} \boldsymbol{f}_i^{nb} \delta u_i^n + \frac{1}{V} \sum_n \sum_{b \in B} \left(\boldsymbol{m}_i^{nb} + e_{ijk} \boldsymbol{r}_j^{nb} \boldsymbol{f}_k^{nb} \right) \delta \boldsymbol{\omega}_i^n \qquad (4.81)$$

$$\delta W_I^{d,1} = -\frac{1}{V} \sum_n \sum_{m \in V} \boldsymbol{f}_i^{nm} \delta u_i^n - \frac{1}{V} \sum_n \sum_{m \in V} \left(\boldsymbol{m}_i^{nm} + e_{ijk} \boldsymbol{r}_j^{nm} \boldsymbol{f}_k^{nm} \right) \delta \boldsymbol{\omega}_i^n \qquad (4.82)$$

同样第二种虚功方程也可以分解为边界位移产生的虚功和内部颗粒位移产生的虚功,即

$$\delta W_E^{d,2} = \frac{1}{V} \sum_{b \in B} \boldsymbol{f}_i^b \delta u_i^b + \frac{1}{V} \sum_{b \in B} \boldsymbol{m}_i^b \delta \boldsymbol{\omega}_i^b \qquad (4.83)$$

$$\delta W_I^{d,2} = -\frac{1}{V}\sum_n \sum_{m\in V} \boldsymbol{f}_i^{nm}\delta u_i^n - \frac{1}{V}\sum_n \sum_{m\in V}\left(m_i^{nm} + e_{ijk}r_j^{nm}\boldsymbol{f}_k^{nm}\right)\delta\omega_i^n$$
$$+\frac{1}{V}\sum_{b\in B}\boldsymbol{f}_i^b\left(\delta\boldsymbol{u}_i^b - \delta u_i^n\right) + \frac{1}{V}\sum_{b\in B}m_i^b\left(\delta\omega_i^b - \delta\omega_i^n\right) - \frac{1}{V}\sum_{b\in B}e_{ijk}r_j^{nb}\boldsymbol{f}_k^b\delta\omega_i^n$$

$$(4.84)$$

式中，外力虚功 $\delta W_E^{d,2}$ 全部由边界虚位移产生，内力虚功 $\delta W_I^{d,2}$ 全部由颗粒间的虚位移产生。内力虚功还可表示为

$$\delta W_I^{d,2} = -\frac{1}{V}\sum_n \sum_{m\in V}\left[\boldsymbol{f}_i^{nm}\left(\delta u_i^n - e_{ijk}r_j^{nm}\delta\omega_i^n\right) + m_i^{nm}\delta\omega_i^n\right]$$
$$+\frac{1}{V}\sum_{b\in B}\left[\boldsymbol{f}_i^b\left(\delta\boldsymbol{u}_i^b - \left(\delta u_i^n - e_{ijk}r_j^{nb}\delta\omega_i^n\right)\right) + m_i^b\left(\delta\omega_i^b - \delta\omega_i^n\right)\right] \quad (4.85)$$

式中，第 n 个颗粒的位移根据 $\delta u_i^n - e_{ijk}r_j^{nb}\delta\omega_i^n$ 计算得到，内部虚功由两个相邻颗粒间的相对位移和旋转所产生的接触力和力矩计算得到。对于边界颗粒，外部接触力产生的颗粒间相对运动由 $\delta\boldsymbol{u}_i^b - \left(\delta u_i^n - e_{ijk}r_j^{nb}\delta\omega_i^n\right)$ 和 $\delta\omega_i^b - \delta\omega_i^n$ 计算得到。此时，边界颗粒间相对运动所产生的位移对代表体积内虚功也有贡献。因此，第二种内部虚功方程 $\delta W_I^{d,2}$ 比第一种内部虚功方程 $\delta W_I^{d,1}$ 更加准确。

将虚位移用多项式的形式可表示为

$$\delta\boldsymbol{u}_i\left(x\right) = \delta u_i + \delta u_{ij}\boldsymbol{x}_j + \frac{1}{2}\delta u_{ijk}\boldsymbol{x}_j\boldsymbol{x}_k \quad (4.86)$$

$$\delta\boldsymbol{\omega}_i\left(x\right) = \delta\omega_i + \delta\omega_{ij}\boldsymbol{x}_j \quad (4.87)$$

将式 (4.86) 和式 (4.87) 代入式 (4.83) 和式 (4.84) 可得

$$\delta W_E^{d,2} = \delta u_i \frac{1}{V}\sum_{b\in B}\boldsymbol{f}_i^b + \delta u_{ij}\frac{1}{V}\sum_{b\in B}\boldsymbol{f}_i^b\boldsymbol{x}_j^b + \delta u_{ijk}\frac{1}{2V}\sum_{b\in B}\boldsymbol{f}_i^b\boldsymbol{x}_j^b\boldsymbol{x}_k^b$$
$$+\delta\omega_i\frac{1}{V}\sum_{b\in B}m_i^b + \delta\omega_{ij}\frac{1}{V}\sum_{b\in B}m_i^b\boldsymbol{x}_j^b \quad (4.88)$$

$$\delta W_I^{d,2} = \delta u_{ij}\frac{1}{V}\sum_{c\in V\cup B}\boldsymbol{f}_i^c\boldsymbol{l}_j^c + \delta u_{ijk}\frac{1}{V}\sum_{c\in V\cup B}\boldsymbol{f}_i^c\boldsymbol{J}_{jk}^c - \delta\omega_i\frac{1}{V}\sum_{c\in V\cup B}e_{ijk}\boldsymbol{f}_k^c\boldsymbol{l}_j^c$$
$$+\delta\omega_{ij}\frac{1}{V}\sum_{c\in V\cup B}\left[m_i^c\boldsymbol{l}_j^c + e_{ikl}\boldsymbol{f}_k^c\left(\boldsymbol{J}_{lj}^c - \boldsymbol{x}_l^c\boldsymbol{l}_j^c\right)\right] \quad (4.89)$$

可得宏观应力的表达式为

$$\sigma_{ij} = \frac{1}{V}\sum_{b\in B}\boldsymbol{f}_i^b\boldsymbol{x}_j^b = \frac{1}{V}\sum_{c\in V\cup B}\boldsymbol{f}_i^c\boldsymbol{l}_j^c \quad (4.90)$$

$$\sigma_{jki} = \frac{1}{2V} \sum_{b \in B} \boldsymbol{f}_i^b \boldsymbol{x}_j^b \boldsymbol{x}_k^b = \frac{1}{2V} \sum_{c \in V \cup B} \boldsymbol{f}_i^c \boldsymbol{J}_{jk}^c \tag{4.91}$$

$$T_i = \frac{1}{V} \sum_{b \in B} \boldsymbol{m}_i^b = -\frac{1}{V} \sum_{c \in V \cup B} e_{ijk} \boldsymbol{f}_k^c \boldsymbol{l}_j^c \tag{4.92}$$

$$T_{ji} = \frac{1}{V} \sum_{b \in B} \boldsymbol{m}_i^b \boldsymbol{x}_j^b = \frac{1}{V} \sum_{c \in V \cup B} \left(\boldsymbol{m}_i^c \boldsymbol{l}_j^c + e_{ikl} \boldsymbol{f}_k^c \left(\boldsymbol{J}_{lj}^c - \boldsymbol{x}_l^c \boldsymbol{l}_j^c \right) \right) \tag{4.93}$$

式中，B 为颗粒与外部的接触点；b 为颗粒之间的接触点；$\boldsymbol{x}_j^b$ 为接触点坐标；$\boldsymbol{f}_i^b$、$\boldsymbol{f}_i^c$、$\boldsymbol{m}_i^b$、$\boldsymbol{m}_i^c$ 分别表示作用在边界点或者颗粒间接触点上的力与力偶；e_{ijk} 为置换符号；$\boldsymbol{l}_j^c$ 和 $\boldsymbol{J}_{jk}^c$ 与颗粒的位置有关，其中 $\boldsymbol{l}_j^c$ 定义为

$$\boldsymbol{l}_i^c = \begin{cases} \boldsymbol{x}_i^m - \boldsymbol{x}_i^n, & c \in I \\ \boldsymbol{x}_i^b - \boldsymbol{x}_i^n, & c \in B \end{cases} \tag{4.94}$$

其中 $\boldsymbol{x}_i^m$ 和 $\boldsymbol{x}_i^n$ 分别表示形成接触点 c 的颗粒坐标。Chang 和 Kuhn 进一步给出了宏观偶应力 μ_{ji} 的表达式

$$\mu_{ji} = T_{ji} - e_{kli}\sigma_{ljk} \tag{4.95}$$

基于能量等效的原理，Chang 和 Kuhn 将颗粒材料的等价连续体描述区分为经典连续体、微极 Cosserat 连续体以及高阶 Cosserat 连续体等价三种方式，并根据虚功原理给出了相应的平均应力表达形式。研究表明，平均 Cauchy 应力与宏观 Cauchy 应力表达式一致，并且对称，但高阶平均应力与对应的高阶宏观应力之间存在差别，并且一般是不对称的。

此外，颗粒集合体受其离散特性的影响具有十分复杂的力学性质。当其内部受力骨架稳定时表现出固体的力学性质，当发生快速流动时则表现出流体的力学性质。颗粒集合体内部应力状态的一般形式为

$$\sigma_{ij} = p\delta_{ij} + \frac{1}{2V} \sum_1^{N_p} m \tilde{\dot{x}}_l \tilde{\dot{x}}_J + \frac{1}{V} \int \sigma_{ij}^p \mathrm{d}V \tag{4.96}$$

式中，V 为颗粒集合体的体积；N_p 为颗粒集合体中所包含颗粒的数量；m 为颗粒的质量；$\tilde{\dot{x}}$ 为脉动流速；σ_{ij}^p 为一个颗粒内部的平均应力状态。

上式右端第一项由流体压强 p 所产生并得到一项考虑各向同性的应力张量分量；第二项为脉动动能的能量密度，也称之为雷诺应力，通常为各向异性；第三项为柯西应力项，由颗粒之间的相互作用所产生。

通常在一个准静态加载的紧密的颗粒系统内，颗粒之间的接触力持久且变化速度较小，此时，第二项很小可忽略不计。由此定义固体材料颗粒集合体中的有效应力 σ_{ij}' 为

$$\sigma_{ij}' = \sigma_{ij} - p\delta_{ij} = \frac{1}{V} \int \sigma_{ij}^p \mathrm{d}V \tag{4.97}$$

式中，σ_{ij}^p 为一个颗粒中的平均应力张量，且可表示为

$$\sigma_{ij}^p = \frac{1}{V^p} \int \sigma_{ij} \mathrm{d}V^p \tag{4.98}$$

式中，V^p 为一个颗粒的体积。根据散度定理可得

$$\sigma_{ij}^p = \frac{1}{V^p} \int \boldsymbol{x}_i \boldsymbol{t}_j \mathrm{d}S \tag{4.99}$$

考虑到上式中的积分项可被颗粒周围离散的 n 个接触力之和所代替，可得

$$\sigma_{ij}^p = \frac{1}{V^p} \sum_1^n \boldsymbol{x}_i \boldsymbol{F}_j \tag{4.100}$$

由于式 (4.97) 定义的有效应力在颗粒集合体内并不是连续分布 (在颗粒间的孔隙处 $\sigma_{ij}' = 0$)，式 (4.97) 可改写为

$$\sigma_{ij}' = \frac{1}{V} \sum_1^{N_p} \sigma_{ij}^p V^p = \frac{1}{V} \sum_1^{N_p} \sum_1^n \boldsymbol{x}_i \boldsymbol{F}_j \tag{4.101}$$

对于圆盘或球形颗粒，每个颗粒的形心坐标可用向量的形式写为 $\boldsymbol{x}_i = R n_i$。同样，接触力 $\boldsymbol{F}$ 可分解为法向和切向分量 $\boldsymbol{F}_n$ 和 $\boldsymbol{F}_t$，并记为 $\boldsymbol{F}_{ni} = \boldsymbol{F}_n n_i$ 和 $\boldsymbol{F}_{ti} = \boldsymbol{F}_t t_i$，其中 n_i 为接触点的法向向量，t_i 与 n_i 正交。因此，式 (4.101) 还可写为

$$\sigma_{ij}' = \frac{1}{V} \sum_1^C \left(R^A + R^B \right) \boldsymbol{F}_n n_i n_j + \frac{1}{V} \sum_1^C \left(R^A + R^B \right) \boldsymbol{F}_t n_i t_j \tag{4.102}$$

式中，$R^A + R^B$ 为两个接触颗粒间的距离；C 为接触点的数量。

4.2.4　Cosserat 连续体内颗粒集合体表征元的平均应力

通过经典柯西连续体中的希尔定理可推导出 Cosserat 连续体中宏、细观均匀化模型 (Li and Tang, 2005; Li and Wan, 2011; Liu et al., 2014)。根据平均应力的定义可以得到以下公式

$$\begin{aligned} \overline{\boldsymbol{\sigma}_{J1}} &= \frac{1}{V} \int_V \sigma_{ji} \mathrm{d}V = \frac{1}{V} \int_V \sigma_{ki} \delta_{jk} \mathrm{d}V = \frac{1}{V} \int_V \sigma_{ki} x_{j,k} \mathrm{d}V \\ &= \frac{1}{V} \int_V \left[(\sigma_{ki} x_j)_{,k} - \sigma_{ki,k} x_j \right] \mathrm{d}V \end{aligned} \tag{4.103}$$

根据高斯定理以及平衡方程，ε_{ij} 可表示为

$$\varepsilon_{ij} = u_{i,j} - e_{kji} w_k \tag{4.104}$$

式 (4.103) 可以改写为

$$\overline{\boldsymbol{\sigma}_{J1}} = \frac{1}{V} \int_S \sigma_{ki} x_j \boldsymbol{n}_k \mathrm{d}S = \frac{1}{V} \int_S \boldsymbol{t}_i \boldsymbol{x}_i \mathrm{d}S \quad \text{或} \quad \bar{\boldsymbol{\sigma}} = \frac{1}{V} \int_S \boldsymbol{x} \otimes \boldsymbol{t} \mathrm{d}S \tag{4.105}$$

该式即为表征元内平均应力的表达式。式中，t_i 和 x_j 分别为表征元边界 S 上任意一点的牵引向量和位置向量。Cosserat 连续体表征元内微观曲率 k_{ji} 的平均值 $\bar{k}_{ji}$ 定义为

$$\bar{k}_{ji} = \frac{1}{V} \int_V k_{ji} \mathrm{d}V = \frac{1}{V} \int_V w_{i,j} \mathrm{d}V = \frac{1}{V} \int_S \boldsymbol{w}_i \boldsymbol{n}_j \mathrm{d}S \quad \text{或} \quad \bar{k} = \frac{1}{V} \int_S \boldsymbol{n} \otimes \boldsymbol{w} \mathrm{d}S \tag{4.106}$$

式中，w_i 和 n_i 分别为表征元边界 S 上任意一点的细观旋转向量和单位法向量。

现在将颗粒材料引入表征元，此时表征元应视为颗粒集合体。表征元内部颗粒视为球形刚体，并假设由颗粒间接触力引起的颗粒位移忽略不计。

表征元内部的颗粒分为两部分，即内部颗粒和外围颗粒，并假设外围颗粒与表征元外部的介质相接触。实际上，表征元的边界 S 为颗粒集合体外围颗粒的封闭边界，如图 4.15 所示。位于表征元边界上的颗粒个数是确定的，定义表征元内全

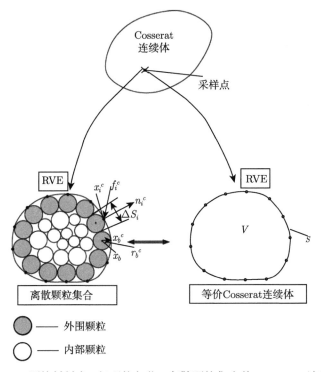

图 4.15 颗粒材料宏、细观均匀化：离散颗粒集合体-Cosserat 连续体

部颗粒个数为 N_g，其中位于边界上的颗粒个数为 N_p，位于内部的颗粒个数为 N_i，即 $N_g = N_i + N_p$。以二维的情况为例，外部颗粒与边界的作用点个数 N_c 与 N_p 相等，或与 N_p+4 相等。对于圆形边界和矩形边界这两种情况，为简化边界条件由外部颗粒向内部颗粒传递的流程，暂时假定 $N_c = N_p$，即表征元内的每个外部颗粒与边界只有一个接触点，如图 4.16 所示。

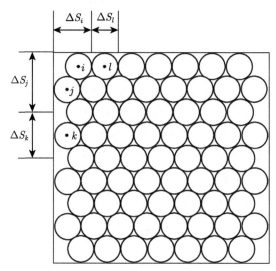

图 4.16 颗粒表征元内部的细观结构

式 (4.105) 和 (4.106) 中定义的积分公式可被离散为

$$\bar{\boldsymbol{\sigma}} = \frac{1}{V} \int_S \boldsymbol{x} \otimes \boldsymbol{t} \mathrm{d}S = \frac{1}{V} \sum_{i=1}^{N_c} \boldsymbol{x}_i^c \otimes \boldsymbol{t}_i^c \Delta S_i = \frac{1}{V} \sum_{i=1}^{N_c} \boldsymbol{x}_i^c \otimes \boldsymbol{f}_i^c \tag{4.107}$$

$$\bar{k} = \frac{1}{V} \int_S \boldsymbol{n} \otimes \boldsymbol{w} \mathrm{d}S = \frac{1}{V} \sum_{i=1}^{N_c} \boldsymbol{n}_i^c \otimes \boldsymbol{w}_i^c \Delta S_i \tag{4.108}$$

式中，$\boldsymbol{x}_i^c$ 为外部颗粒与边界的第 i 个接触点的位置向量；$\boldsymbol{f}_i^c$ 为边界通过第 i 个接触点施加于外部颗粒的外力向量；$\boldsymbol{n}_i^c$ 为表征元在第 i 个接触点处边界的外法向单位向量；$\boldsymbol{w}_i^c$ 为组成边界第 i 个接触点的外部颗粒的旋转向量。

在当前的均匀化流程中，在积分点处的宏观应力假设与表征元表示的细观应力相等。根据式 (4.107) 和式 (4.108) 可将宏观应力表示为

$$\langle \dot{\sigma} \rangle = \dot{\bar{\sigma}} = d \left(\frac{1}{V} \right) \sum_{i=1}^{N_c} \boldsymbol{x}_i^c \otimes \boldsymbol{f}_i^c + \frac{1}{V} \sum_{i=1}^{N_c} \boldsymbol{x}_i^c \otimes \dot{\boldsymbol{f}}_i^c + \frac{1}{V} \sum_{i=1}^{N_c} \dot{\boldsymbol{x}}_i^c \otimes \boldsymbol{f}_i^c \tag{4.109}$$

$$\langle \dot{k} \rangle = \dot{\bar{k}} = d \left(\frac{1}{V} \right) \sum_{i=1}^{N_c} \boldsymbol{n}_i^c \otimes \boldsymbol{w}_i^c \Delta S_i + \frac{1}{V} \sum_{i=1}^{N_c} \boldsymbol{n}_i^c \otimes \dot{\boldsymbol{w}}_i^c \Delta S_i + \frac{1}{V} \sum_{i=1}^{N_c} \dot{\boldsymbol{n}}_i^c \otimes \boldsymbol{w}_i^c \Delta S_i$$

$$(4.110)$$

通过式 (4.109) 和 (4.110) 能够发现平均应力不仅与接触力和旋转的变化有关, 还与表征元的几何构型有关。

4.3 颗粒材料应变场的细观分析

相对于颗粒材料的应力, 研究者对于颗粒材料应变的定义存在较大的争议。Bagi 总结了相关的应变定义, 并将其大致分为两类: 一类是建立在分析颗粒材料内部微观构型基础上的等价连续体的应变; 另一类则是通过对于颗粒材料内微粒位置和位移进行统计平均, 从而得到的最优拟合应变 (Bagi, 1996, 2006)。以下将根据 Bagi 分类方法介绍几种典型的颗粒材料应变定义。

4.3.1 Bagi 的应变定义

Bagi 基于颗粒集合等价连续体模型定义了适用于二维和三维颗粒系统颗粒材料的应变 (Bagi, 1996, 2006)。建立 Bagi 的等价连续体模型所需颗粒体的空间胞元, 如图 4.17 所示。该空间胞元将相邻颗粒中心彼此相连构成不同的三角形或四面体。其对应连续位移场定义为: 位移场节点处的位移与相应颗粒中心的位移相协调; 空间胞元内任意一点的位移可通过节点位移插值得到。

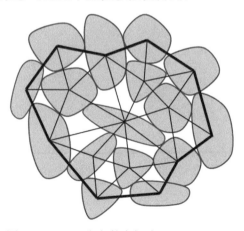

图 4.17 Bagi 定义的空间胞元 (Bagi, 1996)

这里以如图 4.17 所示的二维颗粒体为例来说明其应变的定义。图中的每个三角形都是一个空间胞元, 边界颗粒中心点连线组成颗粒体边界, 如图中的粗实线所

示。颗粒体中第 L 个胞元内的平动梯度为

$$\mathrm{d}\bar{a}_{ij}^L = \frac{1}{A^L} \oint_{l^L} \mathrm{d}\boldsymbol{u}_j \boldsymbol{n}_i \mathrm{d}l \tag{4.111}$$

其中，A^L 表示胞元 L 的面积；$\mathrm{d}\boldsymbol{u}_j$ 表示边界点位移的向量；$\boldsymbol{n}_i$ 表示边界点外法线方向。

对颗粒材料整体作面积平均，得到

$$\mathrm{d}\bar{a}_{ij} = \frac{1}{A} \sum_L A^L \mathrm{d}\bar{a}_{ij}^L \tag{4.112}$$

记 $\Delta\boldsymbol{u}_j^c = \mathrm{d}\boldsymbol{u}_j^q - \mathrm{d}\boldsymbol{u}_j^p$，颗粒体的平动梯度可表示为

$$\mathrm{d}\bar{a}_{ij} = \frac{1}{A} \sum_c \Delta\boldsymbol{u}_j^c \boldsymbol{d}_i^c \tag{4.113}$$

式中，$\boldsymbol{d}_i^c$ 为接触点 c 的面积辅助向量；$\boldsymbol{l}_i^c$ 为边向量；$A = \sum_c \frac{1}{2}\boldsymbol{l}_i^c \boldsymbol{d}_i^c$。式 (4.112) 的对称部分即为颗粒体的应变。

4.3.2 Kruyt-Rothenburg 的应变定义

Kruyt 和 Rothenburg 基于等价连续体模型定义了颗粒材料的应变，如图 4.18 所示。该等价连续体模型适用于二维颗粒集合，因此 Kruyt 和 Rothenburg 的颗粒材料应变也仅对二维颗粒集合有效 (Kruyt and Rothenburg, 1996, 2014; Kruyt et al., 2010, 2014)。

(a) 接触对构成的多边形   (b) 颗粒体的边界

图 4.18 Kruyt-Rothenburg 定义的颗粒集合等价连续体 (Bagi, 1996)

Kruyt 和 Rothenburg 的等价连续体由图 4.18(a) 所示的接触颗粒中心连线构成的多边形共同描述，图 4.18(b) 所示为由颗粒中心连线所构成的颗粒体边界。连

续位移场的定义可以概括为：任意节点上的位移向量与相应颗粒中心点的位移向量相同，并沿着接触颗粒中心连线线性分布 (Kruyt and Rothenburg, 2004)。

颗粒集合体内部任意多边形的平均位移梯度可通过该多边形边界上颗粒的位移表示。为建立位移梯度与颗粒相对位移之间的关系，引入由相互接触的颗粒 p 与颗粒 q 所定义的旋转多边形向量 g_i^{pq}。若颗粒 p 和 q 中心连线向量 l^{pq} 为相邻多边形的公共边，则定义这两个多边形中心的连线向量为 g_i^{pq}，如图 4.19(a) 所示；若 l^{pq} 只属于一个多边形，则定义该多边形中心与 l^{pq} 中心的连线为 g_i^{pq}，如图 4.19(b) 所示。将 g_i^{pq} 顺时针旋转 $90°$ 得到多边形向量 $h_i^{pq} = -e_{ij}g_j^{pq}$ ($e_{12} = +1$, $e_{21} = -1$, $e_{11} = e_{22} = 0$)，记颗粒 p 和 q 的接触点为 c，代替以上表达式中的上标 pq，则等价连续体的总面积为

$$A = \sum_c \frac{1}{2} l_i^c h_i^c \tag{4.114}$$

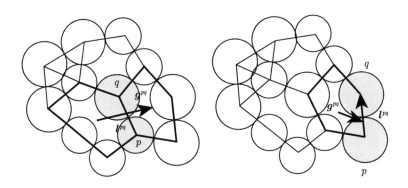

(a) 接触对为多边形公共边　　　　　(b) 接触对为颗粒集合边界

图 4.19　旋转多边形向量 (Bagi, 1996)

以 $\mathrm{d}\Delta u_j^c$ 表示两接触颗粒的相对位移，颗粒的平均位移梯度定义为

$$\mathrm{d}\bar{a}_{ij} = \frac{1}{A} \sum_c \mathrm{d}\Delta u_j^c h_i^c \tag{4.115}$$

上式的对称部分即为颗粒体的应变。

4.3.3　Kuhn 的应变定义

Kuhn 所发展的应变模型适用于二维颗粒系统 (Kuhn, 1999, 2005, 2010, 2014)，其位移场的等效方式与 Kruyt 和 Rothenburg 所定义的连续位移场类似。考虑如图 4.20 所示颗粒集合，其中一个多边形 L 的位移梯度为

$$\mathrm{d}\bar{a}_{ij}^L = \frac{1}{A^L} \sum_{(k_1,k_2)} \frac{Q^{k_1 k_2}}{6} \Delta u_j^{k_1} b_i^{k_2} \tag{4.116}$$

其中，$\Delta u_j^{k_1}$ 为多边形 k_1 边上两接触颗粒的相对位移；$b_i^{k_2}$ 为 k_2 边的外法线向量，长度与 k_2 边的长度相同；A^L 表示该多边形面积；$Q^{k_1 k_2}$ 为一个修正因子。等价连续体的平均位移梯度可以表示为全体多边形位移梯度以面积为权函数在颗粒集合上的平均，可表示为

$$\mathrm{d}\bar{a}_{ij} = \sum_L A^L \mathrm{d}\bar{a}_{ij}^L = \frac{1}{6} \sum_L \left(\sum_{(k_1, k_2)} Q^{k_1 k_2} \Delta u_j^{k_1} b_i^{k_2} \right) \tag{4.117}$$

上式的对称部分即为 Kuhn 所定义的颗粒体平均微结构应变。

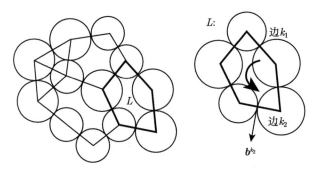

图 4.20   Kuhn 多边形 (Bagi, 1996)

Kruyt 在其发展的等价连续体模型基础上引入颗粒的旋转自由度，并给出了二维颗粒集合的 Cosserat 应变定义。Cambou 等也发展了相应的等价连续体模型，描述了二维颗粒集合的应变，实质上与 Bagi 所定义的应变相同 (Cambou et al., 2000)。以上各种基于等价连续体模型的应变定义的主要差别在于颗粒集合的空间胞元，即表征元的定义方式不同，由此所导致的位移梯度表述的不同并最终造成应变表达式的不同形式。

4.3.4   Cundall 的最优拟合应变定义

Cundall 所定义的应变模型适用于任意形状的颗粒所组成的颗粒集合 (Cundall et al., 1979)。考察由 N 个颗粒组成的颗粒集合，其中任意颗粒 p 的初始位置表示为 x_i^p（中心位置），$\mathrm{d}u_i^p$ 表示颗粒中心位移，则颗粒中心位置向量的平均值 x_i^0 及中心位移的平均值 $\mathrm{d}u_i^0$ 可分别表示为

$$x_i^0 = \frac{1}{N} \sum_{p=1}^{N} x_i^p \tag{4.118}$$

$$\mathrm{d}u_i^0 = \frac{1}{N} \sum_{p=1}^{N} \mathrm{d}u_i^p \tag{4.119}$$

以 x_i^0 为参考点，颗粒 p 中心的相对位置记为 x_i^p；以 $\mathrm{d}u_i^0$ 为参考值，颗粒 p 中心的相对位移记为 $\mathrm{d}u_i^p$，则有

$$x_i^p = x_i^p - x_i^0 \tag{4.120}$$

$$\mathrm{d}u_i^p = \mathrm{d}u_i^p - \mathrm{d}u_i^0 \tag{4.121}$$

若颗粒集合内变形梯度张量 a_{ij} 处处相等，则每个颗粒的中心位移都与 a_{ij} 和 x_i^p 精确对应，则应满足

$$\mathrm{d}u_i^p = a_{ji}x_j^p \tag{4.122}$$

但是，由于颗粒体中运动的复杂性，一般情况下 $\mathrm{d}u_i^p - a_{ji}x_j^p \neq 0$，以式 (4.122) 的平方和构造的目标函数为

$$\boldsymbol{Z} = \sum_{p=1}^N \left(\mathrm{d}u_i^p - a_{ji}x_j^p\right)\left(\mathrm{d}u_i^p - a_{ji}x_j^p\right) \tag{4.123}$$

当式 (4.123) 所描述目标函数满足极值条件，即

$$\frac{\partial \boldsymbol{Z}}{\partial a_{ji}} = 0 \quad (i, j = 1, 2, 3) \tag{4.124}$$

可以得到关于变形梯度张量 a_{ij} 的方程。对于二维情况，其方程可表示为

$$\begin{bmatrix} \sum\limits_{p=1}^N x_1^p x_1^p & \sum\limits_{p=1}^N x_2^p x_1^p \\ \sum\limits_{p=1}^N x_1^p x_2^p & \sum\limits_{p=1}^N x_2^p x_2^p \end{bmatrix} \left\{ \begin{array}{c} a_{1i} \\ a_{2i} \end{array} \right\} = \left\{ \begin{array}{c} \sum\limits_{p=1}^N \mathrm{d}u_1^p x_1^p \\ \sum\limits_{p=1}^N \mathrm{d}u_1^p x_2^p \end{array} \right\} \tag{4.125}$$

上式左端系数矩阵为正定阵，其也是 Cundall 最优拟合应变存在的充分必要条件。这一条件要求颗粒体中 $N \geqslant 3$ 且至少存在中心不共线的三个颗粒。若以 $\boldsymbol{Z}_{ij}$ 表示式 (4.125) 左端系数矩阵的逆阵，由式 (4.122) 解出的最优拟合变形梯度 a_{ij} 可表示为

$$a_{ij} = \boldsymbol{Z}_{ik} \sum_{p=1}^N \mathrm{d}u_j^p x_k^p \tag{4.126}$$

式中，a_{ij} 的对称部分即为 Cundall 最优拟合应变。这时 Cundall 最优拟合应变存在的充分必要条件为 $N \geqslant 4$，并且至少存在四个颗粒的中心不共面。Cundall 应变需要的参量都可以在离散元模拟中得到，不会增加额外的计算量。但是这种定义只考虑颗粒中心的平动，未考虑颗粒转动的影响。

4.3.5 Liao 等的最优拟合应变定义

Liao 等对最优拟合应变定义的方法与 Cundall 相同，但是进一步增加了由颗粒平动和转动所决定的接触变形作为特征位移 (Liao et al., 1997)。在颗粒集合中，由颗粒 p 和 q 形成的接触点计为 c，从颗粒 p 中心指向颗粒 q 中心的向量为 $\boldsymbol{l}_j^c$。若颗粒集合内变形梯度张量 a_{ij} 处处相等，则每个接触位移 $\mathrm{d}\boldsymbol{u}_i^c$ 都与 a_{ij} 精确对应，表示为

$$\mathrm{d}\boldsymbol{u}_i^c = a_{ij}\boldsymbol{l}_j^c \tag{4.127}$$

基于 Cundall 最优拟合应变的思路，上式在通常情况下不成立，需要求得最优拟合变形梯度。设颗粒体统中共有 N_c 个接触，目标函数定义为

$$\boldsymbol{Z} = \sum_{c=1}^{N_c} \left(a_{ij}\boldsymbol{l}_j^c - \mathrm{d}\boldsymbol{u}_i^c \right) \left(a_{ij}\boldsymbol{l}_j^c - \mathrm{d}\boldsymbol{u}_i^c \right) \tag{4.128}$$

由 $\boldsymbol{Z}$ 的极值条件 $\partial \boldsymbol{Z}/\partial a_{ij} = 0$ 可得到计算变形梯度的方程组，即

$$\left(\sum_{c=1}^{N_c} \boldsymbol{l}_n^c \boldsymbol{l}_m^c \right) a_{ni} = \sum_{c=1}^{N_c} \mathrm{d}\boldsymbol{u}_i^c \boldsymbol{l}_m^c \tag{4.129}$$

上式左端系数矩阵正定是应变存在的充要条件。求解上式可得到颗粒体的最优拟合变形梯度 $\tilde{a}_{ij}$，即

$$\tilde{a}_{ij} = \boldsymbol{Z}_{ik} \sum_{c=1}^{N_c} \mathrm{d}\boldsymbol{u}_j^c \boldsymbol{l}_k^c \tag{4.130}$$

式中，$\boldsymbol{Z}_{ij}$ 表示式 (4.129) 左端系数矩阵的逆阵。上式的对称部分即为 Liao 等定义的最优拟合应变。相对于 Cundall 所定义的应变，其最大不同在于考虑了颗粒转动的影响。

4.3.6 Cambou 等的最优拟合应变定义

在 Liao 等工作的基础上，Cambou 等通过选择不同的特征位移得到了两种不同形式的应变表达 (Cambou, 1998; Cambou et al., 2000; Nguyen et al., 2009; Dedecker et al., 2015)。

第一种形式选择两个接触颗粒 p、q 中心相对位移 Δu_i^c 作为特征位移。最优拟合变形梯度 $\tilde{a}_{ij}$ 的求法与 Liao 应变相应过程一致，得到的 $\tilde{a}_{ij}$ 表达式为

$$\tilde{a}_{ij} = \boldsymbol{Z}_{ik} \sum_{c=1}^{N_c} \Delta u_j^c \boldsymbol{l}_k^c \tag{4.131}$$

式中，矩阵 $\boldsymbol{Z}_{ik}$ 和 $\boldsymbol{l}_k^c$ 与式 (4.130) 相同。式 (4.131) 的对称部分为最优拟合应变。

第二种形式在接触点位移作为特征位移的基础上，考虑了相邻颗粒接触对位移的影响。最优拟合变形梯度 $\tilde{a}_{ij}$ 的表达式为

$$\tilde{a}_{ij} = \boldsymbol{Z}_{ik} \sum_{c=1}^{M} \Delta u_j^c \boldsymbol{l}_k^c \tag{4.132}$$

式中，M 表示所考察接触与邻居接触对的总数量，对 $\boldsymbol{Z}_{ik}$ 的基本定义与式 (4.131) $\boldsymbol{Z}_{ik}$ 的相同，但具体数值不同。式 (4.132) 的对称部分为最优拟合应变。

由上述讨论可知，最优拟合应变的重点在于得到最优拟合变形梯度，而最优拟合变形梯度取决于特征位移的选择。特征位移能否反映颗粒体本身运动和变形的特点，实质上决定了应变定义的准确程度。

4.3.7 李锡夔等的体积应变定义

两个颗粒 A 和 B 的相对位置变化关系如图 4.21 所示。在不同时刻 t_n 和 t_{n+1}，颗粒 A 和 B 的形心坐标表示为 $\boldsymbol{X}_A^n$、$\boldsymbol{X}_B^n$ 以及 $\boldsymbol{X}_A^{n+1}$、$\boldsymbol{X}_B^{n+1}$。在不同时刻 t_n 和 t_{n+1}，整体坐标下颗粒 A 和颗粒 B 的相对位置分别表示为 (Li et al., 2010；李锡夔和唐洪祥, 2005；唐洪祥和李锡夔, 2007, 2008)

$$\Delta \boldsymbol{X}_{BA}^n = \boldsymbol{X}_B^n - \boldsymbol{X}_A^n \tag{4.133}$$

$$\Delta \boldsymbol{X}_{BA}^{n+1} = \boldsymbol{X}_B^{n+1} - \boldsymbol{X}_A^{n+1} \tag{4.134}$$

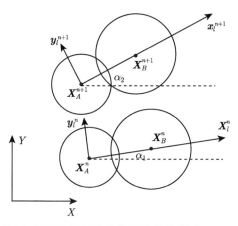

图 4.21　颗粒 A 与其相邻颗粒的位置变化关系 (Li and Tang, 2005)

根据图 4.21 中所示局部坐标系 (x_l^n, y_l^n)，定义时刻 t_n 和 t_{n+1} 颗粒 A 和颗粒 B 的相对位置关系分别为

$$\Delta \boldsymbol{x}_{BA}^n = \boldsymbol{x}_B^n - \boldsymbol{x}_A^n \tag{4.135}$$

$$\Delta \boldsymbol{x}_{BA}^{n+1} = \boldsymbol{x}_B^{n+1} - \boldsymbol{x}_A^{n+1} \tag{4.136}$$

式中，$\boldsymbol{x}_A^n$、$\boldsymbol{x}_B^n$ 和 $\boldsymbol{x}_A^{n+1}$、$\boldsymbol{x}_B^{n+1}$ 分别表示在时刻 t_n 和 t_{n+1} 时，颗粒 A 和颗粒 B 形心的局部坐标。根据坐标转换关系可以得到

$$\Delta \boldsymbol{x}_{BA}^n = \boldsymbol{T} \Delta \boldsymbol{X}_{BA}^n \tag{4.137}$$

$$\Delta \boldsymbol{x}_{BA}^{n+1} = \boldsymbol{T} \Delta \boldsymbol{X}_{BA}^{n+1} \tag{4.138}$$

$$\boldsymbol{T} = \begin{bmatrix} \cos \alpha_1 & \sin \alpha_1 \\ -\sin \alpha_1 & \cos \alpha_1 \end{bmatrix} \tag{4.139}$$

局部坐标系下，在时刻 t_n 和 t_{n+1} 颗粒 A 和颗粒 B 的相对位置变化可以用变形梯度 $\boldsymbol{F}_n$ 表示为

$$\boldsymbol{F}_n = \frac{\Delta \boldsymbol{x}_{BA}^{n+1}}{\Delta \boldsymbol{x}_{BA}^n} = \boldsymbol{R}_n \boldsymbol{N}_n \tag{4.140}$$

式中，$\boldsymbol{R}_n$ 可表示为

$$\boldsymbol{R}_n = \begin{bmatrix} \cos(\alpha_2 - \alpha_1) & -\sin(\alpha_2 - \alpha_1) \\ \sin(\alpha_2 - \alpha_1) & \cos(\alpha_2 - \alpha_1) \end{bmatrix} \tag{4.141}$$

$$\boldsymbol{U}_n = \begin{bmatrix} \lambda_{AB} & 0 \\ 0 & 1 \end{bmatrix} \tag{4.142}$$

$$\lambda_{AB} = \frac{l_{AB}^{n+1}}{l_{AB}^n}, \quad l_{AB}^n = |\Delta \boldsymbol{x}_{BA}^n|, \quad l_{AB}^{n+1} = |\Delta \boldsymbol{x}_{BA}^{n+1}| \tag{4.143}$$

式中，α_1 和 α_2 分别为不同时刻全局坐标系 X 轴与局部坐标系 x 轴间的夹角，如图 4.21 所示。根据式 (4.140) 可得

$$\Delta \boldsymbol{X}_{BA}^{n+1} = \boldsymbol{F} \Delta \boldsymbol{X}_{BA}^n \tag{4.144}$$

这里 $\boldsymbol{F}$ 可表示为

$$\boldsymbol{F} = \boldsymbol{T}^{\mathrm{T}} \boldsymbol{f}_n \boldsymbol{T} \tag{4.145}$$

位移导数矩阵可进一步表示为

$$\boldsymbol{D} = \boldsymbol{F} - \boldsymbol{I} \tag{4.146}$$

式中，$\boldsymbol{I}$ 为单位矩阵，由此

$$\gamma_{AB} = \left[\frac{2}{3} \boldsymbol{D}_{ij} \boldsymbol{D}_{ij} \right]^{\frac{1}{2}} \tag{4.147}$$

根据颗粒 A 与其周围颗粒间的相对位置关系以及连续介质理论定义颗粒 A 形心处的有效应变 γ_A 为

$$\gamma_A = \frac{1}{n_A} \sum_{B=1}^{n_A} \gamma_{AB} \tag{4.148}$$

颗粒 A 形心处的体积应变可表示为

$$\gamma_A^v = \frac{1}{n_A} \sum_{B=1}^{n_A} \gamma_{AB}^v, \quad \gamma_{AB}^v = \lambda_{AB} - 1 \tag{4.149}$$

式中，n_A 为与颗粒 A 相邻的颗粒数量。

根据体积应变的定义分析了矩形颗粒集合体的力学响应，如图 4.22(a) 所示。试样尺寸为 $86.7\mathrm{cm} \times 50\mathrm{cm}$，共计 4950 个球形颗粒。在试样的上下表面施加法向载荷，由位移控制，试样的左右两侧为自由表面。矩形颗粒集合体的体积应变云图，如图 4.22(b) 所示。可以发现，以上定义的体积应变能够描述材料内部的剪切带分布以及破坏模式。

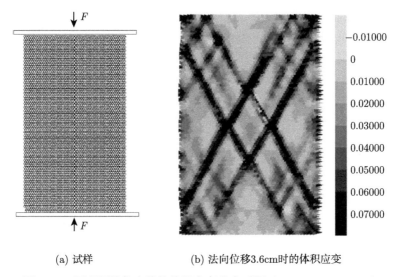

(a) 试样   (b) 法向位移3.6cm时的体积应变

图 4.22   矩形颗粒集合体的体积应变分布云图 (Li and Tang, 2005)

4.4 小   结

考虑散体材料在宏观尺度上常常视为连续体模型、在细观尺度上采用离散颗粒模型分析的特点，基于固体力学中多尺度的计算方法，本章通过应力、应变概念来描述颗粒材料的宏观变形行为，从而实现对颗粒体内部离散行为的宏观概括。在平均场理论框架下,为寻求宏细观尺度下变量间的关系,基于表征元的多尺度计算方法,采用颗粒材料的计算均匀化算法给出颗粒材料等价连续体的宏观本构关系。此外,将应力的概念引入散体材料中,分别介绍了颗粒材料的平均应力、Cosserat连续体内颗粒集合体表征元的平均应力和基于虚功原理的颗粒材料宏观应力描述。最后介绍了几种颗粒材料应变的计算方法。上述多尺度方法已成功地用于解决许多复杂问题,如非均质、多相材料力学行为分析、材料局部高梯度问题、裂纹扩展问题等。但是,无论颗粒材料的计算均匀化方法还是其应力、应变的度量在工程领域中的应用都处于探索阶段,针对此类问题的进一步研究及其在工程领域中的应用具有重要的理论与应用意义。

参 考 文 献

李锡夔, 唐洪祥. 2005. 压力相关弹塑性 Cosserat 连续体模型与应变局部化有限元模拟. 岩石力学与工程学报, 24(9): 1497-1505.

唐洪祥, 李锡夔. 2007. 饱和多孔介质中动力渗流耦合分析的 Biot-Cosserat 连续体模型与应变局部化有限元模拟. 工程力学, 24(9): 8-13.

唐洪祥, 李锡夔. 2008. Cosserat 连续体模型中本构参数对应变局部化模拟结果影响的数值分析. 计算力学学报, 25(5): 676-681.

Alonso-Marroquín F. 2011. Static equations of the Cosserat continuum derived from intra-granular stresses. Granular Matter, 13(3): 189-196.

Bagi K. 1996. Stress and strain in granular assemblies. Mechanics of Materials, 22: 165-177.

Bagi K. 2006. Analysis of microstructural strain tensors for granular assemblies. International Journal of Solids & Structures, 43(10): 3166-3184.

Bardet J P, Vardoulakis I. 2001. The asymmetry of stress in granular media. International Journal of Solids and Structures, 38(2): 353-367.

Cambou B. 1998. Behaviour of Granular Materials. International Centre for Mechanical Sciences, 385.

Cambou B, Chaze M, Dedecher F. 2000. Chang of scale in granular materials. European Journal of Mechanics A/Solids, 19(6): 999-1014.

Chang C S, Kuhn M R. 2005. On virtual work and stress in granular media. International Journal of Solids & Structures, 42(13): 3773-3793.

Cundall P A, Strack O D L. 1979. A discrete numerical model for granular assemblies. Géotechnque, 29(1): 47-65.

Dedecker F, Chaze M, Dubujet P, et al. 2015. Specific features of strain in granular materials. International Journal for Numerical & Analytical Methods in Geomechanics, 5(3): 173-193.

Ehlers W, Ramm E, Diebels S, et al. 2003. From particle ensembles to Cosserat continua: Homogenization of contact forces towards stresses and couple stresses. International Journal of Solids and Structures, 40(24): 6681-6702.

Fortin J, Millet O, Saxcé G D. 2002. Mean stress in a granular medium in dynamics. Mechanics Research Communications, 29(4): 235-240.

Fortin J, Millet O, Saxcé G D. 2003. Construction of an averaged stress tensor for a granular medium. European Journal of Mechanics, 22(4): 567-582.

Kaneko K, Terada K, Kyoya T. 2003. Global-local analysis of granular media in quasi-static equilibrium. International Journal of Solids and Structures, 40(5): 4043-4069.

Kouznetsova V, Brekelmans W A M, Baaijens F P T. 2001. An approach to micro-macro modeling of heterogeneous materials. Computational Mechanics, 27(1): 37-48.

Kruyt N P, Agnolin I, Luding S, et al. 2010. Micromechanical study of elastic moduli of loose granular materials. Journal of the Mechanics & Physics of Solids, 58(9): 1286-1301.

Kruyt N P, Millet O, Nicot F. 2014 Macroscopic strains in granular materials accounting for grain rotations. Granular Matter, 16(6): 933-944.

Kruyt N P, Rothenburg L. 1996. Micromechanical definition of the strain tensor for granular materials. Journal of Applied Mechanics, 63(3): 706-711.

Kruyt N P, Rothenburg L. 2004. Kinematic and static assumptions for homogenization in micromechanics of granular materials. Mechanics of Materials, 36(12): 1157-1173.

Kruyt N P, Rothenburg L. 2014. On micromechanical characteristics of the critical state of two-dimensional granular materials. Acta Mechanica, 225(8): 2301-2318.

Kuhn M R. 1999. Structured deformation in granular materials. Mechanics of Materials, 31(6): 407-429.

Kuhn M R. 2005. Are granular materials simple? An experimental study of strain gradient effects and localization. Mechanics of Materials, 37(5): 607-627.

Kuhn M R. 2010. An experimental method for determining the effects of strain gradients in a granular material. International Journal for Numerical Methods in Biomedical Engineering, 19(8): 573-580.

Kuhn M R. 2014. Experimental Measurement of Strain Gradient Effects in Granular Materials. Engineering Mechanics (1996). ASCE: 881-885.

Kuhn M R, Chang C S. 2006. Stability, bifurcation, and softening in discrete systems: A conceptual approach for granular materials. International Journal of Solids & Structures, 43(20): 6026-6051.

Li X K, Liu Q P, Zhang J B. 2010. A micro-macro homogenization approach for discrete particle assembly Cosserat continuum modeling of granular materials. International Journal of Solids and Structures, 47(2): 291-303.

Li X, Tang H. 2005. A consistent return mapping algorithm for pressure-dependent elasto-plastic Cosserat continua and modelling of strain localisation. Computers & Structures, 83(1): 1-10.

Li X, Wan K. 2011. A bridging scale method for granular materials with discrete particle assembly — Cosserat continuum modeling. Computers & Geotechnics, 38(8): 1052-1068.

Liao C L, Chang T P, Young D H, et al. 1997. Stress-strain relationship for granular materials based on the hypothesis of best fit. International Journal of Solids & Structures, 34(31-32): 4087-4100.

Liu Q, Liu X, Li X, et al. 2014. Micro-macro homogenization of granular materials based on the average-field theory of Cosserat continuum. Advanced Powder Technology, 25(1): 436-449.

Nguyen N S, Magoariec H, Cambou B, et al. 2009. Analysis of structure and strain at the meso-scale in 2D granular materials. International Journal of Solids & Structures, 46(17): 3257-3271.

Nicot F, Hadda N, Guessasma M, et al. 2013. On the definition of the stress tensor in granular media. International Journal of Solids & Structures, 50(14-15): 2508-2517.

Oda M, Iwashita K. 2000. Study on couple stress and shear band development in granular media based on numerical simulation analyses. International Journal of Engineering Science, 38(15): 1713-1740.

Sánchez-Palencia E. 1980. Non-homogeneous media and vibration theory. Lecture Notes in Physics, 127(127).

Saxcé G D, Fortin J, Millet O. 2004. About the numerical simulation of the dynamics of granular media and the definition of the mean stress tensor. Mechanics of Materials, 36(12): 1175-1184.

Terada K, Hori M, Kyoya T, et al. 2000. Simulation of the multi-scale convergence in computational homogenization approaches. International Journal of Solids & Structures, 37(16): 2285-2311.

Terada K, Kikuchi N. 2001. A class of general algorithms for multi-scale analysis of heterogeneous media. Computer Methods in Applied Mechanics and Engineering, 90(40-41): 5427-5464.

第5章　颗粒材料的离散元–有限元耦合分析

有限元方法 (FEM) 在理论上已非常成熟，其优势在于适合解决连续介质问题，模拟小变形问题时具有数值结果准确可靠、计算效率高的特点，但对于大变形问题的模拟并不十分理想；离散元方法 (DEM) 适于处理非连续或连续体到非连续体转化的材料损伤破坏以及大变形问题，但存在计算量大、耗时长、效率低等缺点。自20 世纪 90 年代，DEM-FEM 耦合模型不断发展和完善，它是一种有效处理颗粒材料与工程结构、连续介质耦合作用的多尺度数值方法。但针对不同的工程问题需要提出相应的耦合算法。目前，基于颗粒离散元的 DEM-FEM 耦合模型主要有三种，分别为模拟脆性材料的断裂发展的组合离散–有限元模型 (combined DEM-FEM)、离散元–有限元区域间的耦合模型，以及离散介质与连续体间的相互作用模型。连续体断裂的 DEM-FEM 耦合模型最早由 Munjiza 建立 (Munjiza et al., 2013)，通过节理单元的断裂来模拟裂纹的扩展，并得到了广泛的应用 (Smoljanovi et al., 2013；严成增等, 2014)；第二种为离散元–有限元区域间的耦合，即对所要研究的局部用离散单元法进行细观尺度的模拟，对其他区域用有限单元法进行宏观尺度的模拟，其力学、物理特性信息的传递可通过引入过渡层 (胥建龙等, 2003；Haddad et al., 2016) 或利用罚函数法施加位移约束条件实现 (Xu and Zang, 2014)；最后一种则主要用于分析离散介质与连续体间的相互作用，实现两种介质边界条件的相互传递 (Chung et al., 2016)，目前已用于模拟轮胎与路面相互作用 (Michael et al., 2014)、海底管线冲击问题 (邱长林等, 2015)、颗粒材料冲击问题 (Liu et al., 2013) 和地震对管道的影响 (Rahman and Taniyama, 2015) 等。颗粒材料与工程结构物的相互作用是一个典型的离散介质与连续介质在不同尺度下的耦合问题。颗粒材料的运动采用离散单元方法模拟，工程结构物的变形和振动采用有限元方法计算，从而建立DEM-FEM 耦合模型。为将两种计算方法进行动力过程耦合则需要精确处理界面处的位移、作用力传递及其在计算时间步长上的差异。

5.1　连续体向离散材料转化的 DEM-FEM 耦合方法

连续体向离散材料转化的 DEM-FEM 耦合方法由 Munjiza 于 20 世纪 90 年代提出。该方法将系统离散为一组离散元组合，每个离散单元又被划分为若干个有限元进行分析，如图 5.1 所示。该方法的基本原理是将材料间的接触等非连续介质力学问题采用离散元法求解，材料的变形等连续介质力学问题使用有限元求解

(Munjiza and Latham, 2004)。这样，既可以保留有限元方法求解材料变形问题的特点，又体现了离散元方法求解接触问题的优势。该方法可以求解大位移 (Owen et al., 2007; Karami and Stead, 2008; Choi and Gethin, 2009)、强接触以及材料动态破坏等高度非线性力学问题 (Lewis et al., 2005; Gethin et al., 2006; Frenning, 2008)。该算法主要包含接触算法、材料变形计算、显示积分算法和材料破坏模型等几个方面。

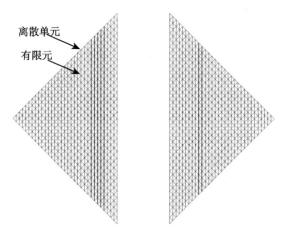

图 5.1　DEM-FEM 模型的示意图 (Munjiza, 2004)

5.1.1　接触算法

DEM-FEM 方法中的接触算法主要包含两个方面: 接触搜索和接触判断。对于接触搜索，其目的是确定与每个单元相邻单元的状况，为接触力的计算做准备。在 DEM-FEM 分析过程中，接触算法计算量大、耗时多。因此，接触搜索算法不仅要求具有很好的鲁棒性，同时更应该具有较高计算效率和低内存占用等特点。Munjiza 提出了一种线性的基础算法 (NBS 算法)(Munjiza and Andrews, 1998)。NBS 算法是一种基于空间离散的方法 (Han et al., 2007)，即将计算域划分为尺寸为 d 的独立网格。

每个网格可用一组数字表示 (i_x, i_y), $i_x = 1, 2, 3 \cdots, n_x$, $i_y = 1, 2, 3 \cdots, n_y$。$n_x$, n_y 为网格在 x 和 y 方向的总合，可分别表示为

$$n_x = \frac{x_{\max} - x_{\min}}{d} \tag{5.1}$$

$$n_y = \frac{y_{\max} - y_{\min}}{d} \tag{5.2}$$

在保证每个离散单元只能在一个网格中的条件下，通过单元坐标和网格所在位置建立单元与网格间的联系，即

$$i_x = \text{Int}\left(\frac{x - x_{\min}}{d}\right) \tag{5.3}$$

$$i_y = \text{Int}\left(\frac{y - y_{\min}}{d}\right) \tag{5.4}$$

式中，i_x, i_y 为离散单元所在的网格编号；(x, y) 为颗粒单元坐标。然后，对目标单元和邻域中的单元进行逐一比较以确定各单元的邻居元。由于该算法将每个单元的搜索区域限制在一个较小的范围，如图 5.2 所示，这样就保证了算法具有较高的计算效率。

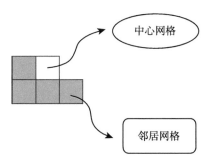

图 5.2　网格搜索区域

另一方面，NBS 算法采用了 Linked-list 储存技术，其储存过程类似于 "堆栈" 过程，可有效地用于无序重复有限整数数列的排列和存储。Linked-list 储存技术的使用保证了 NBS 算法的内存占用量仅正比于系统中单元的数目，而与计算空间大小以及网格尺寸无关。

每个单元的邻域单元确定后，便需要结合单元自身的几何形状和空间位置进行接触判断。接触判断主要分两个步骤进行：判断目标单元与领域单元是否接触；如果接触，则计算单元间的接触力。Munjiza 提出了一种基于势函数的罚函数法计算接触力 (Munjiza and Andrews, 2000)。其基本思想是：允许各物体在空间自由地运动，相互接触的物体间允许存在微小的贯入量；相互接触的物体间的不可贯入性通过惩罚的机制来近似地满足，即相互接触的物体一旦产生贯入量，则通过罚机制在接触区域产生排斥力，在排斥力的作用下物体间的贯入量将逐渐减小至 0。两接触单元的重叠区域的面积为 S，边界为 Γ，如图 5.3 所示。假设重叠区域任意一点的微元面积为 $\mathrm{d}A$，则该区域产生的排斥力为

$$\mathrm{d}f = [\text{grad}\varphi_c(P_c) - \text{grad}\varphi_t(P_t)]\,\mathrm{d}A \tag{5.5}$$

式中，φ_c 和 φ_t 分别为定义在主接触体和从接触体的某种势函数；P_c 和 P_t 分别为主接触体和从接触体上在该微元处对应的点。对整个贯入区域进行积分，则可以求

出两相互接触物体间的排斥力

$$f_c = \int_{S=\beta_t \cap \beta_c} [\mathrm{grad}\varphi_c - \mathrm{grad}\varphi_t]\mathrm{d}A \tag{5.6}$$

应用高斯公式,上式还可以写为

$$f_c = \oint_{\Gamma_{\beta_t \cap \beta_c}} n_{\Gamma(\varphi_c-\varphi_t)}\mathrm{d}A \tag{5.7}$$

其中,$\Gamma_{\beta_t \cap \beta_c}$ 为贯入区域的边界曲面;n_Γ 为 Γ 的外法线方向。

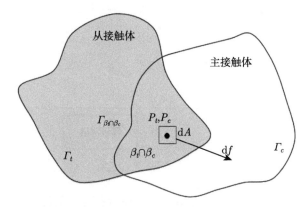

图 5.3　罚函数法中两接触体间的基础示意图 (Munjiza, 2004)

在 DEM-FEM 方法中,单独的离散单元被划分成若干有限单元,因此每个离散单元可用它们的有限单元来表示,即

$$\beta_c = \beta_{c_1} \cup \beta_{c_2}\ldots\ldots\beta_{c_i}\ldots\ldots\beta_{c_n} \tag{5.8}$$

$$\beta_t = \beta_{t_1} \cup \beta_{t_2}\ldots\ldots\beta_{t_j}\ldots\ldots\beta_{c_m} \tag{5.9}$$

式中,n 和 m 为两离散单元各自的有限单元总数。这里,两离散单元的势函数也同样可以与有限单元联系起来,即

$$\varphi_c = \varphi_{c_1} \cup \varphi_{c_2}\ldots\ldots\varphi_{c_i}\ldots\ldots\varphi_{c_n} \tag{5.10}$$

$$\varphi_t = \varphi_{t_1} \cup \varphi_{t_2}\ldots\ldots\varphi_{t_j}\ldots\ldots\varphi_{c_m} \tag{5.11}$$

对贯入区域的有限单元进行积分,可得到两物体的排除力,即

$$f_c = \sum_{i=1}^{n} \sum_{j=1}^{m} \int_{\beta_{c_i} \cap \beta_{t_j}} [\mathrm{grad}\varphi_{c_i} - \mathrm{grad}\varphi_{t_j}]\mathrm{d}A \tag{5.12}$$

同理，通过高斯公式将上式转化为在有限单元边界的积分可写作

$$f_c = \sum_{i=1}^{n} \sum_{j=1}^{m} \int_{\Gamma_{\beta_{c_i} \cap \beta_{t_j}}} n_{\Gamma_{\beta_{c_i} \cap \beta_{t_j}}} \left(\varphi_{c_i} - \varphi_{t_j} \right) \mathrm{d}A \tag{5.13}$$

因此，两离散单元的接触可通过相关的有限单元边界得到。

为保证接触过程中能量守恒，四面体单元的势函数可表示为

$$\Phi(P) = \min \left(4V_1/V, 4V_2/V, 4V_3/V, 4V_4/V \right) \tag{5.14}$$

式中，V_i 为 P 点的体积坐标，如图 5.4 所示，其可表示为

$$V_1 = \frac{V(P234)}{V(1234)}, \quad V_2 = \frac{V(P341)}{V(1234)} \tag{5.15}$$

$$V_3 = \frac{V(P412)}{V(1234)}, \quad V_4 = \frac{V(P123)}{V(1234)} \tag{5.16}$$

可以证明，通过该势函数计算的接触力以及接触力所做的功与坐标系的选择以及单元的刚体运动无关。

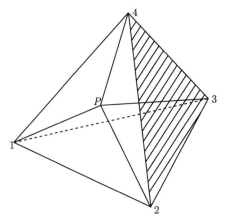

图 5.4 四面体体积坐标 (雷周, 2011)

5.1.2 单元的变形

DEM-FEM 将每个离散单元进一步划分为一个或若干个有限单元的组合，通过有限单元法来计算离散单元的变形。每个离散元代表单个的变形体，任意时间内在空间中的分布如图 5.5 所示。对于具有特定意义的区域，这里将子区域 B 指定为初始或者参考构型，即

$$p \in B \tag{5.17}$$

式中，p 点为物质点，物体与边界围成的区域为部件。物体的映射变形关系可写作

$$x = f(p) \tag{5.18}$$

其中，f 是平滑的映射函数，对于任意一点 p 满足：

$$\det \nabla f(p) > 0 \tag{5.19}$$

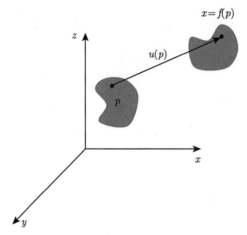

图 5.5   离散单元的变形 (Munjiza, 2004)

全局坐标下的变形梯度张量可以用下列矩阵表示为

$$\boldsymbol{F} = \nabla \boldsymbol{f} = \nabla \begin{bmatrix} x + u(x,y,z) \\ y + v(x,y,z) \\ z + w(x,y,z) \end{bmatrix} = \begin{bmatrix} 1 + \dfrac{\partial u}{\partial x} & \dfrac{\partial u}{\partial y} & \dfrac{\partial u}{\partial z} \\ \dfrac{\partial v}{\partial x} & 1 + \dfrac{\partial v}{\partial y} & \dfrac{\partial v}{\partial z} \\ \dfrac{\partial w}{\partial x} & \dfrac{\partial w}{\partial y} & 1 + \dfrac{\partial w}{\partial z} \end{bmatrix} \tag{5.20}$$

物体的变形一般由物体的刚体位移以及常变形梯度下的变形构成。物体的刚体位移并不会使得物体有应变的产生。对于常变形梯度的变形为

$$\boldsymbol{F}(\boldsymbol{p}) = \text{const} \tag{5.21}$$

可参考各向同性材料，可表示为

$$\boldsymbol{f}(\boldsymbol{p}) = \boldsymbol{f}(\boldsymbol{q}) + \boldsymbol{F}(\boldsymbol{p} - \boldsymbol{q}) \tag{5.22}$$

这里 $\boldsymbol{q}$ 表示旋转，对上式进一步写为

$$\boldsymbol{f}(\boldsymbol{p}) = \boldsymbol{q} + \boldsymbol{U}(\boldsymbol{p} - \boldsymbol{q}) \tag{5.23}$$

其中，U 是对称正定张量，可表示为

$$U = \begin{bmatrix} s_1 & 0 & 0 \\ 0 & s_2 & 0 \\ 0 & 0 & s_3 \end{bmatrix} \tag{5.24}$$

式中，s_i 为三个坐标轴对应的特征值。

对于均匀各向同性材料，所满足的本构关系为

$$T = \frac{1}{(|\det \boldsymbol{F}|)^{2/3}} \left[\frac{E}{(1+v)} \boldsymbol{E}_d + \frac{E}{(1-2v)} \boldsymbol{E}_s + 2\bar{\mu}\boldsymbol{D} \right] \tag{5.25}$$

式中，E, v 分别为材料的杨氏模量和泊松比；$\bar{\mu}$ 为粘性阻尼系数。

$$\boldsymbol{E}_d = \frac{1}{2} \left(\frac{\boldsymbol{F}\boldsymbol{F}^{\mathrm{T}}}{(\det \boldsymbol{F})^{2/3}} - \boldsymbol{I} \right) \tag{5.26}$$

$$\boldsymbol{E}_s = \boldsymbol{I} \left(\frac{([\det \boldsymbol{F}])^{2/3} - 1}{2} \right) \tag{5.27}$$

分别为因形状变化和体积变化而产生的 Green-St. Venant 应变张量，D 为变形率：

$$D = \frac{1}{2} \left(\begin{bmatrix} \dfrac{\partial v_{xc}}{\partial x_i} & \dfrac{\partial v_{xc}}{\partial y_i} & \dfrac{\partial v_{xc}}{\partial z_i} \\ \dfrac{\partial v_{yc}}{\partial x_i} & \dfrac{\partial v_{yc}}{\partial y_i} & \dfrac{\partial v_{yc}}{\partial z_i} \\ \dfrac{\partial v_{zc}}{\partial x_i} & \dfrac{\partial v_{zc}}{\partial y_i} & \dfrac{\partial v_{zc}}{\partial z_i} \end{bmatrix} + \begin{bmatrix} \dfrac{\partial v_{xc}}{\partial x_i} & \dfrac{\partial v_{yc}}{\partial x_i} & \dfrac{\partial v_{zc}}{\partial x_i} \\ \dfrac{\partial v_{xc}}{\partial y_i} & \dfrac{\partial v_{yc}}{\partial y_i} & \dfrac{\partial v_{zc}}{\partial y_i} \\ \dfrac{\partial v_{xc}}{\partial z_i} & \dfrac{\partial v_{yc}}{\partial z_i} & \dfrac{\partial v_{zc}}{\partial z_i} \end{bmatrix} \right) \tag{5.28}$$

式中，v_{xc}, v_{yc}, v_{zc} 为当前坐标系下物质点的坐标；x_i, y_i, z_i 为物质点在初始坐标系下的坐标。

5.1.3　材料的破坏模型

为实现快速模拟脆性材料破坏问题，提出了基于试验应力–应变关系的 Single/Smeared 破坏模型 (Munjiza et al., 1999)。图 5.6 为典型脆性材料受单向拉伸作用下的应力–应变曲线，其可分为应变硬化和应变软化两个阶段。在 Single/Smeared 破坏模型中，在应变硬化阶段，材料并没有破坏，即材料的力学行为可通过标准的有限元法求解。在应变软化阶段，材料中有裂缝产生，应力随着应变的增加而减小，其力学行为采用单一裂纹模型 (single-crack model) 计算。

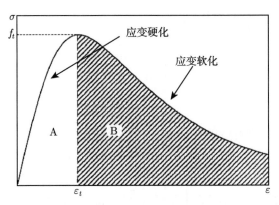

图 5.6　典型的脆性材料拉伸应力–应变曲线 (Munjiza, 2004)

对于单一裂纹模型, 如图 5.7 所示, 裂缝上任一点的分离向量 $\boldsymbol{\delta}$ 可分解为

$$\boldsymbol{\delta} = \delta_n \boldsymbol{n} + \delta_t \boldsymbol{t} \tag{5.29}$$

式中, $\boldsymbol{n}$ 和 $\boldsymbol{t}$ 分别为该点处法线和切线方向的单位向量, $\delta_n = \boldsymbol{\delta} \cdot \boldsymbol{n}$, $\delta_t = |\boldsymbol{\delta} - \delta_n \cdot \boldsymbol{n}|$ 分别为 $\boldsymbol{\delta}$ 的法向和切向分量。同时, 如图 5.8 所示, 该点处的拉力 $\boldsymbol{p}$ 可分解为

$$\boldsymbol{p} = \sigma \boldsymbol{n} + \tau \boldsymbol{t} \tag{5.30}$$

式中, σ 和 τ 分别为法向应力和切向应力, 且由下式确定:

$$\sigma = z f_{\mathrm{t}} \tag{5.31}$$

$$\tau = z f_{\mathrm{s}} \tag{5.32}$$

式中, f_{t} 和 f_{s} 为材料的抗拉强度和抗剪强度; z 为均一化变量, 由材料常数和分离向量共同确定, 即

$$z = \left[1 - \frac{a+b-1}{a+b} \mathrm{e}^{d(a+cb/((a+b)(1-a-b)))} \right] \times [a(1-d) + b(1-d)^c] \tag{5.33}$$

式中, a, b, c 为材料常数; d 为均一化裂口张开量, 可由分离向量分量计算得到:

$$d = \sqrt{\left(\frac{\delta_n}{\delta_{cn}}\right)^2 + \left(\frac{\delta_t}{\delta_{ct}}\right)^2} \tag{5.34}$$

式中, δ_{cn} 和 δ_{ct} 分别为材料的张开极限和滑移极限, 可分别通过能量释放率和强度来计算:

$$\delta_{cn} = 2.7488 G_{\mathrm{I}} / f_t \tag{5.35}$$

$$\delta_{ct} = 2.7488 G_{\mathrm{II}} / f_{\mathrm{s}} \tag{5.36}$$

式中, G_{I} 和 G_{II} 分别为 I 型和 II 型破坏所需的能量释放率。

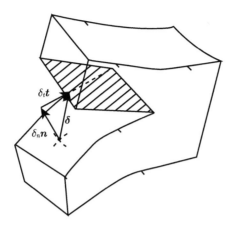

图 5.7 裂纹一点处分离变量分解 (Munjiza, 2004)

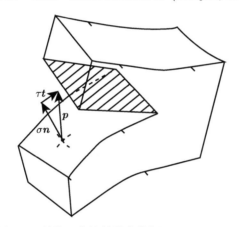

图 5.8 裂纹一点处粘结力分解 (Munjiza, 2004)

在 DEM-FEM 中, 将材料离散为若干有限单元的组合, 并假设: 裂缝总是在有限单元的边界处产生; 所有相邻有限单元的公共面上均可产生裂缝。为便于计算, 初始时在相邻有限单元间插入一个特殊单元, 为 Joint 单元。在初始时刻, Joint 单元的厚度为零, 其几何形状与有限单元边界一致。通过建立 Joint 单元的本构关系, 可以模拟材料应变硬化和应变软化两个阶段。这里给出线性四面体单元和二次四面体单元的 Joint 单元及相邻有限元示意图, 如图 5.9 所示。

图 5.10 为线性四面体单元中的 Joint 单元, 在 Joint 单元中分别定义上下表面, 其中上表面由节点 $1, 2, \cdots, 6$ 确定, 下表面由节点 $7, 8, \cdots, 12$ 确定。上下表面上任一点的坐标 x^u 和 x^l 可以通过相应的节点插值得到:

$$\boldsymbol{x}^u = \sum_{i=1}^{6} N_i \boldsymbol{x}_i \tag{5.37}$$

$$x^l = \sum_{i=7}^{12} N_i x_i \tag{5.38}$$

式中, x_i 为第 i 个节点的坐标向量; N_i 为标准的形函数, 即关于自然坐标的函数:

$$\begin{aligned}
N_1 &= (1 - 2\varepsilon - 2\eta)(1 - \varepsilon - \eta) \\
N_2 &= (2\varepsilon - 1)\varepsilon \\
N_3 &= (2\eta - 1)\eta \\
N_4 &= 4\varepsilon(1 - \varepsilon - \eta) \\
N_5 &= 4\varepsilon\eta \\
N_6 &= 4\eta(1 - \varepsilon - \eta)
\end{aligned} \tag{5.39}$$

当 $i > 6$ 时, 有 $N_i = N_{(i-6)}$。

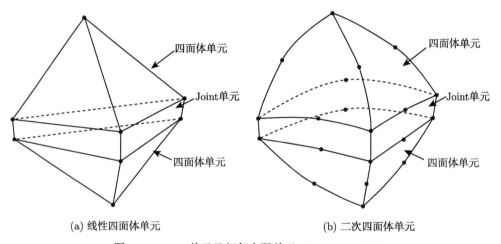

(a) 线性四面体单元　　　　　　　　　(b) 二次四面体单元

图 5.9　Joint 单元及相邻有限单元 (Munjiza, 2004)

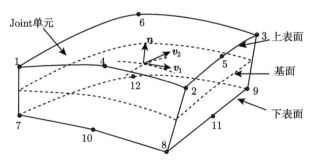

图 5.10　线性四面体单元中的 Joint 单元 (Munjiza, 2004)

为计算分离向量的分量, 在 Joint 单元中还需要定义一个基面, 可表示为

$$\boldsymbol{x}^b = \frac{1}{2}\left(\boldsymbol{x}^u + \boldsymbol{x}^l\right) = \frac{1}{2}\sum_{i=1}^{6} N_i \left(\boldsymbol{x}_i + \boldsymbol{x}_{i+6}\right) \tag{5.40}$$

基面上任意一点处的法线方向为

$$\boldsymbol{n} = \frac{\boldsymbol{v}_1 \times \boldsymbol{v}_2}{|\boldsymbol{v}_1 \times \boldsymbol{v}_2|} \tag{5.41}$$

其中，$\boldsymbol{v}_1$ 和 $\boldsymbol{v}_2$ 可表示为

$$\boldsymbol{v}_1 = \frac{\partial \boldsymbol{x}^b}{\partial \varepsilon} = \frac{1}{2}\sum_{i=1}^{6} \frac{\partial N_i}{\partial \varepsilon}\left(\boldsymbol{x}_i + \boldsymbol{x}_{(i+6)}\right) \tag{5.42}$$

$$\boldsymbol{v}_2 = \frac{\partial \boldsymbol{x}^b}{\partial \eta} = \frac{1}{2}\sum_{i=1}^{6} \frac{\partial N_i}{\partial \eta}\left(\boldsymbol{x}_i + \boldsymbol{x}_{(i+6)}\right) \tag{5.43}$$

任意一点的分离向量 $\boldsymbol{\delta}$ 可表示为

$$\boldsymbol{\delta} = \boldsymbol{x}^u - \boldsymbol{x}^l = \sum_{i=1}^{6} N_i \left(\boldsymbol{x}_i - \boldsymbol{x}_{(i+6)}\right) \tag{5.44}$$

为便于计算，Joint 单元在开始计算前便插入有限元的边界。当材料没有发生失效时，材料的连续性通过罚函数法来保证，即需要引入两个变量 δ_{pn} 和 δ_{pt} 用以判断材料是否处于应变硬化阶段：

$$\delta_{pn} = \frac{2hf_{\text{t}}}{p_0} \tag{5.45}$$

$$\delta_{pt} = \frac{2hf_{\text{s}}}{p_0} \tag{5.46}$$

式中，δ_{pn} 和 δ_{pt} 分别为材料在达到抗拉强度 f_{t} 和抗剪强度 f_{s} 前所允许的法向和切向分离量；h 为单元尺寸；p_0 为罚因子。由于材料的连续性，理论上 δ_{pn} 和 δ_{pt} 均应为 0。这一要求可以通过增大罚因子来实现，当罚因子无限大时，满足

$$\lim_{p_0 \to \infty} \delta_{pn} = 0 \tag{5.47}$$

$$\lim_{p_0 \to \infty} \delta_{pt} = 0 \tag{5.48}$$

增大罚因子可以使材料受力在达到抗拉强度 f_{t} 和抗剪强度 f_{s} 前，保证相邻有限元边界仍保持连续。

当分离变量同时满足 $\delta_n < \delta_{pn}$ 和 $\delta_t < \delta_{pt}$ 时，材料处于应变强化阶段，Joint 单元上下面间的粘结力为

$$\sigma = \left[2\frac{\delta_n}{\delta_{pn}} - \left(\frac{\delta_n}{\delta_{pn}}\right)^2 \right] f_t \tag{5.49}$$

$$\tau = \left[2\frac{\delta_t}{\delta_{pt}} - \left(\frac{\delta_t}{\delta_{pt}}\right)^2 \right] f_s \tag{5.50}$$

否则，材料处于应变软化阶段，粘结应力按照式 (5.31) 和式 (5.32) 计算。

当求出 Joint 单元上下面间的粘结应力 $\boldsymbol{p}$，则其 Joint 单元的等效节点力可表示为

$$\boldsymbol{f}_i = -\int_s \boldsymbol{p} N_i \left|\boldsymbol{v}_1 \times \boldsymbol{v}_2\right| \mathrm{d}s \quad (1 \leqslant i \leqslant 6) \tag{5.51}$$

$$\boldsymbol{f}_j = -\int_s \boldsymbol{p} N_j \left|\boldsymbol{v}_1 \times \boldsymbol{v}_2\right| \mathrm{d}s \quad (7 \leqslant i \leqslant 12) \tag{5.52}$$

Guo 等通过块体离散元和有限元耦合方法，针对脆性材料发展了三维的破坏模型，并模拟了球的冲击破坏问题，模拟过程如图 5.11 所示。其中，球体单元由 4 节点的四面体单元构成。材料的失效准则适用于界面单元，如发生破坏，将在破坏处生成若干四面体单元。采用莫尔–库仑破坏准则来确定界面单元的失效状态。该有限元–离散元耦合模型中，有限元和离散元计算在空间和时间上是分离的。在空间上，有限元单元的变形是连续的，而离散元单元描述单元接触处的不连续性。在时间上，四面体单元之间的连续性只受到裂纹萌生前的界面单元的约束，然后在裂缝形成之后，通过接触搜索和相互作用算法模拟裂缝两侧的四面体单元之间的相互作用 (Guo et al., 2016)。

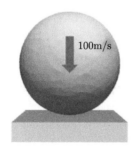

图 5.11　基于块体离散元–有限元耦合的球体冲击破坏过程 (Guo et al., 2016)

Munjiza 将 DEM-FEM 耦合方法应用在各向异性材料变形中。图 5.12 为二维的基于 DEM-FEM 耦合方法模拟爆炸在各向异性地质结构中的传递。该耦合模型采用 6 节点的复合三角形单元，其本构模型的描述，详见文献 (Lei et al., 2016)。其 DEM-FEM 耦合方法可参考本章介绍的内容。

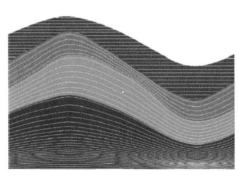 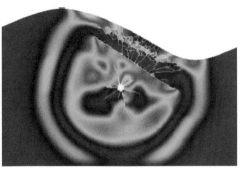

(a) 典型地质结构的各向异性模型   (b) 爆炸在地质中传递破坏过程图

图 5.12 基于 DEM-FEM 方法模拟爆炸在各向异性地质结构中的传递 (Lei et al., 2016)

5.2 连续体与离散材料连接的 DEM-FEM 耦合方法

对于许多工程问题，产生大变形的区域通常只是整个计算域的局部区域，而在材料大部分区域的变形都较小。因此，考虑在局部、重点关注的大变形部位采用 DEM 模拟，而对其他的小变形区域采用 FEM 进行模拟，发挥这两种计算方法各自的优势，将 FEM 与 DEM 有效结合、建立 DEM-FEM 耦合计算模型 (唐志平和胥建龙，2007；李锡夔和万柯，2010)。该耦合模型既具有很好地模拟大变形的能力，又能保持良好的计算效率 (Oñate and Rojek, 2004)。

5.2.1 耦合区间控制方程的弱形式

对于该 DEM-FEM 耦合计算模型，在交界面处提出了附加位移约束条件的要求，采用约束变分原理将有附加条件的变分原理转变成无附加条件的变分原理。该算法从固体力学最小势能原理出发，将求解区域分为有限元和离散元区域分别进行求解。如图 5.13 所示，空间区域被分为 a 和 b 两个子域，用 Ω_a 和 Ω_b 表示，$S_{\sigma a}$ 和 $S_{\sigma b}$ 为外力边界，S_{ua} 和 S_{ub} 为位移边界，耦合界面为 S_{ab}。子域 a 和 b 的位移函数分别为 u_i^a 和 u_i^b，且 u_i^a 和 u_i^b 相互独立。该方法一般做法是将附加约束条件引入泛函，重新构造一个修正泛函，可表示为

$$\overset{*}{\prod_p} = \prod_u + \prod_{cp} = \prod_{pa} + \prod_{pb} + \prod_{cp} \tag{5.53}$$

式中，$\prod_u$ 为不考虑交界面的泛函；$\prod_{pa}$ 为位移场 u_i^a 的泛函；$\prod_{pb}$ 为位移场 u_i^b 的泛函；$\prod_{cp}$ 是引入附加约束条件的泛函，约束条件为耦合界面上的位移协调条件为

(Lei and Zang, 2010)

$$u_i^a - u_i^b = 0 \tag{5.54}$$

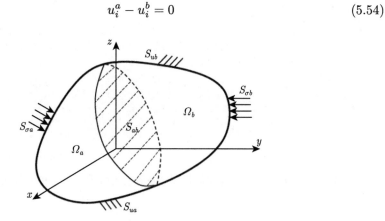

图 5.13　区域分解示意图 (Xu and Zang, 2014)

目前，通过引入附加约束条件构造修正泛函常用的有两种方法：拉格朗日乘子法和罚函数法。对于拉格朗日乘子法，$\prod\limits_{cp}$ 可表示为

$$\prod_{cp} = \int_{S_{ab}} \lambda \left(u_i^a - u_i^b \right) \mathrm{d}s \tag{5.55}$$

式中，λ 是交界面 S_{ab} 中一组坐标的函数向量，$\prod\limits_{cp}$ 称为拉格朗日乘子。

对于罚函数法，$\prod\limits_{cp}$ 可表示为

$$\prod_{cp} = \int_{S_{ab}} \alpha \left(u_i^a - u_i^b \right)^2 \mathrm{d}s \tag{5.56}$$

式中，α 为罚因子。

采用拉格朗日乘子法求解有附加条件的泛函时，可精确满足位移附加约束条件，但存在以下不足：方程组的阶数随附加条件的增加而增加，并且在刚度矩阵主对角线上存在零元素，带来求解不便，从而提高了计算工作量；修正泛函 $\prod\limits_{p}^{*}$ 不再保持与原泛函相同的极值性质，还需作进一步判定；求解 DEM-FEM 耦合计算模型时如果采用的是显式中心差分法，由于附加条件增加了方程的自由度数，惯性力项与显式计算格式不协调。与拉格朗日乘子法相比，罚函数法引入附加约束条件的优缺点正好相反。它的优点是不增加问题的自由度，同时修正泛函 $\prod\limits_{p}^{*}$ 还能保持与

原泛函相同的极值性质，而且可以和显式数值积分方法求解方程相协调。因此，罚函数方法在不同介质耦合问题、不同类型结构或单元的联结问题方面得到较广泛的应用。罚函数法的缺点是，附加约束条件只能被近似地满足 (Huněk, 1993)。

对式 (5.56) 所示的罚函数法进行一阶变分并用分量表示为

$$\delta \prod_{cp} = \int_{S_{ab}} 2\alpha_i \left(u_i^a - u_i^b\right) \left(\delta u_i^a - \delta u_i^b\right) \mathrm{d}s \tag{5.57}$$

于是，对式 (5.53) 取一阶变分并结合式 (5.57)，可表示为

$$\delta \prod_{p}^{*} = \delta \prod_{u} + \int_{S_{ab}} 2\alpha_i \left(u_i^a - u_i^b\right) \left(\delta u_i^a - \delta u_i^b\right) \mathrm{d}s \tag{5.58}$$

结合虚功原理，可得到界面耦合力的计算式为

$$F_i^D = -2\alpha_i \left(u_i^a - u_i^b\right) \tag{5.59}$$

该耦合算法中，DEM 和 FEM 的控制方程相互独立，仅在载荷项增加了界面耦合力，其他各项都保持不变，因化对于结构线弹性分析或是材料非线性问题均无需任何修正。当采用显式算法求解运动控制方程时，界面耦合力可以根据前一个时步结束时的位移状态量进行计算，从而成为已知量，避免了隐式算法中的迭代求解。

5.2.2 耦合界面力的求解

耦合界面力的求解是该模型的关键问题之一，且界面力与耦合面上各点的位移有关。对于有限元部分，位移可通过节点插值获得。然而，对于离散元区域，目前还没有数学表达式可以描述任一点处的位移。因此，在耦合区域分成了与有限元节点耦合、有限元面心耦合以及有限元表面任意位置耦合 (高伟, 2013)。

(1) 与有限元节点耦合

图 5.14 为初始时刻耦合面处离散元、有限元相对位置的关系。D_1、D_2、D_3 和 D_4 为 4 个离散单元。N_1、N_2、N_3 和 N_4 分别为有限单元耦合面的 4 个节点。L_1、L_2、L_3 和 L_4 为初始时刻离散单元上与有限元节点重合的点。

有限单元的 4 个节点 N_1、N_2、N_3 和 N_4 通过形函数插值得到有限元侧的分界面。L_1、L_2、L_3 和 L_4 使用相同的形函数进行插值，可得到离散元侧的分界面。初始时刻，N_1、N_2、N_3 和 N_4 分别与 L_1、L_2、L_3 和 L_4 重合，又由于插值获得离散元侧分界面所使用的形函数与获得有限元侧分界面所使用的形函数相同，因此，初始时插值所得的两侧分界面完全重合，说明该耦合界面初始时刻满足约束条件 $u^d = u^f$。

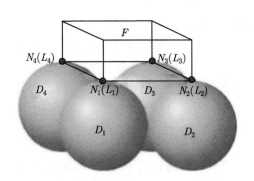

图 5.14　区域分解示意图 (高伟, 2013)

在耦合方法中, 采用罚函数法来保证约束条件的满足。理论上讲, 罚系数越大, 约束条件越趋近于满足, 当罚系数取无穷大时, 精确满足约束条件。然而, 在实际计算中, 罚系数的取值受到许多限制, 如果罚系数取值过大会造成计算不稳定、时间步长过小等问题。因此, 实际数值计算中的罚函数法只能使约束条件得到近似满足。

将位移场用节点位移插值表示, 该式可表示为

$$\int_{S_{df}} \alpha \left(u_i^d - u_i^f \right) \delta u_i^d \mathrm{d}s = \int_{S_{df}} \left(u_{Ii}^{dB} - u_{Ii}^{fN} \right) \alpha N_I N_J \delta u_{Ji}^d \mathrm{d}s \tag{5.60}$$

转换为矩阵形式, 满足

$$\int_{S_{df}} \alpha \left(u_i^d - u_i^f \right) \delta u_i^d \mathrm{d}s = \sum_e (\delta u^e)^{\mathrm{T}} K_b^e \Delta u^e \tag{5.61}$$

这里, K_b^e 可表示为

$$\boldsymbol{K}_b^e = \int_{S_{df}^e} \boldsymbol{N}^{\mathrm{T}} \boldsymbol{\alpha} \boldsymbol{N} \mathrm{d}s \tag{5.62}$$

上式是单个耦合界面刚度矩阵, 为 12×12 的矩阵; $\boldsymbol{N}$ 是形函数矩阵, 为 12×3 的矩阵; $\boldsymbol{\alpha} = \alpha \boldsymbol{E}$ 为罚系数矩阵, 是 3×3 的对角阵。$\Delta u^e = u^{dB} - u^{fN}$ 为耦合点的相对位移矩阵, 其中, u^{fN} 和 u^{dB} 分别为有限元节点和离散元耦合点的位移矩阵, u^{dB} 可以利用离散单元的运动方程, 通过离散元转动和质心位移求出。为对 K_b^e 进行化简, 将其转化为对角阵 K_b^{eDia}。对于紧密排列离散单元, 初始时刻界面对角刚度矩阵为 (雷周, 2011)

$$\boldsymbol{K}_b^{eDia} = \frac{\alpha A}{4} \boldsymbol{E} \tag{5.63}$$

式中, 耦合点组成菱形的面积 $A = 2\sqrt{2}r^2$, r 为离散单元半径, $\boldsymbol{E}$ 为单位矩阵。

罚系数 α 在理论上最好取无穷大, 但实际上其值受到一定限制。因此可将罚系数取为

$$\alpha = \gamma K \tag{5.64}$$

式中，γ 为缩放系数；$K = \min(K_f, K_d)$ 为材料的相关系数，其中 $K_f = E_f/(1-2\mu_f)$，$K_d = E_d/(1-2\mu_d)$；E_f、E_d 分别为有限元、离散元区域的杨氏模量；μ_f、μ_d 分别为有限元、离散元区域的泊松比。

(2) 与有限元面心耦合

图 5.15 给出了初始时刻球形离散元、六面体有限元的相对位置。N_1、N_2、N_3 和 N_4 为分界面上有限元的 4 个节点。假设这 4 个节点的中心为 C_1，N_1、N_4、N_5、N_6、N_7 和 N_8 的中心为 C_3，N_2、N_1、N_8 和 N_9 的中心为 C_4，初始时刻离散元与 C_1、C_2、C_3 和 C_4 重合的点分别为 B_1、B_2、B_3 和 B_4。这里将 C_1、C_2、C_3 和 C_4 看作虚拟有限元节点，利用形函数插值生成以 C_1、C_2、C_3 和 C_4 为顶点的有限元分界面。B_1、B_2、B_3 和 B_4 利用相同的形函数插值得到离散元侧的分界面。同样，计算过程中利用罚函数法保证两分界面重合。

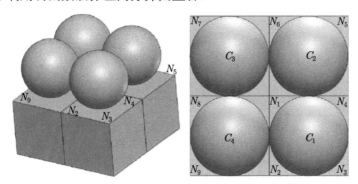

图 5.15　面心耦合示意图 (雷周，2011)

在初始时刻计算耦合面刚度矩阵并将其转化为对角阵，故离散单元所受的罚力为

$$F_p = \frac{\gamma K A}{4} \Delta u_s^e = \gamma K r^2 \Delta u_s^e \tag{5.65}$$

式中，$\Delta u_s^e = u_{dB} - u_{fG}$ 为有限元虚拟节点与对应离散元上耦合点的相对位移，其中 u_{dB} 为离散元耦合点的位移；$u_{fG} = 1/4\,(u_{N_1} + u_{N_2} + u_{N_3} + u_{N_4})$ 为有限元耦合点的位移，这里 u_{N_1}、u_{N_2}、u_{N_3} 和 u_{N_4} 为耦合面上 4 个节点的位移。由牛顿第三定律知，有限元耦合面虚拟节点受到的罚力为 $-F_p$。

(3) 与有限元表面任意位置耦合

在以上两种 DEM-FEM 耦合方法中，有限单元表面上耦合点位置都比较特殊，分界面上有限单元网格受到离散单元排列和尺寸的限制。这限制了 DEM-FEM 耦合方法的工程应用。为克服上述缺点，可采用 DEM-FEM 表面上任意位置耦合方法。

图 5.16 给出了初始耦合面处离散元–有限元相对位置关系。N_1、N_2、N_3 和 N_4

为分界面上有限元的 4 个节点。假设离散元上的耦合点为 B_1、B_2、B_3 和 B_4；有限单元表面相应的 4 个耦合点为 C_1、C_2、C_3 和 C_4。C_1、C_2、C_3 和 C_4 插值得到空间曲面 S_i，则离散元罚力做的虚功为

$$\int_{S_{df}} \alpha \left(u_i^d - u_i^f \right) \delta u_i^d \mathrm{d}s = \sum_e (\delta u^e)^{\mathrm{T}} K_b^e \Delta u^e \tag{5.66}$$

式中，S_{df} 为离散元子域、有限元子域的分界面，由 S_i 组成。

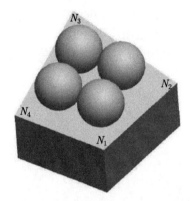

图 5.16　DEM-FEM 界面上任意耦合空间位置示意图 (雷周，2011)

对于正方体排列的离散单元，初始时刻界面对角刚度矩阵可表示为

$$\boldsymbol{K}_b^{eDia} = \frac{\alpha A}{4} \boldsymbol{E} \tag{5.67}$$

式中，$A = 4r^2$ 为初始时刻 C_1、C_2、C_3 和 C_4 组成四边形的面积。

作用在离散元上的罚力 F_p 可表示为

$$F_p = \frac{\gamma K A}{4} \Delta u_s^e \tag{5.68}$$

式中，Δu_s^e 为离散元耦合点与相应有限元虚拟节点之间的相对位移。

5.2.3　耦合点搜索

在进行有限元与离散元的接触搜索时，可生成一个空间区域，其包含分界面处所有离散元质心和有限元节点，并将该区域划分为许多正方体格子 (Hallquist et al., 1985)。搜索时需搜索并存储每个格子内的节点。为减少内存使用量，可采用链表技术存储 (高伟，2013)。在算法实现时，有限元耦合面作为已知信息输入，每个有限单元耦合面包括 4 个节点信息，在程序中每个节点需搜索出其所在的有限元耦合面。然后，对所有离散元循环，计算出离散元质心所在的格子，利用节点表，

搜索出该格子及邻居格子内的所有节点, 并从中计算出距该离散元最近的几个节点。

采用离散材料与连续体连接过渡的 DEM-FEM 耦合方法可模拟玻璃冲击过程, 计算模型如图 5.17 所示。其中, 夹层玻璃受到 4 个支撑体支撑, 上支撑体的上表面和下支撑体的下表面受到全约束。在这个耦合模型中, 黄色区域由 12000 个 0.5mm 的离散单元构成, 其他区域由 28220 个六面体实体单元构成。在离散元与有限元的耦合面上采用本节介绍的连接过渡的离散元–有限元耦合方法。冲击块位于夹层玻璃梁中部正上方且刚好与梁的上表面接触, 并以 3.13m/s 的速度垂直冲击夹层玻璃梁。由于冲击速度较低, 模型中所有材料均假设为线弹性材料。夹层玻璃梁冲击破坏过程仿真结果如图 5.18 所示。

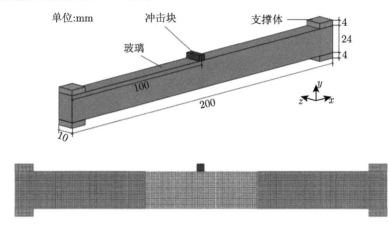

图 5.17　玻璃冲击的离散元–有限元耦合模型 (Xu and Zang, 2014)

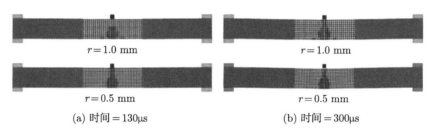

图 5.18　夹层玻璃冲击破坏裂纹的发生与传播的仿真结果 (Xu and Zang, 2014)

5.3　连续体与离散材料相互作用的 DEM-FEM 耦合方法

为模拟离散介质与连续体间的相互作用, 实现两种介质边界条件间的传递, 目前已建立了离散材料与连续体材料相互作用的 DEM-FEM 耦合模型, 并已应用于

多个领域 (Rahman and Taniyam, 2015; 邵帅等，2015)。采用该耦合方法对轮胎与路面相互作用、海底管线冲击和流化床等问题的数值模拟如图 5.19 所示。

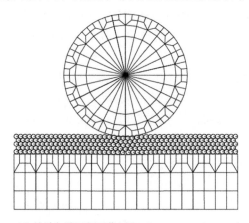

(a) 轮胎与路面相互作用(Nishiyama et al., 2016)

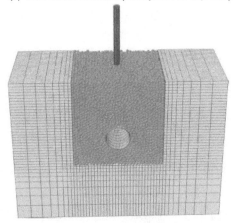

(b) 海底管线与碎石相互作用(邱长林等, 2015)

图 5.19　离散介质与连续体间的相互作用的应用

在离散材料与连续材料耦合的离散元—有限元耦合方法中，如何快速地搜索到离散元与有限单元的接触点以及接触力的求解和传递是该耦合方法的关键。下面将主要从这两方面来介绍该耦合方法。

5.3.1　颗粒与结构物接触的全局搜索判断

颗粒离散单元与连续体有限元的接触判断应在全局坐标下进行搜索，其目的在于找到潜在的接触对 (Zhong, 1993; Williams et al., 2004)。该搜索过程主要包括以下几个步骤。

(1) 划分空间

将接触区域划分为如图 5.20 所示的网格。在空间三个方向 x、y、z 上的网格数量 n_x、n_y、n_z 可由下式确定:

$$n_x = \text{int}\,(x_{\max} - x_{\min})/L_c + 1 \tag{5.69}$$

$$n_y = \text{int}\,(y_{\max} - y_{\min})/L_c + 1 \tag{5.70}$$

$$n_z = \text{int}\,(z_{\max} - z_{\min})/L_c + 1 \tag{5.71}$$

式中,$x_{\min}$、$y_{\min}$、$z_{\min}$ 分别为接触区域三个方向上的最小边界值; $x_{\max}$、$y_{\max}$、$z_{\max}$ 分别为接触区域三个方向上的最大边界值; L_c 是网格尺寸,可表示为

$$L_c = \lambda L \tag{5.72}$$

式中,λ 为网格尺寸影响因子; L 为模型的特征长度,可表示为

$$L = \frac{1}{D} \sum_{i=1}^{D} d_i + \frac{1}{S} \sum_{j=1}^{S} s_j \tag{5.73}$$

式中,D 和 S 分别表示离散单元与有限单元的总数; d_i 是第 i 号离散单元的直径; s_j 为第 j 号有限单元对角线长度。

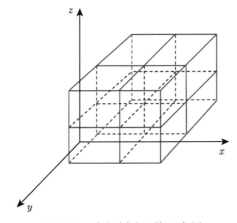

图 5.20　空间划分网格示意图

每个网格均设定相应独立的编号,即

$$t = i_x + (i_y - 1)\, n_x + (i_z - 1)\, n_x n_y \tag{5.74}$$

式中,t 为网格编号; i_x、i_y、i_z 分别为三个方向上的网格号。

这里 t 号网格的上下边界由下式给出，即

$$
\begin{aligned}
x_{t\,\min}^{c} &= x_{\min} + (i_x - 1)(x_{\max} - x_{\min})/n_x \\
x_{t\,\max}^{c} &= x_{\min} + i_x(x_{\max} - x_{\min})/n_x \\
y_{t\,\min}^{c} &= y_{\min} + (i_y - 1)(y_{\max} - y_{\min})/n_y \\
y_{t\,\max}^{c} &= y_{\min} + i_y(y_{\max} - y_{\min})/n_y \\
z_{t\,\min}^{c} &= z_{\min} + (i_z - 1)(z_{\max} - z_{\min})/n_z \\
z_{t\,\max}^{c} &= z_{\min} + i_z(z_{\max} - z_{\min})/n_z
\end{aligned}
\tag{5.75}
$$

式中，$x_{t\,\min}^{c}$, $y_{t\,\min}^{c}$, $z_{t\,\min}^{c}$ 为 t 号网格的最低边界值；$x_{t\,\max}^{c}$, $y_{t\,\max}^{c}$, $z_{t\,\max}^{c}$ 为 t 号网格的最高边界值。

(2) 给定盒子边界

因为全局搜索十分耗时，所以加入盒子边界可以避免每一步都进行搜索 (Benson and Hallquist, 1990)。对于离散单元的边界盒子，如图 5.21(a) 所示，盒子的边界值为

$$
\begin{aligned}
x_{i\,\min}^{d} &= x_i - r_i - \gamma_1 \\
x_{i\,\max}^{d} &= x_i + r_i + \gamma_1 \\
y_{i\,\min}^{d} &= y_i - r_i - \gamma_1 \\
y_{i\,\max}^{d} &= y_i + r_i + \gamma_1 \\
z_{i\,\min}^{d} &= z_i - r_i - \gamma_1 \\
z_{i\,\max}^{d} &= z_i + r_i + \gamma_1
\end{aligned}
\tag{5.76}
$$

这里，γ_1 可表示为

$$
\gamma_1 = \eta \frac{1}{D} \sum_{i=1}^{D} d_i
\tag{5.77}
$$

式中，η 为边界影响因子；r_i 为第 i 号离散单元的半径；x_i、y_i、z_i 分别为第 i 号离散单元的球心坐标；$x_{i\,\min}^{d}$、$y_{i\,\min}^{d}$、$z_{i\,\min}^{d}$ 分别为盒子边界三个方向上的最低值；$x_{i\,\max}^{d}$、$y_{i\,\max}^{d}$、$z_{i\,\max}^{d}$ 分别为盒子边界三个方向上的最高值。

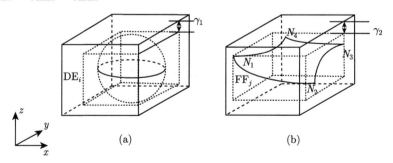

图 5.21　盒子边界 (Zheng et al., 2016)

同样, 对于四节点单元的盒子边界, 如图 5.21(b) 所示, 由 N_1、N_2、N_3 和 N_4 四个节点组成, 盒子的边界可表示为

$$
\begin{aligned}
x_{j\,\min}^f &= \min\left[n_{1x}, n_{2x}, n_{3x}, n_{4x}\right] - \gamma_2 \\
x_{j\,\max}^f &= \max\left[n_{1x}, n_{2x}, n_{3x}, n_{4x}\right] + \gamma_2 \\
y_{j\,\min}^f &= \min\left[n_{1y}, n_{2y}, n_{3y}, n_{4y}\right] - \gamma_2 \\
y_{j\,\max}^f &= \max\left[n_{1y}, n_{2y}, n_{3y}, n_{4y}\right] + \gamma_2 \\
z_{j\,\min}^f &= \min\left[n_{1z}, n_{2z}, n_{3z}, n_{4z}\right] - \gamma_2 \\
z_{j\,\max}^f &= \max\left[n_{1z}, n_{2z}, n_{3z}, n_{4z}\right] + \gamma_2
\end{aligned}
\tag{5.78}
$$

这里, γ_2 可表示为

$$
\gamma_2 = \eta \frac{1}{S} \sum_{j=1}^{S} s_j
\tag{5.79}
$$

式中, n_{kx}、n_{ky}、n_{kz} 分别为 k 号节点三个方向的坐标值; $x_{j\,\min}^f$、$y_{j\,\min}^f$、$z_{j\,\min}^f$ 分别为盒子边界三个方向上的最低值; $x_{j\,\max}^f$、$y_{j\,\max}^f$、$z_{j\,\max}^f$ 分别为盒子边界三个方向上的最高值。

由于对离散单元和有限单元分别加入了边界盒子, 因此不需要每一步进行一次全局搜索。这里全局搜索的频率可表示为

$$
\sum_{i=n}^{m} \left(v_{i\,\max}^d + v_{i\,\max}^f \right) \cdot \Delta t_i \geqslant (\gamma_1 + \gamma_2)
\tag{5.80}
$$

式中, n 为最近一次全局搜索的时间步; m 为当前的时间步; Δt_i 表示时间步的大小; $v_{i\,\max}^d$ 和 $v_{i\,\max}^f$ 分别代表第 i 时间步离散单元和有限单元的最大速度。

(3) 单元定位

所有的离散单元和有限单元都要与网格编号进行对应。这里以图 5.22 所示离散单元为例, 判断 DE_1 和 DE_2 是否位于网格 C_t 中。如果离散元 DE_i 边界与网格边界 C_t 存在以下关系, 则可确定该单元是在 C_t 网格中的:

$$
\begin{aligned}
x_{i\,\min}^d &\leqslant x_{t\,\max}^c \\
x_{i\,\max}^d &\geqslant x_{t\,\min}^c \\
y_{i\,\min}^d &\leqslant y_{t\,\max}^c \\
y_{i\,\max}^d &\geqslant y_{t\,\min}^c \\
z_{i\,\min}^d &\leqslant z_{t\,\max}^c \\
z_{i\,\max}^d &\geqslant z_{t\,\min}^c
\end{aligned}
\tag{5.81}
$$

通过上述关系可知 DE_1 在网格 C_t 中, DE_2 则不在。

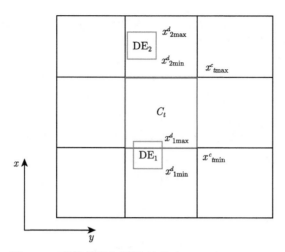

图 5.22　离散单元与网格对应 (Zheng et al., 2016)

(4) 确定潜在的接触对

在上一步的基础上，如果离散单元与有限单元在同一个网格中，则认为该两个单元为潜在的接触对。为减少潜在接触对的储存量，通过下式对两个潜在接触对进行初步的筛选，如图 5.23 所示。DE_1 和 FE_2 为一对潜在的接触对，且有

$$
\begin{aligned}
x_{j\,\min}^f &\leqslant x_{i\,\max}^d \\
x_{j\,\max}^f &\geqslant x_{i\,\min}^d \\
y_{j\,\min}^f &\leqslant y_{i\,\max}^d \\
y_{j\,\max}^f &\geqslant y_{i\,\min}^d \\
z_{j\,\min}^f &\leqslant z_{i\,\max}^d \\
z_{j\,\max}^f &\geqslant z_{i\,\min}^d
\end{aligned}
\tag{5.82}
$$

通常，一个潜在接触对可能同时在多个网格中出现，这会导致不必要的重复判断。因此这里采用一种简单的处理方式，即如果接触对的下边界在该网格中，则该网格为进行判断的网格，即

$$
\begin{aligned}
\max\left\{x_{i\,\min}^d, x_{j\,\min}^f\right\} &\geqslant x_{t\,\min}^c \\
\max\left\{y_{i\,\min}^d, y_{j\,\min}^f\right\} &\geqslant y_{t\,\min}^c \\
\max\left\{z_{i\,\min}^d, z_{j\,\min}^f\right\} &\geqslant z_{t\,\min}^c
\end{aligned}
\tag{5.83}
$$

5.3.2　颗粒与结构物的局部搜索判断

在通过全局搜索得到潜在接触对之后，对其进行进一步的局部搜索以确定接触类型和接触点、接触力 (Belytschko and Neal, 1991; Chaudhary and Bathe, 1986)。

这里根据有限元中的 inside-outside 局部搜索算法对其进行判断 (Wang and Naka-machi, 1997; Gao et al., 2016)。

对于离散单元与有限单元的接触类型，一般分为三种：点–面、点–边以及点–点。如图 5.24 所示，有限单元的四个节点 a、b、c、d 以及它们的周围可粗略地划分为三个部分：PTF、PTE 和 PTN。下面介绍如何判断离散单元和有限单元接触与这三部分的关系。

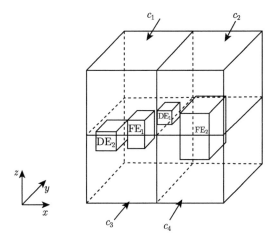

图 5.23　潜在接触对进行初步的筛选示意图 (Zheng et al., 2017)

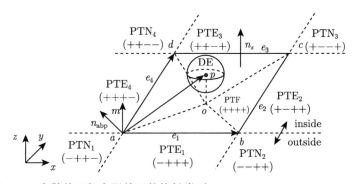

图 5.24　离散单元与有限单元的接触类型 (Wang and Nakamachi, 1997)

首先，需要计算有限单元的单位法向量 $\boldsymbol{n}_s$，即

$$\boldsymbol{n}_s = \frac{\sum\limits_{i=1}^{4} \boldsymbol{n}_i}{\left| \sum\limits_{i=1}^{4} \boldsymbol{n}_i \right|} \tag{5.84}$$

式中, n_i 为两个相邻边向量叉乘得到。以 n_1 为例, 有

$$n_1 = ab \times ad \tag{5.85}$$

计算判别值 $\varphi_i\,(i = 1, 2, 3, 4)$。以 φ_1 为例, 有

$$\varphi_1 = n_{\text{abp}} \cdot n_s \tag{5.86}$$

这里, n_{abp} 可表示为

$$n_{\text{abp}} = ab \times ap \tag{5.87}$$

根据 φ_i 的符号就可以判断离散单元与相对应的边 e_i 的相对位置。也就是说, 如果 $\varphi_i > 0$, 则认为该离散单元在边 e_i 的内部; 否则在外部。然后通过对 φ_1、φ_2、φ_3 和 φ_4 符号的组合就可以知道该离散单元位于哪个潜在区域中 (PTF、PTE、PTN)。

(1) PTF 接触

这里, o 点位置可以通过下式计算得到, 即

$$x_o^f = \sum_{i=1}^{4} N_i x_i \tag{5.88}$$

式中, x_o^f 为离散元球心 p 点在有限单元上投影的向量; x_i 为有限单元节点的向量; N_i 为 i 节点的形函数, 定义为 $N_1 = \varphi_2\varphi_3/\varphi$, $N_2 = \varphi_3\varphi_4/\varphi$, $N_3 = \varphi_4\varphi_1/\varphi$, $N_4 = \varphi_1\varphi_2/\varphi$, $\varphi = (\varphi_1 + \varphi_3)(\varphi_2 + \varphi_4)$。

然后, 计算离散单元在有限单元中的穿透量, 即

$$g_n^f = n_s \cdot (x_p - x_o) - r \tag{5.89}$$

式中, x_p 为 p 节点的位置向量。$g_n^f \leqslant 0$ 意味着有穿透, $g_n^f > 0$ 说明没有发生穿透。

(2) PTE 接触

这里以 PTE$_1$ 为例, 离散单元可能与 ab 边接触。边 ab 的单位向量为

$$e = (x_b - x_a)/|x_b - x_a| \tag{5.90}$$

ab 边上的投影点为

$$x_o^e = x_o + t \cdot (x_b - x_a) \tag{5.91}$$

式中, $t = (x_b - x_a) \cdot e/|x_p - x_a|$ 是方向向量。有限单元中的穿透量 g_n^e 可表示为

$$g_n^e = |x_p - x_o| - r \tag{5.92}$$

式中, $g_n^e \leqslant 0$ 意味着有穿透, $g_n^e > 0$ 说明没有发生穿透。由于一条边可能公用两个单元, 因此这里面需要对这种情况进行判断。这里取单元编号较小的进行计算, 如图 5.25 所示。

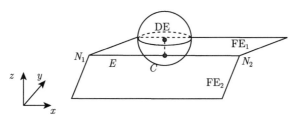

图 5.25 一条边公用两个单元 (Zheng et al., 2016)

(3) PTN 接触

这里以 PTN_1 为例，离散单元可能与 a 节点接触。有限单元中的穿透量 g_n^n 可表示为

$$g_n^n = |\boldsymbol{x}_p - \boldsymbol{x}_a| - r \tag{5.93}$$

同样 $g_n^n \leqslant 0$ 意味着有穿透；$g_n^n > 0$ 说明没有发生穿透。由于一个节点可能与多个单元共用，因此也需要对这种情况进行判断。这里取单元编号较小的进行计算，如图 5.26 所示。

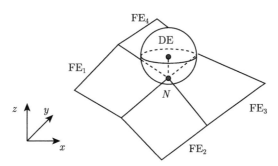

图 5.26 节点公用 4 个单元 (Zheng et al., 2016)

5.3.3 接触力的传递

通过离散单元与有限单元的搜索判断，可计算出离散单元作用在有限单元上的力。但在有限元分析中，集中力一般会等效在有限单元的节点上。离散单元与有限单元的接触点可设为单元的节点。这需要将有限元部分进行网格加密处理，很显然会极大地影响计算效率。而且，单个有限单元可以同时与多个离散单元接触，因此通过加密有限元部分的网格是不现实的。要将离散单元的接触力有效地等效到有限单元的节点上，因为三角形单元可以描述任何复杂的边界。这里以该单元为例说明接触力的等效方法 (Chung and Ooi, 2012)。

通常一个边界需要划分多个三角形单元并且每个单元上都与多个离散单元发生接触。这里考虑一个三节点的三角形单元以及 M 号离散单元给该单元的接触力, 如图 5.27 所示。图中给出了在质心 P 处的平面 xy 与板单元的平面重合的局部坐标系 (x, y, z)。三角单元的单位法向量可由下式求出:

$$n = \frac{u_{ij} \times u_{ik}}{|u_{ij} \times u_{ik}|} \tag{5.94}$$

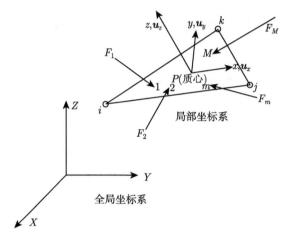

图 5.27　三角形单元与 M 号离散单元间的接触力 (Chung and Ooi, 2012)

$u_{ij} = v_i \times v_j$ 表示节点 i 到 j 的单位向量; $u_{ik} = v_i \times v_k$ 表示节点 i 到 k 的单位向量, v_i、v_j 和 v_k 表示三角形 i, j, k 节点的单位向量。这里, x 方向与 u_{ij} 一致。局部坐标系中的三个单位向量 u_x, u_y, u_z 可表示为

$$\begin{aligned} u_x &= u_{ij} \\ u_y &= n \cdot u_x \\ u_z &= n \end{aligned} \tag{5.95}$$

局部坐标系 (x, y, z) 和全局坐标系 (X, Y, Z) 的关系为

$$[x, y, z]^{\mathrm{T}} = T_{\mathrm{tran},1} [X, Y, Z]^{\mathrm{T}} \tag{5.96}$$

其中 $T_{\mathrm{tran},1}$ 为 3×3 的转化矩阵, 可表示为

$$T_{\mathrm{tran},1} = [u_x, u_y, u_z]^{\mathrm{T}} \tag{5.97}$$

单元位移场 U 具有 6 个自由度, 3 个平动 u_x, u_y, u_z 和 3 个转动 θ_x, θ_y, θ_z。这里可通过有限元方法中单元形函数 N 建立单元位移场与单元节点位移 A 的关系, 即

$$U = N \cdot A \tag{5.98}$$

式中，N 为三节点板单元的形函数。

由接触力引起的外力虚功 δW 表示为

$$\delta W = \sum_{m=1}^{M} \boldsymbol{U}_m^{\mathrm{T}} \cdot \boldsymbol{f}_{\mathrm{con},m} \tag{5.99}$$

式中，δ 为变化算子；$\boldsymbol{f}_{\mathrm{con},m}$ 代表在局部坐标系下接触点 m 的接触力向量；下标 m 为接触点；M 为接触点的数量。将方程 (5.96) 代入方程 (5.99) 中可得

$$\delta W = \delta \boldsymbol{A}^{\mathrm{T}} \cdot \sum_{m=1}^{M} \boldsymbol{N}_m^{\mathrm{T}} \cdot \boldsymbol{f}_{\mathrm{con},m} \tag{5.100}$$

式中，$\boldsymbol{N}_m$ 为接触点 m 处的形函数值。由此，局部坐标系下单元的等效节点力可表示为

$$\boldsymbol{f}_{\mathrm{con,nodal}} = \sum_{m=1}^{M} \boldsymbol{N}_m^{\mathrm{T}} \cdot \boldsymbol{f}_{\mathrm{con},m} \tag{5.101}$$

通过坐标转换，可以将局部坐标系下的接触力转换到全局坐标系下 $\boldsymbol{F}_{\mathrm{con},m}$，即

$$\boldsymbol{F}_{\mathrm{con},m} = \boldsymbol{T}_{\mathrm{tran},2} \cdot \boldsymbol{f}_{\mathrm{con},m} \tag{5.102}$$

式中，$\boldsymbol{T}_{\mathrm{tran},2}$ 为 6×6 的转化矩阵，可表示为

$$\boldsymbol{T}_{\mathrm{tran},2} = \begin{bmatrix} \boldsymbol{T}_{\mathrm{tran},1} & \boldsymbol{0} \\ \boldsymbol{0} & \boldsymbol{T}_{\mathrm{tran},1} \end{bmatrix} \tag{5.103}$$

同样，全局坐标下的等效节点力 $\boldsymbol{F}_{\mathrm{con,nodal}}$ 可以通过局部坐标下的等效节点力 $\boldsymbol{f}_{\mathrm{con,nodal}}$ 转化得到，即

$$\boldsymbol{F}_{\mathrm{con,nodal}} = \boldsymbol{T}_{\mathrm{tran},3} \cdot \boldsymbol{f}_{\mathrm{con,nodal}} \tag{5.104}$$

式中，$\boldsymbol{T}_{\mathrm{tran},3}$ 为 18×18 的转化矩阵，可表示为

$$\boldsymbol{T}_{\mathrm{tran},3} = \begin{bmatrix} \boldsymbol{T}_{\mathrm{tran},2} & \boldsymbol{0} & \boldsymbol{0} \\ \boldsymbol{0} & \boldsymbol{T}_{\mathrm{tran},2} & \boldsymbol{0} \\ \boldsymbol{0} & \boldsymbol{0} & \boldsymbol{T}_{\mathrm{tran},2} \end{bmatrix} \tag{5.105}$$

通过以上推导可得到全局坐标下的等效节点力，即

$$\boldsymbol{F}_{\mathrm{con,nodal}} = \sum_{m=1}^{M} \boldsymbol{T}_{\mathrm{tran},3} \cdot \boldsymbol{N}_m^{\mathrm{T}} \cdot \boldsymbol{T}_{\mathrm{tran},2} \cdot \boldsymbol{f}_{\mathrm{con},m} \tag{5.106}$$

　　Oñate 和 Rojek (2004) 采用离散材料与连续材料接触的 DEM-FEM 方法对岩土力学问题进行了研究, 分析了岩体的切削加工和冲击破坏过程。在模拟岩石切削时, 使用颗粒离散元模拟岩石, 使用三角形或四面体有限单元模拟刀具, 见图 5.28 (a); 在模拟岩体冲击破坏时, 冲击体使用有限元进行分析, 见图 5.28 (b)。可见, 该耦合方法适用于分析脆性材料或散体与其他连续体间的相互作用过程, 通常脆性材料、散体的力学行为使用离散元求解, 其他物质的力学行为采用有限元进行分析。

(a) 岩石切削过程

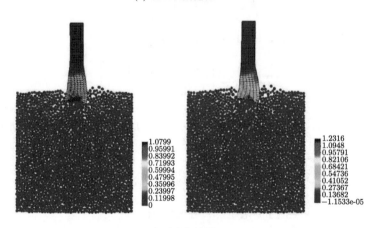

(b) 岩石冲击过程

图 5.28　基于 DEM-FEM 耦合方法的岩土切削碰撞模拟 (Oñate and Rojek, 2004)

5.4　小　　结

　　本章主要介绍了三种针对不同问题而发展的离散元–有限元模型, 分别为连续体向离散材料转化的 DEM-FEM 耦合方法、离散材料与连续体连接过渡的 DEM-

FEM 耦合方法以及离散材料与连续体相互作用的 DEM-FEM 耦合方法。针对连续介质断裂、散体颗粒形变及破碎、颗粒对结构物的冲击和摩擦、颗粒与连续介质间的固定界面耦合以及计算连接尺度等问题形成了多种不同形式的耦合模型，并已广泛地用于工程应用。对于连续体向离散材料转化的 DEM-FEM 耦合方法主要从接触算法、单元变形以及材料破坏模型这三方面系统地介绍了块体离散元和有限元耦合的方法。该方法可以用于求解大位移、强接触以及材料动态破坏等高度非线性力学问题。对于离散材料与连续体连接过渡的 DEM-FEM 耦合方法最先介绍了 DEM-FEM 耦合方法的基本理论和三种耦合方式，即 DEM-FEM 节点耦合、DEM-FEM 面心耦合和 DEM-FEM 表面任意位置耦合。然后，从全局搜索、局部搜索和耦合力计算等方面详细论述了 DEM-FEM 表面任意位置耦合算法。对于离散材料与连续体相互作用的 DEM-FEM 耦合方法，颗粒材料的运动采用离散单元模拟，结构物的变形和振动采用有限元计算。以上重点介绍了颗粒与结构的全局和局部的搜索判断，以及耦合界面上接触力的传递方式。

参 考 文 献

高伟. 2013. 汽车玻璃冲击破坏现象的离散元/有限元耦合仿真方法研究. 华南理工大学博士学位论文.

雷周. 2011. FEM 与 DEM 耦合方法研究及在汽车玻璃冲击破坏问题中的应用. 华南理工大学博士学位论文.

李锡夔, 万柯. 2010. 颗粒材料多尺度分析的连接尺度方法. 力学学报, 42(5): 889-900.

邱长林, 王菁, 闫澍旺. 2015. 冲击荷载作用下有碎石保护结构的海底管线 DEM-FEM 联合分析研究. 岩土工程学报, 37(11): 2089-2093.

邵帅, 周国丰, 王帅霖, 等. 2015. 基于离散元–有限元模型的冰激锥体海洋平台结构振动分析. 计算力学学报, (5): 662-667.

唐志平, 胥建龙. 2007. 离散元与壳体有限元结合的多尺度方法及其应用. 计算力学学报, 05: 591-596.

胥建龙, 唐志平. 2003. 离散元与有限元结合的多尺度方法及其应用. 计算物理, 20(6): 477-482.

严成增, 孙冠华, 郑宏, 等. 2014. 基于局部单元劈裂的 FEM/DEM 自适应分析方法. 岩土力学, 35(7): 2065-2070.

Belytschko T, Neal M O. 1991. Contact-impact by the pinball algorithm with penalty and Lagrangian methods. International Journal for Numerical Methods in Engineering, 31(3): 547-572.

Benson D J, Hallquist J O. 1990. A single surface contact algorithm for the post-buckling analysis of shell structures. Computer Methods in Applied Mechanics and Engineering, 78(2): 141-163.

Chaudhary A B, Bathe K-J. 1986. A solution method for static and dynamic analysis of three-dimensional contact problems with friction. Computers & Structures, 24(6): 855-873.

Choi J L, Gethin D T. 2009. A discrete finite element modelling and measurements for powder compaction. Modelling and Simulation in Materials Science and Engineering, 17: 035005.

Chung Y C, Lin C K, Chou P H, et al. 2016 Mechanical behavior of a granular of a granular solid and its contacting deformable structure under uni-axial compression – Part1: Joint DEM-FEM modelling and experimental validation. Chemical Engineering Science, 144: 404-420.

Chung Y C, Ooi J Y. 2012. Linking of discrete element modelling with finite element analysis for analysing structures in contact with particulate solid. Powder Technology, 217(2): 107-120.

Frenning G. 2008. An efficient finite/discrete element procedure for simulating compression of 3D particle assemblies. Computer Methods in Applied Mechanics and Engineering. 197(49-50): 4266-4272.

Gao W, Tan Y, Jiang S, et al. 2016. A virtual-surface contact algorithm for the interaction between FE and spherical DE. Finite Elements in Analysis & Design, 2016, 108(c): 32–40.

Gethin D T, Yang X S, Lewis R W. 2006. A two dimensional combined discrete and finite element scheme for simulating the flow and compaction of systems comprising irregular particulates. Computer Methods in Applied Mechanics and Engineering, 195(41-43): 5552-5565.

Guo L W, Xiang J S, Latham J P, et al. 2016. A numerical investigation of mesh sensitivity for a new three-dimensional fracture model within the combined finite-discrete element method. Engineering Fracture Mechanics, 151: 70-91.

Haddad H, Guessasma M, Fortin J. 2016. A DEM-FEM coupling based approach simulating thermomechanical behaviour of frictional bodies with interface layer. International Journal of Solids and Structures, 81: 203-218.

Hallquist J O, Goudreau G L, Benson D J. 1985. Sliding interfaces with contact-impact in large-scale Lagrangian computations. Computer Methods in Applied Mechanics and Engineering, 51(1–3): 107-137.

Han K, Feng Y T, Owen D R J. 2007. Performance comparisons of tree-based and cell-based contact detection algorithms. Engineering Computations, 24(2): 165-181.

Huněk I. 1993. On a penalty formulation for contact-impact problems. Computers & Structures, 48(2): 193-203.

Karami A, Stead D. 2008. Asperity degradation and damage in the direct shear test: A hybrid FEM/DEM approach. Rock Mechanics & Rock Engineering, 41(2): 229-266.

Lei Z, Rougier E, Knight E E, et al. 2016. A generalized anisotropic deformation formulation for geomaterials. Computational Particle Mechanics, 3(2): 215-228.

Lei Z, Zang M. 2010. An approach to combining 3D discrete and finite element methods based on penalty function method. Computational Mechanics, 46(4): 609-619.

Lewis R W, Gethin D T, Yang X S, et al. 2005. A combined finite-discrete element method for simulating pharmaceutical powder tableting. International Journal for Numerical Methods in Engineering, 62(7): 853-869.

Liu T, Fleck N A, Wadley H N G, et al. 2013. The impact of sand slugs against beams and plates: Coupled discrete particle/finite element simulations. Journal of the Mechanics and Physics of Solids, 61(8): 1798-1821.

Michael M, Vogel F, Peters B. 2014. DEM-FEM coupling simulations of the interactions between a tire tread and granular terrain. Computer Methods in Applied Mechanics and Engineering, 289: 227-248.

Munjiza A. 2004. The Combined Finite-Discrete Element Method. John Wiley & Sons, Ltd.

Munjiza A, Andrews K R F. 1998. NBS contact detection algorithm for bodies of similar size. International Journal for Numerical Methods in Engineering, 43(1): 131-149.

Munjiza A, Andrews K R F. 2000. Penalty function method for combined finite-discrete element systems comprising large number of separate bodies. International Journal for Numerical Methods in Engineering, 49(11): 1377-1396.

Munjiza A, Andrews K R F, White J K. 1999. Combined single and smeared crack model incombined finite-discrete element analysis. International Journal for Numerical Methods in Engineering, 44(1): 41-57.

Munjiza A, Latham J P. 2004. Some computational and algorithmic developments in computational mechanics of discontinua. Philosophical Transactions of the Royal Society of London Series A: Mathematical, Physical and Engineering Sciences, 362(1822): 1817.

Munjiza A, Lei Z, Divic V, et al. 2013. Fracture and fragmentation of thin shells using the combined finite-discrete element method. International Journal for Numerical Methods in Engineering, 95: 479-498.

Nishiyama K, Nakashima H, Yoshida T, et al. 2016. 2D FE-DEM analysis of tractive performance of an elastic wheel for planetary rovers. Journal of Terramechanics, 64: 23-35.

Oñate E, Rojek J. 2004. Combination of discrete element and finite element methods for dynamic analysis of geomechanics problems. Computer Methods in Applied Mechanics and Engineering, 193(27-29): 3087-3128.

Owen D R J, Feng Y T, Cottrell M G, et al. 2007. Computational issues in the simulation of blast and impact problems: An industrial perspective. Extreme Man-Made and Natural Hazards in Dynamics of Structures. Springer Netherlands.

Rahman M A, Taniyama H. 2015. Analysis of a buried pipeline subjected to fault displacement: A DEM and FEM study. Soil Dynamics & Earthquake Engineering, 71: 49-62.

Smoljanović H, Živaljić N, Željana N. 2013. A combined finite-discrete element analysis of dry stone masonry structures. Engineering Structures, 52(9): 89-100.

Wang S P, Nakamachi E. 1997. The inside-outside contact search algorithm for finite element analysis. International Journal for Numerical Methods in Engineering, 40(19): 3665-3685.

Williams J R, Perkins E, Cook B. 2004. A contact algorithm for partitioning N arbitrary sized objects. Engineering Computations, 21(2/3/4): 235-248.

Xu W, Zang M. 2014. Four-point combined DE/FE algorithm for brittle fracture analysis of laminated glass. International Journal of Solids & Structures, 51(10): 1890-1900.

Zheng Z, Zang M, Chen S, et al. 2017. An improved 3D DEM-FEM contact detection algorithm for the interaction simulations between particles and structures. Powder Technology, 305: 308-322.

Zhong Z H. 1993. Finite Element Procedures for Contact-impact Problems. Oxford University Press.

第6章　颗粒材料的流固耦合分析

颗粒材料与流体的耦合作用在自然界和人类生产生活中广泛存在，如河道中的泥沙、砂石土壤中的液态水渗流作用、化工装备中气固两相体的交互运动等。为研究颗粒材料的流固耦合问题，通常采用离散元模拟固体颗粒，而流体则有多种计算方法。根据传统计算流体力学方法 (CFD) 发展了基于网格的 DEM-CFD 模型 (Washino et al., 2013; Zhao and Shan, 2013)，而根据无网格粒子的计算方法发展了 DEM-SPH(Jonsén et al., 2014; Sun et al., 2013) 等方法。值得注意的是，基于介观动理论的流体描述方法 LBM 近年来获得了较大的关注，并发展出了 DEM-LBM 方法 (Galindo-Torres, 2013; Tran et al., 2016)。近年来，SPH 和 LBM 已经成为较为成熟的流体力学计算方法。因此这里将主要介绍 DEM-CFD、DEM-SPH 和 DEM-LBM 的数值耦合方法，并从流体的核心数值方法、耦合方式及其高性能计算方面详细介绍其在具体问题中的应用和发展。

6.1　颗粒材料与流体耦合的 DEM-CFD 方法

在流固系统中，流体和颗粒相互影响，需要采用耦合方法处理两者的相互作用。Kloss 等基于开源软件对 CFD-DEM 耦合理论方法做出了详细的介绍 (Kloss et al., 2012)，Norouzi 等详细阐述了 CFD-DEM 理论方法、具体实施和应用 (Norouzi et al., 2016)。CFD-DEM 耦合方法中，采用欧拉方法描述流体运动，采用拉格朗日方法描述颗粒运动。流体运动用两相耦合的 Navier-Stokes(N-S) 方程描述，在 N-S 方程考虑固体颗粒相的影响，加入了空隙率和能量交换项。颗粒的运动取决于两方面，一方面是颗粒间相互碰撞产生的作用力，另一方面是流体对颗粒的作用力对颗粒运动的影响。

6.1.1　颗粒离散项基本控制方程

离散元方法是在拉格朗日坐标下计算颗粒的运动轨迹。颗粒 i 的运动方程为

$$m_i \ddot{x}_i = F_{i,n} + F_{i,t} + F_{i,f} + F_{i,b} \tag{6.1}$$

$$I_i \dot{\omega}_i = r_{i,c} \times F_{i,t} + T_{i,r} \tag{6.2}$$

式中，$F_{i,n}$ 是颗粒间法向接触力；$F_{i,t}$ 是颗粒间切向接触力；$F_{i,f}$ 是颗粒周围的流体相对颗粒施加的作用力；重力、电磁力等其他作用力用 $F_{i,b}$ 表示；$T_{i,r}$ 是流体阻

碍颗粒旋转的力矩, 包括作用在颗粒的旋转阻力和一个在直线加速中的非定常项。

6.1.2 CFD-DEM 耦合的求解方法

根据颗粒与网格的大小, CFD-DEM 耦合方法可分为不完全求解的方法和基于浸入边界法的完全求解方法。

不完全求解方法适用于固体颗粒的大小小于计算网格的情况, 即一个网格包含很多个颗粒。体积平均的 Navier-Stokes 方程可以通过固相性质的局部平均来计算流体相。固相的平均性质是流体–颗粒相互作用力和固相体积分数。

完全求解方法适用于固体颗粒的大小大于计算网格的情况。因此, 固体颗粒可能占据多个计算网格。在这种方法中, 颗粒相由一个假想的域方法来表示, 其中流体相和颗粒相中只有一个速度场和压力场存在, 粒子所覆盖的区域与粒子本身的速度相同。由于流体单元的大小远小于颗粒大小, 流体流动在粒子的整个表面得到完全求解, 并且能够在所有粒子周围获得详细的流场分布。

在完全求解方法中, 由于流体单元的大小远小于颗粒的大小, 流体流动在颗粒的整个表面上能够得到完全的求解, 并且能够获得颗粒周围详细的流场分布, 同时可以获得作用于单个粒子的力。但是, 由于求解整个网格单元的流体相方程的计算成本很高, 这种处理仅适用于不超过几百个颗粒的系统, 所以不完全求解方法在实际问题中应用广泛。本节主要介绍不完全求解方法的基本理论。

6.1.3 流体域控制方程

在 CFD 方法中, 连续流体域经过离散化为网格单元, 在每一个单元中, 流体的速度、质量、压强都是一个局部平均量。在颗粒相存在的情况下, 不可压缩流体相的运动采用连续性方程和体积平均 Navier-Stokes 方程描述, 控制方程为

$$\frac{\partial \alpha_f}{\partial t} + \nabla \cdot (\alpha_f \boldsymbol{u}_f) = 0 \tag{6.3}$$

$$\frac{\partial (\alpha_f \boldsymbol{u}_f)}{\partial t} + \nabla \cdot (\alpha_f \boldsymbol{u}_f \boldsymbol{u}_f) = -\nabla \frac{p}{\rho_f} - \boldsymbol{R}_{pf} + \nabla \cdot \boldsymbol{\tau} + \alpha_f \boldsymbol{g} \tag{6.4}$$

式中, α_f 是流体占据的体积分数, 如果 $\alpha_f = 1$, 则网格单元中全是流体; ρ_f 是流体的密度; $\boldsymbol{u}_f$ 是流体的速度; $\boldsymbol{R}_{pf}$ 表示流体相和颗粒相的动量交换; $\boldsymbol{\tau} = \nu_f \nabla \boldsymbol{u}_f$ 是流体相的应力张量; $\boldsymbol{g}$ 代表重力加速度。

由于颗粒碰撞动力学及粒子碰撞模型中颗粒最大重叠量的要求, DEM 时间步长至少需要比 CFD 时间步长小一个数量级。为方便起见, DEM 和 CFD 的时间步长可以相互独立, 并通过设置耦合间隔来适应相互间的物理耦合量。

6.1.4 流体与固体颗粒之间的动量交换

流体与颗粒的动量交换项有若干种计算方法, 大多通过颗粒在流体单元内受

到的阻力之和估算两相之间的相互作用力 (Kafui et al., 2002; Zhu et al., 2007; Tsuji et al., 2008; Kloss et al., 2012; Zhao and Shan, 2013; 欧阳洁和李静海，2004)。以下介绍两种使用较多的方法。

(1) Kloss 等的计算方法 (Kloss et al., 2012)

将动量交换项分为隐式和显式两种，同时根据流体单元内的颗粒总体平均速度 $\langle \boldsymbol{u}_p \rangle$，可定义动量交换项 $\boldsymbol{R}_{pf}$ 为

$$\boldsymbol{R}_{pf} = \boldsymbol{K}_{pf} \left(\boldsymbol{u}_f - \langle \boldsymbol{u}_p \rangle \right) \tag{6.5}$$

式中，$\boldsymbol{K}_{pf}$ 为流体与固体之间的相互作用因子，并可定义为

$$\boldsymbol{K}_{pf} = \frac{\sum\limits_i \boldsymbol{F}_d}{V_{\text{cell}} \cdot |\boldsymbol{u}_f - \langle \boldsymbol{u}_p \rangle|} \tag{6.6}$$

式中，V_{cell} 为流体单元的速度；$\sum\limits_i \boldsymbol{F}_d$ 是单元内流体对所有固体颗粒的拖曳力合力。这里采用的流固作用因子定义如下。

当 $\alpha_f > 0.8$ 时，$\boldsymbol{K}_{pf}$ 可表示为

$$\boldsymbol{K}_{pf} = \frac{3}{4} C_d \frac{\alpha_f (1 - \alpha_f) |\boldsymbol{u}_f - \boldsymbol{u}_p|}{d_p} \alpha_f^{-2.65} \tag{6.7}$$

$$C_d = \frac{24}{\alpha_f \text{Re}_p} \left[1 + 0.15 \left(\alpha_f \text{Re}_p \right)^{0.687} \right] \tag{6.8}$$

$$\text{Re}_p = \frac{|\boldsymbol{u}_f - \boldsymbol{u}_p|}{v_f} d_p \tag{6.9}$$

当 $\alpha_f \leqslant 0.8$ 时，$\boldsymbol{K}_{pf}$ 可表示为

$$\boldsymbol{K}_{pf} = 150 \frac{(1 - \alpha_f)^2 v_f}{\alpha_f d_p^2} + 1.75 \frac{(1 - \alpha_f) |\boldsymbol{u}_f - \boldsymbol{u}_p|}{d_p} \tag{6.10}$$

(2) Zhao 和 Shan 的计算方法 (Zhao and Shan, 2013)

将流体与颗粒间的相互作用分为阻力和浮力，其阻力为

$$\boldsymbol{F}^d = \frac{1}{8} C_d \rho_f \pi d_p^2 \left(\boldsymbol{u}_f - \boldsymbol{u}_p \right) |\boldsymbol{u}_f - \boldsymbol{u}_p| \alpha_f^{1-\chi} \tag{6.11}$$

式中，C_d 是与雷诺数 Re_p 相关的阻力系数；d_p 是颗粒直径。这里，C_d 和 χ 分别表示为

$$C_d = \left(0.63 + \frac{4.8}{\sqrt{\text{Re}_p}} \right)^2 \tag{6.12}$$

$$\mathrm{Re}_p = \alpha_f \frac{|\boldsymbol{u}_f - \boldsymbol{u}_p|}{v_f} d_p \tag{6.13}$$

$$\chi = 3.7 - 0.65 \exp\left[-\frac{(1.5 - \log_{10} \mathrm{Re}_p)^2}{2}\right] \tag{6.14}$$

式中，χ 表示考虑系统中其他粒子对该粒子的影响的校正函数；v_f 是运动粘性系数。

颗粒的浮力 F^b 可表示为

$$F^b = \frac{1}{6}\pi \rho_f d_p^3 g \tag{6.15}$$

动量转换不仅受流体和颗粒之间相对速度所产生的阻力的影响，还受其他作用力的影响。这里其他作用力可忽略不计。

6.1.5　流体体积分数

流体体积分数也称作空隙率。在 CFD-DEM 控制方程中，包含体积分数对时间的导数项，因此这个参量的选取直接影响到最终的计算结果。在两个连续的时间步中，体积分数的突变将会导致结果中压强的奇异，这就使得流体体积分数的准确计算非常重要。

在计算单元中，流体体积分数 α_f 可以估算为

$$\alpha_f = 1 - \frac{1}{V_{\mathrm{cell}}} \sum_{i=1}^{k_v} \varphi_i V_i \tag{6.16}$$

式中，V_{cell} 是计算单元的体积；k_v 是落于该计算单元的颗粒个数；φ_i 是通过几何关系估算得到某个颗粒落于单元部分占据该颗粒整体的体积分数；V_i 是该颗粒的体积。

杜俊 (2015) 通过改进基于颗粒体积的空隙率算法提高了空隙率的计算精度和稳定性，同时通过引入忽略空隙率影响的简化 CFD-DEM 模型，提高了计算效率 (杜俊，2015)。Virk 等 (2012) 对位于网格边界的颗粒空隙率提出了新的计算方法，在不增加复杂程度的情况下，明显提高了计算精度 (Virk et al., 2012)。

6.1.6　对流传热项

在 CFD-DEM 耦合中，流体相和颗粒相之间存在热传递，可以通过温度标量输运方程求解，即

$$\frac{\partial T_f}{\partial t} + \nabla \cdot (T_f \cdot \boldsymbol{u}_f) = \nabla \cdot (\kappa_{\mathrm{eff}} \nabla T_f) + S_T \tag{6.17}$$

温度方程中的源项可以由颗粒努塞尔数 Nu_p 计算，努塞尔数可以表示为雷诺数 Re_p 和普朗特数 Pr 的函数，即

当 $\mathrm{Re}_p < 200$ 时，Nu_p 可表示为

$$\mathrm{Nu}_p = 2 + 0.6r_p^n\mathrm{Re}_p^{1/2}\mathrm{Pr}^{1/3} \tag{6.18}$$

当 $200 < \mathrm{Re}_p < 1500$ 时，Nu_p 可表示为

$$\mathrm{Nu}_p = 2 + 0.5r_p^n\mathrm{Re}_p^{1/2}\mathrm{Pr}^{1/3} + 0.02r_p^n\mathrm{Re}_p^{0.8}\mathrm{Pr}^{1/3} \tag{6.19}$$

当 $1500 < \mathrm{Re}_p$ 时，Nu_p 可表示为

$$\mathrm{Nu}_p = 2 + 0.000045r_p^n\mathrm{Re}_p^{1.8} \tag{6.20}$$

式中，r_p 表示颗粒半径；Re_p 表示颗粒的雷诺数；Pr 表示普朗特数。指数 n 一般取值为 3.5。

由热传递系数 h 可计算 q_p 如下

$$h = \frac{\lambda\mathrm{Nu}_p}{d_p} \tag{6.21}$$

$$q_p = hA_p(T_f - T_p) \tag{6.22}$$

式中，λ 是导热率。由上式可得到源项 S_T 的表达式为

$$S_T = -\frac{q_p}{\rho_f C V_{\mathrm{cell}}} \tag{6.23}$$

基于 CFD-DEM 耦合基本理论方法，很多学者做了大量扩展性工作。Chu 等提出一种新的数值模型来模拟重介质旋流器中典型的流动现象，用粒子–粒子、粒子–流体、粒子–墙壁之间的作用力，很好地解释了典型流动中所谓的"喘振现象"(Chu et al., 2009)。图 6.1 展示了流场的分布情况，在中心轴周围存在充满空气的空心区域，很好地显示了重介质旋流器中的流场随时间的变化情况。

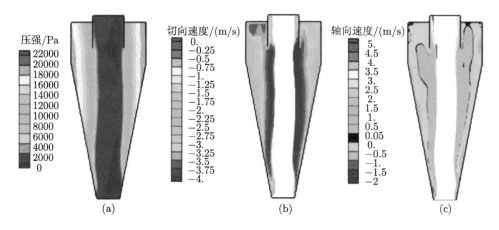

(a)　　　　　　　　　(b)　　　　　　　　　(c)

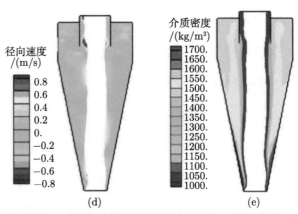

图 6.1　旋流器中的流场分布 (Chu et al., 2009)

Zhao 和 Shan 采用 CFD-DEM 方法模拟沙子通过漏斗入水形成的沙堆特性，同时考虑了滚动摩阻的影响和水存在条件下的多分散性 (Zhao and Shan, 2013)。在整个模拟过程中，能够很好地捕捉流体颗粒相互作用对固体颗粒运动特性的影响。如图 6.2 所示，沙子从漏斗中倒入一个装满水的容器中，在放置在容器底部的圆形平板上形成了锥形沙堆。图 6.3 是局部空隙率对比情况，(a) 和 (b) 分别表示单分散和多分散情况下的空隙率云图，在单分散无水情况下，会有明显的两个密集区域。

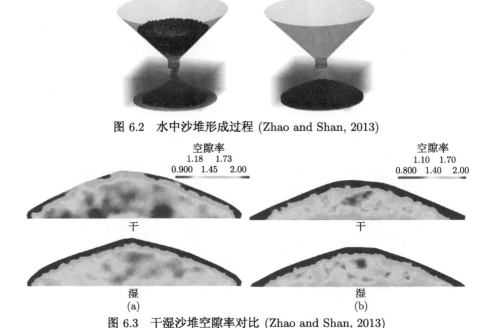

图 6.2　水中沙堆形成过程 (Zhao and Shan, 2013)

图 6.3　干湿沙堆空隙率对比 (Zhao and Shan, 2013)

6.2 颗粒材料与流体耦合的 DEM-SPH 方法

在颗粒材料与流体相互作用的流固耦合中，无网格粒子法的粒子离散假定与 DEM 的粒子几何形态在计算程序实现中具有高度一致的数据结构和数值方法，因此在采用 DEM 处理的颗粒材料流固耦合问题中使用起来较为方便。光滑流体动力学 (smooth particle dynamics, SPH) 在计算自由液面、表面张力等问题中具有比传统计算流体力学更为便捷的方法，在颗粒材料的流固耦合问题中被广泛采用。值得一提的是，有些粒子方法，如分子动力学 (molecular dynamics, MD)、耗散粒子动力学 (dissipative particle dynamics, DPD) 等，尽管有无网格粒子法的许多优点，但是其描述的尺度过于微观，计算量太大，在宏观尺度的颗粒流固耦合模拟中使用较少，一般只用于特定问题的求解。

SPH 是模拟流体流动的一种无网格自适应拉格朗日粒子法 (Monaghan, 1988; Koshizuka and Oka, 1996)。其采用积分表示法来近似场函数，并通过粒子近似来代表相关的物理量，进而将一系列偏微分方程转换为只与时间相关的常微分方程，利用时间积分即可得到各个粒子的场变量随时间的变化值。目前，SPH 在各领域已经有了较为完备的发展，在工程中逐渐被广泛采用并认可 (Yang et al., 2016; Sun et al., 2017; 周光正等, 2013; 刘汉涛等, 2013; 苏铁熊等, 2013; 王珏和邱流潮, 2013; 邱流潮, 2013; 张之凡等, 2016)。DEM-SPH 的耦合采用界面耦合的方式进行，即 DEM 颗粒和 SPH 粒子间的作用力满足牛顿第三定律。

6.2.1 SPH 的函数和粒子近似

对于在域 Ω 内已知并连续的函数 $f(\boldsymbol{x})$ 可定义为如下的积分形式:

$$f(\boldsymbol{x}) = \int_{\Omega} f(\boldsymbol{x}') \delta(\boldsymbol{x} - \boldsymbol{x}') \mathrm{d}x' \tag{6.24}$$

式中, $\delta(\boldsymbol{x} - \boldsymbol{x}')$ 为狄拉克函数, 即

$$\delta(\boldsymbol{x} - \boldsymbol{x}') = \begin{cases} 1, & \boldsymbol{x} = \boldsymbol{x}' \\ 0, & \boldsymbol{x} \neq \boldsymbol{x}' \end{cases} \tag{6.25}$$

在 SPH 中, 采用光滑函数来取代狄拉克函数, 故 $f(\boldsymbol{x})$ 可近似表示为

$$f(\boldsymbol{x}) \approx \int_{\Omega} f(\boldsymbol{x}') W(\boldsymbol{x} - \boldsymbol{x}', h) \mathrm{d}x' \tag{6.26}$$

式中, W 被称为光滑核函数 (smoothing kernel function)、光滑函数 (smoothing function), 或核函数 (kernel function); h 是定义光滑函数 W 的作用范围的光滑长度。

光滑函数的典型形式如图 6.4 所示, 其应满足如下几个条件。

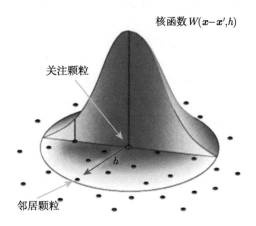

图 6.4   SPH 方法中的光滑函数

1) 正则化条件, 即在支持域内满足:

$$\int_{\Omega} W\left(\boldsymbol{x}-\boldsymbol{x}', h\right) \mathrm{d}x' = 1 \tag{6.27}$$

2) 紧支性条件, 即在支持域外为 0, 即

$$W\left(\boldsymbol{x}-\boldsymbol{x}', h\right) = 0, \quad \left|\boldsymbol{x}-\boldsymbol{x}'\right| > h \tag{6.28}$$

3) 当光滑长度趋向于 0 时, 光滑函数应该满足狄拉克函数条件, 即

$$\lim_{h \to 0} W\left(\boldsymbol{x}-\boldsymbol{x}', h\right) = \delta\left(\boldsymbol{x}-\boldsymbol{x}'\right) \tag{6.29}$$

6.2.2   Navier-Stokes 的 SPH 形式

流体动力学的基本控制方程是基于以下三条基本的物理守恒定律得到: 质量守恒、动量守恒和能量守恒。拉格朗日描述下的流体控制方程可以表示为一系列偏微分方程。这一系列偏微分方程是著名的 Navier-Stokes 方程, 其中包括了质量守恒方程、动量守恒方程和能量守恒方程。

若用希腊字母上标 α 和 β 表示坐标方向, 则可用指标法来表示方程的叠加, 并在运动的拉格朗日框架中引入对总时间的导数, 故 Navier-Stokes 方程包括以下一系列方程 (Liu and Liu, 2004)。

质量守恒方程为

$$\frac{\mathrm{d}\rho}{\mathrm{d}t} = -\rho \frac{\partial \boldsymbol{v}^{\beta}}{\partial \boldsymbol{x}^{\beta}} \tag{6.30}$$

动量守恒方程为

$$\frac{\mathrm{d}\boldsymbol{v}^{\beta}}{\mathrm{d}t} = \frac{1}{\rho}\frac{\partial\sigma^{\alpha\beta}}{\partial\boldsymbol{x}^{\beta}} \tag{6.31}$$

能量守恒方程为

$$\frac{\mathrm{d}e}{\mathrm{d}t} = \frac{\sigma^{\alpha\beta}}{\rho}\frac{\partial\boldsymbol{v}^{\alpha}}{\partial\boldsymbol{x}^{\beta}} \tag{6.32}$$

式中，$\boldsymbol{v}$ 为速度矢量；$\boldsymbol{x}$ 为位置矢量；σ 表示总应力张量，由各向同性压力 p 和粘性应力 τ 两部分组成，即

$$\sigma^{\alpha\beta} = -p\delta^{\alpha\beta} + \tau^{\alpha\beta} \tag{6.33}$$

式中，$\delta^{\alpha\beta}$ 为狄拉克函数。

在牛顿流体中，粘性剪应力与剪应变 ε 成比例，且比例系数为粘性系数 μ，即

$$\tau^{\alpha\beta} = \mu\varepsilon^{\alpha\beta} \tag{6.34}$$

这里，$\varepsilon^{\alpha\beta}$ 可表示为

$$\varepsilon^{\alpha\beta} = \frac{\partial\boldsymbol{v}^{\beta}}{\partial\boldsymbol{x}^{\alpha}} + \frac{\partial\boldsymbol{v}^{\alpha}}{\partial\boldsymbol{x}^{\beta}} - \frac{2}{3}\left(\boldsymbol{\nabla}\cdot\boldsymbol{v}\right)\delta^{\alpha\beta} \tag{6.35}$$

若将应力张量分解为各向同性压力与粘性应力，能量方程可以改写为

$$\frac{\mathrm{d}e}{\mathrm{d}t} = -\frac{p}{\rho}\frac{\partial\boldsymbol{v}^{\beta}}{\partial\boldsymbol{x}^{\beta}} + \frac{\mu}{2\rho}\varepsilon^{\alpha\beta}\varepsilon^{\alpha\beta} \tag{6.36}$$

根据 SPH 的函数和粒子近似方法，可以将拉格朗日型的 Navier-Stokes 方程，即密度、动量和能量方程转化为 SPH 的粒子形式。

(1) 密度方程的粒子近似法

由于粒子的分配与光滑长度的变化主要依赖于密度，故在 SPH 法中密度近似法非常重要。SPH 法中有两种方法对密度进行展开。第一种是对密度直接应用 SPH 近似法，称为密度求和法。对于任一粒子 i，应用密度求和法，其密度主要有以下两种形式：

$$\rho_i = \sum_{j=1}^{N} m_j W_{ij} \tag{6.37}$$

$$\rho_i = \frac{\displaystyle\sum_{j=1}^{N} m_j W_{ij}}{\displaystyle\sum_{j=1}^{N} \frac{m_j}{\rho_j} W_{ij}} \tag{6.38}$$

式中，m 代表粒子质量。另一种方法是通过对连续性方程进行 SPH 近似转换得到，称为连续密度法，主要有以下两种形式：

$$\frac{\mathrm{d}\rho_i}{\mathrm{d}t} = \rho_i \sum_{j=1}^{N} \frac{m_j}{\rho_j} \boldsymbol{v}_{ij}^{\beta} \frac{\partial W_{ij}}{\partial \boldsymbol{x}_i^{\beta}} \tag{6.39}$$

$$\frac{\mathrm{d}\rho_i}{\mathrm{d}t} = \sum_{j=1}^{N} m_j \boldsymbol{v}_{ij}^{\beta} \cdot \frac{\partial W_{ij}}{\partial \boldsymbol{x}_{ij}^{\beta}} \tag{6.40}$$

(2) 动量方程的粒子近似法

通过微分变换可以导出微分形式的动量方程近似式。常用的 SPH 法求解 Navier-Stokes 的动量方程有两种形式，即

$$\frac{\mathrm{d}\boldsymbol{v}_i^{\alpha}}{\mathrm{d}t} = \sum_{j=1}^{N} m_j \frac{\sigma_i^{\alpha\beta} + \sigma_j^{\alpha\beta}}{\rho_i \rho_j} \frac{\partial W_{ij}}{\partial \boldsymbol{x}_{ij}^{\beta}} \tag{6.41a}$$

$$\frac{\mathrm{d}\boldsymbol{v}_i^{\alpha}}{\mathrm{d}t} = \sum_{j=1}^{N} m_j \left(\frac{\sigma_i^{\alpha\beta}}{\rho_i^2} + \frac{\sigma_j^{\alpha\beta}}{\rho_j^2} \right) \frac{\partial W_{ij}}{\partial \boldsymbol{x}_{ij}^{\beta}} \tag{6.41b}$$

由式 (6.33) 和 (6.34)，动量方程可分别写为

$$\frac{\mathrm{d}\boldsymbol{v}_i^{\alpha}}{\mathrm{d}t} = -\sum_{j=1}^{N} m_j \frac{p_i + p_j}{\rho_i \rho_j} \frac{\partial W_{ij}}{\partial \boldsymbol{x}_{ij}^{\alpha}} + \sum_{j=1}^{N} m_j \frac{\mu_i \varepsilon_i^{\alpha\beta} + \mu_j \varepsilon_j^{\alpha\beta}}{\rho_i \rho_j} \frac{\partial W_{ij}}{\partial \boldsymbol{x}_{ij}^{\beta}} \tag{6.42a}$$

$$\frac{\mathrm{d}\boldsymbol{v}_i^{\alpha}}{\mathrm{d}t} = -\sum_{j=1}^{N} m_j \left(\frac{p_i}{\rho_i^2} + \frac{p_j}{\rho_j^2} \right) \frac{\partial W_{ij}}{\partial \boldsymbol{x}_{ij}^{\alpha}} + \sum_{j=1}^{N} m_j \left(\frac{\mu_i \varepsilon_i^{\alpha\beta}}{\rho_i^2} + \frac{\mu_j \varepsilon_j^{\alpha\beta}}{\rho_j^2} \right) \frac{\partial W_{ij}}{\partial \boldsymbol{x}_{ij}^{\beta}} \tag{6.42b}$$

剪应变 ε 采用 SPH 粒子表示法为

$$\varepsilon_i^{\alpha\beta} = \sum_{j=1}^{N} \frac{m_j}{\rho_j} \boldsymbol{v}_{ji}^{\beta} \frac{\partial W_{ij}}{\partial \boldsymbol{x}_i^{\alpha}} + \sum_{j=1}^{N} \frac{m_j}{\rho_j} \boldsymbol{v}_{ji}^{\alpha} \frac{\partial W_{ij}}{\partial \boldsymbol{x}_i^{\beta}} - \left(\frac{2}{3} \sum_{j=1}^{N} \frac{m_j}{\rho_j} \boldsymbol{v}_{ji} \cdot \nabla_i W_{ij} \right) \delta^{\alpha\beta} \tag{6.43}$$

(3) 能量方程的粒子近似法

能量方程的两种主要形式为

$$\frac{\mathrm{d}e_i}{\mathrm{d}t} = \frac{1}{2} \sum_{j=1}^{N} \left[m_j \frac{p_i + p_j}{\rho_i \rho_j} \boldsymbol{v}_{ij}^{\beta} \frac{\partial W_{ij}}{\partial \boldsymbol{x}_i^{\beta}} + \frac{\mu_i}{2\rho_i} \varepsilon_i^{\alpha\beta} \varepsilon_j^{\alpha\beta} \right] \tag{6.44a}$$

$$\frac{\mathrm{d}e_i}{\mathrm{d}t} = \frac{1}{2} \sum_{j=1}^{N} \left[m_j \left(\frac{p_i}{\rho_i^2} + \frac{p_j}{\rho_j^2} \right) \boldsymbol{v}_{ij}^{\beta} \frac{\partial W_{ij}}{\partial \boldsymbol{x}_i^{\beta}} + \frac{\mu_i}{2\rho_i} \varepsilon_i^{\alpha\beta} \varepsilon_j^{\alpha\beta} \right] \tag{6.44b}$$

(4) 人工粘度

SPH 处理耗散问题时，引入人工粘度可以显著提高计算的稳定性。人工粘度可将动能转换为热能，提供了系统必不可少的耗散，而且可防止粒子相互接近时的非物理穿透。人工粘度的具体表达式如下：

$$\Pi_{ij} = \begin{cases} \dfrac{-\alpha_\Pi \bar{c}_{ij} \phi_{ij} + \beta_\Pi \phi_{ij}^2}{\bar{\rho}_{ij}}, & \boldsymbol{v}_{ij} \cdot \boldsymbol{x}_{ij} < 0 \\ 0, & \boldsymbol{v}_{ij} \cdot \boldsymbol{x}_{ij} \geqslant 0 \end{cases} \tag{6.45}$$

这里，ϕ_{ij} 可表示为

$$\phi_{ij} = \frac{h_{ij} \boldsymbol{v}_{ij} \cdot \boldsymbol{x}_{ij}}{\left| \boldsymbol{x}_{ij} \right|^2 + \varphi^2} \tag{6.46}$$

这里，$\varphi = 0.1 h_{ij}$。引入人工粘度后，动量和能量方程可以修正为

$$\frac{\mathrm{d}\boldsymbol{v}_i^\alpha}{\mathrm{d}t} = \sum_{j=0}^{N} m_j \left(\frac{\sigma_i^{\alpha\beta} + \sigma_j^{\alpha\beta}}{\rho_i \rho_j} - \Pi_{ij} \right) \frac{\partial W_{ij}}{\partial \boldsymbol{x}_{ij}^\beta} \tag{6.47}$$

$$\frac{\mathrm{d}e_i}{\mathrm{d}t} = \frac{1}{2} \sum_{j=1}^{N} \left[m_j \left(\frac{p_i + p_j}{\rho_i \rho_j} - \Pi_{ij} \right) \boldsymbol{v}_{ij}^\beta \frac{\partial W_{ij}}{\partial \boldsymbol{x}_i^\beta} + \frac{\mu_i}{2\rho_i} \varepsilon_i^{\alpha\beta} \varepsilon_j^{\alpha\beta} \right] \tag{6.48}$$

6.2.3 不可压缩流体的 PCISPH 方法

对于不可压缩流体的 SPH 模拟，由密度求得压力的方式一般是通过以下刚度状态方程 (Sun et al., 2013; Robinson et al., 2014)：

$$p_i = \frac{k\rho_0}{\gamma} \left(\left(\frac{\rho_i}{\rho_0} \right)^\gamma - 1 \right) \tag{6.49}$$

式中，ρ_0 是参考密度，即所模拟流体的密度；ρ_i 为粒子的密度；γ 通常取为 7；k 称为刚度系数，用于限制密度的最大改变量，它的选取需要根据具体问题而定。

为保证密度在较小的范围内波动，时间步长需要取得足够小，从而降低了计算效率。可采用不可压缩流体的预报–校正 SPH 方法，即 Predictive-Corrective Incompressible SPH (PCISPH)(Solenthaler and Pajarola, 2009)。该方法允许较大的时间积分步长，在并行环境下具有很高的计算效率，非常适合对于精度要求不十分严格的唯象化模拟。

对于固定光滑长度 h 的 SPH 密度求和方程，粒子 i 在 $t + \Delta t$ 时刻的密度方程可做如下处理：

$$\rho_i \left(t + \Delta t \right) = m \sum_j W \left(\boldsymbol{x}_i \left(t + \Delta t \right) - \boldsymbol{x}_j \left(t + \Delta t \right) \right)$$

$$= m \sum_j W \left(\boldsymbol{x}_i \left(t \right) + \Delta \boldsymbol{x}_i \left(t \right) - \boldsymbol{x}_j \left(t \right) - \Delta \boldsymbol{x}_j \left(t \right) \right)$$

$$= m \sum_j W \left(\boldsymbol{d}_{ij} \left(t \right) + \Delta \boldsymbol{d}_{ij} \left(t \right) \right) \tag{6.50}$$

对 $W \left(\boldsymbol{d}_{ij} \left(t \right) + \Delta \boldsymbol{d}_{ij} \left(t \right) \right)$ 进行一阶 Taylor 展开, 可得

$$\rho_i \left(t + \Delta t \right) = m \sum_j W \left(\boldsymbol{d}_{ij} \left(t \right) \right) + \nabla W \left(\boldsymbol{d}_{ij} \left(t \right) \right) \cdot \Delta \boldsymbol{d}_{ij} \left(t \right)$$

$$= \rho_i \left(t \right) + \Delta \rho_i \left(t \right) \tag{6.51}$$

式中第二项, 即密度变化量可表示为

$$\Delta \rho_i \left(t \right) = m \sum_j \nabla W_{ij} \cdot \left(\Delta \boldsymbol{x}_i \left(t \right) - \Delta \boldsymbol{x}_j \left(t \right) \right)$$

$$= m \left(\Delta \boldsymbol{x}_i \left(t \right) \sum_j \nabla W_{ij} - \sum_j \nabla W_{ij} \Delta \boldsymbol{x}_j \left(t \right) \right) \tag{6.52}$$

式中, $\Delta \boldsymbol{x}_i = \Delta t^2 \boldsymbol{F}_i^p / m$, 其中 $\boldsymbol{F}_i^p$ 可表示为

$$\boldsymbol{F}_i^p = -m^2 \sum_j \left(\frac{\tilde{p}_i}{\rho_0^2} + \frac{\tilde{p}_i}{\rho_0^2} \right) \nabla W_{ij} = -m^2 \frac{2 \tilde{p}_i}{\rho_0^2} \sum_j \nabla W_{ij} \tag{6.53}$$

位移增量 $\Delta \boldsymbol{x}_i$ 可表示为

$$\Delta \boldsymbol{x}_i = -\Delta t^2 m \frac{2 \tilde{p}_i}{\rho_0^2} \sum_j \nabla W_{ij} \tag{6.54}$$

将上式代入式 (6.52), $\Delta \rho_i \left(t \right)$ 可表示为

$$\Delta \rho_i \left(t \right) = -\Delta t^2 m^2 \frac{2 \tilde{p}_i}{\rho_0^2} \left(\sum_j \nabla W_{ij} \cdot \sum_j \nabla W_{ij} + \sum_j \left(\nabla W_{ij} \cdot \nabla W_{ij} \right) \right) \tag{6.55}$$

从而可以导出 $\tilde{p}_i$ 的表达式为

$$\tilde{p}_i = \frac{\Delta \rho_i \left(t \right)}{-\Delta t^2 m^2 \dfrac{2}{\rho_0^2} \left(\sum_j \nabla W_{ij} \cdot \sum_j \nabla W_{ij} + \sum_j \left(\nabla W_{ij} \cdot \nabla W_{ij} \right) \right)} \tag{6.56}$$

假设不可压缩流体的密度为 ρ_0, 那么 $\Delta \rho_i^* \left(t \right) = \rho_i^{*\mathrm{err}} \left(t + \Delta t \right) = \rho_i^* \left(t + \Delta t \right) - \rho_0$, 可得

$$\tilde{p}_i \left(t \right) = \delta \rho_i^{*\mathrm{err}} \left(t + \Delta t \right) \tag{6.57}$$

式中，δ 可表示为

$$\delta = \cfrac{1}{\Delta t^2 m^2 \cfrac{2}{\rho_0^2}\left(\displaystyle\sum_j \nabla W_{ij} \cdot \displaystyle\sum_j \nabla W_{ij} + \displaystyle\sum_j \left(\nabla W_{ij} \cdot \nabla W_{ij}\right)\right)} \tag{6.58}$$

压力 p_i 的计算式为

$$p_i\left(t\right) + = \tilde{p}_i\left(t\right) \tag{6.59}$$

由上述方程确定 PCISPH 的数值算法，进而求解 SPH-DEM 耦合问题。这里需要指出的是，式 (6.36) 并不需要在每一步中针对每个粒子进行计算。通常只是在初始化的时候，选取邻居最多的粒子计算一次 δ。之后的每一步对每个粒子都采用同一个 δ 值。该方法允许较大的时间步长且收敛性较好，在 GPU 并行环境中占用内存小，具有很高的计算效率。如图 6.5 所示，采用大规模的 PCISPH 算法实现了波浪对固体障碍物的拍打作用，产生了很有视觉冲击力的效果。

(a) 波浪对圆桩的冲击作用(Solenthaler and Pajarla, 2009)

(b) 采用PCISPH模拟波浪对动物的冲击作用(Ihmsen et al., 2011)

图 6.5　采用 PCISPH 模拟流体对结构物的冲击作用

6.2.4　DEM-SPH 耦合模型

拉格朗日描述的 SPH 方法不需要处理复杂的自由表面和移动固体边界问题，对于移动边界和自由表面流动的模拟更为有效。针对不同的实际问题和物理模型，DEM-SPH 的耦合通常也会采用不同的方式进行。

　　综合来说，DEM-SPH 一般有两大类方法实现二者的耦合。一是直接数值模拟 (DNS)，另一类是局部平均技术 (Anderson and Jackson, 1967)。在 DNS 方法中，作用在固体颗粒上的水动力是通过直接求解 Navier-Stokes 方程来求解计算得到。这种方法的显著缺点是需要极其精细的粒子 (SPH 或 MPS 粒子) 分辨率，以精确再现流体流动 (Potapov et al., 2001; Gotoh et al., 2006)。因此 DNS 的方法难以应用于大规模的颗粒系统，而且该方法中的水动力通常由经验模型直接计算得到。

　　在大气科学、过程工程中出现比较多的固液、气固等多相流问题中，通常采用介观尺度的模型，即在 DEM 粒子和 SPH 粒子的相互作用中不细化单个粒子之间的相互作用，只考虑流体对固体粒子的局部平均方法 (Robinson et al., 2014; Deng et al., 2013; Bokkers, 2005)，如图 6.6 所示。这里同时会引入固体所占空间体积，即流体孔隙率对流体的影响来考虑固体和流体的相互作用 (Sun et al., 2013)。Anderson 和 Jackson 在局部平均方法中，定义了一个与 SPH 中类似的光滑算子，并且用该算子来计算光滑变量和局部孔隙率场 (Anderson and Jackson, 1967)。

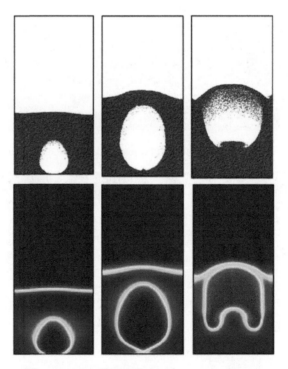

图 6.6　SPH 模拟流化床 (Deen et al., 2007)

　　对于颗粒–流体耦合问题的数值模拟，根据问题所关注的尺度差异决定了需要采用不同的耦合计算方法。对于尺度非常小的问题，很容易以直接数值模拟的方式进行固体粒子与流体粒子之间的完全求解 (resolved)；然而对于很多实际问题，所关注的动力学行为发生在比粒径大的尺度上。在此情况下，用于完全求解颗粒空隙尺度间力学问题的计算量是十分巨大，因此需要采用不完全求解的方式 (unresolved)或者中尺度流体对此类问题进行求解；对于关注宏观尺度的问题，继续采用 DEM来模拟颗粒–流体耦合问题中散体的行为是非常困难和不易实现的，应该将离散的颗粒系统当作连续系统来处理，从而采用双流体模型进行模拟。鉴于局部平均方法的理论基础是核插值积分，因此使用 SPH 的方法来求解局部平均化以后的 N-S 方程 (AVNS) 具有很大的优势。

基于局部平均方法的耦合的 SPH-DEM 计算模型是适合大中尺度问题的耦合方法。该模型从物理上可以弱分解为较大尺度规模上的流体的运动和较小尺度上颗粒和间质液的运动，但是它们之间的分解又不能像直接数值模拟那样完全解耦分离求解。在该方法中，较大尺度的流体运动采用 SPH 模拟，小尺度的颗粒运动使用 DEM 进行模拟，间隙液对颗粒的影响采用参数化的阻力模型进行求解。因此，该方法需要满足以下假设：固液两相之间的尺度是相近的，但是仍然可以相互分离，一般流体的分辨率需要至少是固体颗粒粒径的两倍；相间的耦合 (间隙液对固体颗粒的影响) 需要通过使用孔隙率和流体相关变量的局部值进行充分地描述。基于局部平均方法的耦合的 SPH-DEM 计算模型，继承了这两种无网格拉格朗日粒子方法的优点，尤其适用于包含自由表面的固液流动，比如搅拌混合类问题。

在局部平均方法中，首先定义一个光滑函数 $g(r)$，该函数的取值大于 0，并且随着 r 的增大，函数 $g(r)$ 单调递减。该函数在理论上存在任意 n 阶导数 $g^n(r)$，并且满足归一化条件 $\int g(r)\mathrm{d}V = 1$。

在流体域上定义的任何场变量 a' 都可以通过光滑函数的卷积公式获得它的局部平均值，即

$$\epsilon(x) a(x) = \int_{v_f} a'(y) g(x-y) \,\mathrm{d}V_y \tag{6.60}$$

式中，x 和 y 是位置坐标，积分遍历间隙液的体积 v_f，并且 $\epsilon(x)$ 是局部空隙率。

v_s 是固体颗粒的体积，可表示为

$$\epsilon(x) = 1 - \int_{v_s} g(x-y) \,\mathrm{d}V_y \tag{6.61}$$

以类似的方式，在固体域上定义的任何场量 $a'(x)$ 的局部平均值由下式给出：

$$[1 - \epsilon(x)] a(x) = \int_{v_s} a'(y) g(x-y) \,\mathrm{d}V_y \tag{6.62}$$

Anderson 和 Jackson (1967) 应用平均化的方法到 N-S 方程 (AVNS)，根据局

部平均变量得到了不可压缩流体连续性方程, 即

$$\frac{\partial (\epsilon \rho_f)}{\partial t} + \nabla \cdot (\epsilon \rho_f \boldsymbol{u}) = 0 \tag{6.63}$$

式中, ρ_f 是流体的密度; $\boldsymbol{u}$ 是流体的速度。相应的动量方程为

$$\epsilon \rho_f \left(\frac{\partial \boldsymbol{u}}{\partial t} + \boldsymbol{u} \cdot \nabla \boldsymbol{u} \right) = -\nabla P + \nabla \cdot \boldsymbol{\tau} - n\boldsymbol{f} + \epsilon \rho_f \boldsymbol{g} \tag{6.64}$$

式中, P 是流体压力; $\boldsymbol{\tau}$ 是粘性应力张量; $n\boldsymbol{f}$ 是流体–颗粒耦合项。假设流体为不可压缩的牛顿流体, 其中粘性应力张量的分量由下式给出 $\tau_{ij} = \mu \left(\partial u_i / \partial x_j + \partial u_j / \partial x_i \right)$, 这里不考虑湍流问题。

　　SPH 采用与 AVNS 方程类似的局部平均方法, 因此自然地采用 SPH 中的光滑函数 $W(r, h)$ 来代替局部平均方法中的光滑函数 $g(r)$ 来进行核插值积分。为计算在某个 SPH/DEM 粒子为中心的某点处的孔隙率, 积分方程 (6.61) 可以转化为遍历核插值半径内 DEM 颗粒的求和, 即

$$\epsilon_a = 1 - \sum_j W_{aj}(h_c) V_j \tag{6.65}$$

式中, V_j 是固体粒子 j 的体积; $W_{aj}(h_c) = W(\boldsymbol{r}_a - \boldsymbol{r}_j, h_c)$, 其中 h_c 是耦合光滑长度, 一般设置耦合光滑长度等于 SPH 的光滑长度。耦合光滑长度越长, 孔隙率场越光滑。如果耦合光滑长度取得足够小, 可以捕捉到一些孔隙率的局部重要细节。

　　根据局部平均技术推导了 N-S 方程中的连续性方程和动量方程, 即式 (6.63) 和 (6.64)。在将这两个方程转换为 SPH 方程之前, 需要定义一个表面密度, 即 $\rho = \varepsilon \rho_f$。将表面密度代入平均化的连续性方程和动量方程当中, 得到正常形式的 N-S 方程。表面密度的变化率由连续方程计算给出, 连续方程的 SPH 离散形式可表示为

$$\frac{D\rho_a}{Dt} = \frac{1}{\Omega_a} \sum_b m_b \boldsymbol{u}_{ab} \cdot \nabla_a W_{ab}(h_a) \tag{6.66}$$

式中, $\boldsymbol{u}_{ab} = \boldsymbol{u}_a - \boldsymbol{u}_b$, 下标 a 和 b 分别代表 SPH 粒子 a 及其邻居粒子 b。为方便阅读后边的下标都按照此约定表示。

　　在上式中, Ω_a 可表示为

$$\Omega_a = 1 - \frac{\partial h_a}{\partial \rho_a} \sum_b m_b \frac{\partial W_{ab}(h_a)}{\partial h_a} \tag{6.67}$$

对于动量方程, 暂时忽略重力加速度, 将其离散为 SPH 计算形式为

$$\frac{\mathrm{d}u_a}{\mathrm{d}t} = - \sum_b m_b \left[\left(\frac{P_a}{\Omega_a \rho_a^2} + \Pi_{ab} \right) \nabla_a W_{ab}(h_a) \right]$$

$$+ \left(\frac{P_b}{\Omega_b \rho_b^2} + \Pi_{ab} \right) \nabla_a W_{ab} \left(h_b \right) \Bigg] + \boldsymbol{f}_a / m_a \tag{6.68}$$

式中, $\boldsymbol{f}_a$ 是耦合力项, 是 DEM 颗粒对液相 SPH 点的反作用力, 粘性项 Π_{ab} 是粘性应力张量的散度 (Monaghan, 1997)。对于上式中的压力梯度中的压强项, 压强的计算在 SPH 中是显式地采用 Tait 方程进行计算的, 即

$$P_a = B \left(\left(\frac{\rho_a}{\epsilon_a \rho_0} \right)^\gamma - 1 \right) \tag{6.69}$$

关于 Tait 状态方程中的相关的计算参数的选取可以参考 Monaghan 的工作 (Monaghan and Huppert, 2005)。在采用 SPH 对局部平均 N-S 方程进行求解时, 表面密度和局部孔隙率密切相关。因此为满足计算的精度, 需要及时更新光滑长度 h_a 以使得周围邻居有足够的粒子数目。光滑长度的更新可以通过以下公式进行, 即

$$h_a = \sigma \left(\frac{m_a}{\rho_a} \right)^{1/d} \tag{6.70}$$

式中, d 是问题的维度 (d=1, 2, 3); σ 决定了核插值积分的分辨率, 一般来说其值越大, 精度越高, 一般取值为 1.3.

在基于局部平均的 SPH-DEM 的耦合计算模型中, DEM(无特殊说明, 默认为球形颗粒) 的求解相对简单, 只需要在正常的 DEM 控制方程的右侧添加一项固-液耦合作用力 $\boldsymbol{f}_i$ 即可, 关键在于该耦合作用力计算的准确性。根据 Anderson 和 Jackson 局部平均的推导 (Anderson and Jackson, 1967), 每个颗粒受到的耦合作用力 $\boldsymbol{f}_i$ 可表示为

$$\boldsymbol{f}_i = V_i \left(-\nabla P + \nabla \cdot \tau \right)_i + \boldsymbol{f}_d \left(\epsilon_i, \boldsymbol{u}_s \right) \tag{6.71}$$

该式中的前两项分别模拟流体 (浮力和剪应力) 对颗粒的作用力, 对于静水平衡的流体, 压力梯度变为作用在颗粒上的浮力; 考虑剪应力散度是为了保证悬浮颗粒的运动可以沿着流线。

$\boldsymbol{f}_d$ 是由局部孔隙率和表观流速 $\boldsymbol{u}_s = \epsilon_i \left(\boldsymbol{u}_f - \boldsymbol{u}_i \right)$ 决定的 (Van der Hoef et al., 2005), 其中不同阻力模型中的参数, 需要实验进行确定。对于不同的雷诺数, 需要选取不同的模型, 具体的阻力模型可在 CFD-DEM 耦合的大量研究中选取。

Robinson 等采用 SPH 的局部平均格式成功模拟了颗粒与液体的双向耦合作用, 并与标准试验做了对比。对比显示在较大范围的雷诺数波动情况下, 模拟的误差能够保持在 1% 以下。可以说局部平均的 SPH 与 DEM 耦合方法获得了显著的成功, 如图 6.7 所示 (Robinson et al., 2014)。

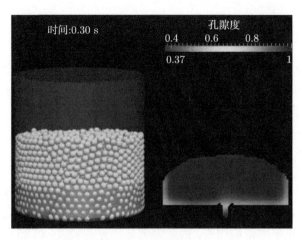

图 6.7   采用局部平均的颗粒材料流固耦合 (Robinson et al., 2014)

在颗粒材料的流固耦合问题数值分析中，局部平均方法被大量采用。这是由于大多数情况下固体粒子较小，且大多采用球体颗粒计算。但是对于形状复杂且体型较大的散体单元，特别是 SPH 与块体单元的耦合中，局部平均并不能很好地适用。这时需要细化考虑每个 SPH 粒子和固体粒子之间的作用，直接计算流体和固体之间的作用力，可以参考 SPH 流固耦合的相关细化计算 (Marrone et al., 2012)。在其他领域，如海洋工程中可以看到较多的应用实例，如图 6.8 所示。

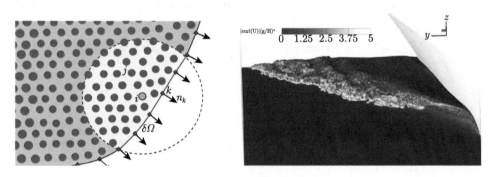

图 6.8   采用直接法计算流体和固体之间的作用力 (Marrone et al., 2012)

6.3   颗粒材料与流体耦合的 DEM-LBM 方法

格子 Boltzmann 法 (lattice Boltzmann method) 源自于格子气自动机，是 20 世纪 80 年代中期发展起来的一种计算流体力学的方法，简称 LBM(McNamara and Zanetti, 1988)。相比于求解非线性偏微分方程组的传统 CFD 方法，LBM 基于线性方程组进行数值模拟，其从形式上就对建模过程做了根本性的简化。目前 LBM 已成为一种非常重要的数值模拟方法。本节力求以 LBM 自身的特性出发，阐明 DEM-LBM 方法耦合过程中的独特处理方式及其在颗粒–流体系统中的成功应用。

6.3.1 格子 Boltzmann 法

传统 LBM 模拟中将计算区域离散成一系列的格子，计算时间离散成一系列的时间步，流体密度分布函数 (fluid density distribution function) 在格点上进行计算，并按照指定的格线运动，亦即进行碰撞和迁移。LBM 的时、空离散具有高度的关联性，在每一时步的迭代过程中，流场内部的流体密度分布函数只允许从当前格点迁移到与其相邻的格点或不迁移，而处于固体边界格点上的流体密度分布函数只需做直观的 "反弹" 处理即可。因此，从算法层面来说，LBM 计算具备很强的 "局部性"，能够方便地识别格点上的不同相并对相间的作用进行直接描述，非常适合处理多相流流动以及复杂几何边界问题，且被认为具有天生的并行性。从理论层面，LB 方程又可看作是简化的 Boltzmann 方程 (BGK) 的一个特殊离散格式 (He and Luo, 1997)。

LBM 和 DEM 自身特性的相似性，使得两者的耦合取得了巨大的成功。第一，两者控制方程的离散均采用显示差分格式，DEM-LBM 耦合算法便于处理动态流固耦合问题；第二，两者的计算及相互作用均具有较高的 "局部性"，便于通过分裂计算区域的方式对耦合算法实施并行加速运算；第三，LBM 可对 DEM 处理复杂颗粒材料 (尤其是非规则颗粒形态) 时产生的重要信息 (速度、力、转矩和热流等) 予以全部吸收并对颗粒–流体间的相互作用进行精确反馈，使得耦合模型中两者各自的优势得到最大程度的保留。因此，DEM-LBM 方法常被用来开展复杂多物理场、多相流和多尺度问题的相关机制研究。同时也必须指出，无论是 DEM-LBM 耦合方法还是各自方法本身，目前还都受到计算量上的严重制约而难以实现工程尺度的实时模拟。图形处理器 (GPU) 等并行加速技术在工程计算中的成功应用为提高 DEM-LBM 的计算效率和计算规模提供了有效的途径 (Xu et al., 2012)。

如前所述，LBM 通过对格点的判断来识别其他相的存在。换言之，流场中对颗粒物理形状的数值描述往往由若干个格子组合而成，如图 6.9 所示。图 6.9 中平滑的曲线为颗粒真实物理边界，锯齿形阴影格子为无滑移反弹数值边界，曲线上的点为颗粒的数值边界。这样，通过对代表颗粒格点施加无滑移反弹或其他高阶精度边界条件，则能够大致得到颗粒周边的流型和流体压力分布等信息。不难发现，采用格点对固体颗粒在流场中的粗略描述会带来若干问题。首先，对颗粒的锯齿状描述与其本身平滑的物理形状可能存在较大误差，从而必然影响计算的精度；另外，当固体颗粒在流场中移动时，代表颗粒格点将随之更新。颗粒移动前后数值边界形态的差异也会产生额外误差。当然，这些差异有可能通过加密流体网格得到改善，但同时也增加了计算量。

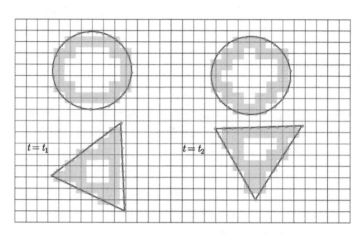

图 6.9　固体颗粒在 LBM 流场中的描述

Ladd 对传统非滑移反弹边界进行了修正，将颗粒物理边界与格线的交点强制安排在代表颗粒格点与其相邻流体格点的中点上，并在该中点上考虑了固体颗粒的平动与转动对流体格点上密度分布函数的影响 (Ladd, 1994a, 1994b)。通过边界附近流体密度分布函数的动量交换来计算流固耦合力和转矩等信息。该修正方法旨在对颗粒数值边界边缘的锯齿进行适当 "抛光"，缩小与真实物理边界间的差异。Ladd 采用这一方法成功模拟了颗粒悬浮等几个典型算例，这也是 LBM 在流体–颗粒系统最早的应用。Ladd 修正模型的不足之处是颗粒数值边界形状虽然得到改善，但边缘仍然带有锯齿。更大的缺陷是，当固体颗粒以较大的速度在格子间移动时，采用此方法计算的流固耦合力带有明显的数值不稳定性。后来，这些问题随着各种高精度边界方法的引入而逐渐得到解决，如浸没移动边界 (IMB)(Noble and Torczynski, 1998) 和浸没边界法 (IBM)(Peskin, 1997) 等。IMB 可视为对 Ladd 模型的进一步修正，其在流固耦合力的计算过程中引入权重的概念，进一步明确相关格点控制体内固体颗粒所覆盖区域与自由流体区域的贡献。这样的处理可确保当固体颗粒快速地跨越不同的格点时，仍然得到光滑过渡的流固耦合力和力矩。Han 等对 IMB 与 Ladd 的修正模型做了较为明确的比较和叙述 (Han et al., 2007)。Cook 等基于 IMB 首次构建了 DEM-LBM 耦合模型，并通过数值模拟研究了流体腐蚀问题 (Cook et al., 2004)。随后，英国 Swansea 大学对 DEM-LBM 耦合模型框架的构建以及若干计算细节的探讨，非常有利于初学者理解和掌握 (Feng et al., 2007; Owen et al., 2011)。

几乎在同一时间，美国 Tulane 大学的 Feng 和 Michaelides 基于 IBM 实现了 DEM 和 LBM 耦合，并研究了大体系固体颗粒在流体中的沉降过程 (Feng and

Michaelides, 2004)。与 IMB 通过求得颗粒物理边界与格线的交点来确定代表颗粒格点位置的方式不同, IBM 采用两套独立网格分别储存拉格朗日坐标下的颗粒信息和欧拉坐标下的流场信息, 两套网格之间的信息通过数值插值完成传递。IBM 中的拉格朗日点一经生成, 在计算过程中只需根据颗粒的位置和偏转角度进行更新即可。因此与 IMB 相比, IBM 不但对颗粒数值边界进行了更加精确的描述, 且在计算程序的实施过程中无需过多关注颗粒与格线交点的具体位置, 比 IMB 简易得多。与前人基于直接数值模拟求解流固耦合问题相比 (Hu et al., 2001), IBM 的引入则省去了极其耗费计算时长的贴体网格的生成, 显著提高了计算效率。因此, 以下重点介绍基于 IBM 的 DEM-LBM 方法。

　　目前已有若干关于 LBM 的综述 (Chen and Doolen, 1998) 和专著 (Wolf-Gladrow, 2004; Succi, 2001; 郭照立和郑楚光, 2009; 何雅玲等, 2009)。下面从较为常见的单松弛格子 BGK 模型 (Qian et al., 1992) 以及双分布函数模型 (He et al., 1998) 为起点展开叙述。这里所选取的是 D3Q15 模型, 其速度分布示意如图 6.10 所示, LBM 双分布函数模型的控制方程可表示为

$$\begin{cases} f_\alpha \left(\boldsymbol{r} + \boldsymbol{e}_\alpha \delta_t, t + \delta_t \right) = f_\alpha \left(\boldsymbol{r}, t \right) - \dfrac{f_\alpha \left(\boldsymbol{r}, t \right) - f_\alpha^{\mathrm{eq}} \left(\boldsymbol{r}, t \right)}{\tau_f} + F_\alpha \left(\boldsymbol{r}, t \right) \delta_t \\[3mm] g_\alpha \left(\boldsymbol{r} + \boldsymbol{e}_\alpha \delta_t, t + \delta_t \right) = g_\alpha \left(\boldsymbol{r}, t \right) - \dfrac{g_\alpha \left(\boldsymbol{r}, t \right) - g_\alpha^{\mathrm{eq}} \left(\boldsymbol{r}, t \right)}{\tau_g} + G_\alpha \left(\boldsymbol{r}, t \right) \delta_t \end{cases} \quad (6.72)$$

式中, $f_\alpha \left(\boldsymbol{r}, t \right)$ 和 $g_\alpha \left(\boldsymbol{r}, t \right)$ 分别为密度和内能分布函数 (internal energy distribution function), $\alpha = 0 \sim 14$(参见图 6.10); $\boldsymbol{r}$ 和 t 分别代表空间位置和时间; δ_t 为时间步长。

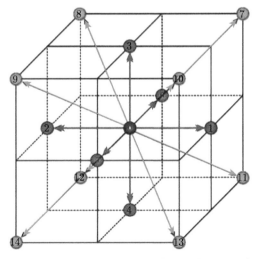

图 6.10　LBM 方法中 D3Q15 模型速度分布示意图

在 D3Q15 模型中, 流体速度 e_α 定义为

$$
e_\alpha = \begin{cases}
(0,0,0), & \alpha = 0 \\
(\pm c, 0, 0), (0, \pm c, 0), (0, 0, \pm c), & \alpha = 1 \sim 6 \\
(\pm c, \pm c, \pm c), & \alpha = 7 \sim 14
\end{cases}
\tag{6.73}
$$

式中, c 为格子速度。

另外, 式 (6.72) 中的上标 eq 代表平衡态分布函数, 即

$$
\begin{cases}
f_\alpha(r, t) = \rho \omega_a \left[1 + 3(e_\alpha \cdot u) + \dfrac{9}{2}(e_\alpha \cdot u)^2 - \dfrac{3}{2}|u|^2 \right] \\
g_\alpha(r, t) = T \omega_a \left[1 + 3(e_\alpha \cdot u) + \dfrac{9}{2}(e_\alpha \cdot u)^2 - \dfrac{3}{2}|u|^2 \right]
\end{cases}
\tag{6.74}
$$

式中, $\omega_0 = 2/9$, $\omega_{1 \sim 6} = 1/9$, $\omega_{7 \sim 14} = 1/72$; $\rho = \sum\limits_{\alpha=0}^{14} f_\alpha$, $u = \left[\sum\limits_{\alpha=0}^{14} f_\alpha e_\alpha + \dfrac{1}{2}(F_B + F_e)\delta_t \right] \bigg/ \rho$ 和 $T = \sum\limits_{\alpha=0}^{14} g_\alpha e_\alpha + \dfrac{1}{2} Q_B \delta_t$ 分别代表流体宏观密度、速度和温度。这里的若干源项 $F_e(r, t)$、$F_B(r, t)$、$F_\alpha(r, t)$、$Q_B(r, t)$ 和 $G_\alpha(r, t)$ 均来自于固体颗粒对流体的影响。显然当流场中无固体颗粒存在时, 这些项应为 0。其中浮升力 $F_e(r, t) = \dfrac{Gr}{\mathrm{Re}^2} \left(\dfrac{u_c}{c} \right) T$, u_c 为特征速度, 其他源项的具体形式将在下一小节进行介绍。

无量纲松弛因子 τ_f 和 τ_g 可分别定义为

$$
\begin{cases}
\tau_f = \dfrac{L_c u_c}{\mathrm{Re} c_s^2 \delta_t} + 0.5 \\
\tau_g = \dfrac{L_c u_c}{\mathrm{Pr} \mathrm{Re} c_s^2 \delta_t} + 0.5
\end{cases}
\tag{6.75}
$$

式中, L_c 为特征长度, $c_s = c/\sqrt{3}$ 为格子声速。

流体压力和运动学粘性系数分别满足:

$$
p = c_s^2 \rho
\tag{6.76}
$$

$$
\upsilon = \frac{1}{3} \left(\tau_f - \frac{1}{2} \right) \frac{h^2}{\delta_t}
\tag{6.77}
$$

式中, $h = c\delta_t$ 为 LBM 空间步长。

6.3.2 DEM-LBM 耦合的浸没边界法

在 DEM-LBM 耦合方法中，固体颗粒对流场的影响并不是以某种固体边界的形式存在，而是以源项的方式被引入控制方程之中，这也正是 IBM 的精髓所在。IBM 的这一研究思路自提出以来迅速发展，其源项 (即力密度 $f_\alpha(\boldsymbol{r}, t)$ 与热流密度 $g_\alpha(\boldsymbol{r}, t)$) 的计算方式略有不同。如 Peskin、Feng 和 Michaelides 在流固耦合力的计算中引入了一个人工参数 κ 作为弹性系数 (Peskin, 1997; Feng and Michaelides, 2004)。Uhlmann、Feng 和 Michaelides 分别提出了不带有人工参数的流固耦合力的直接计算方法 (Uhlmann, 2005; Feng and Michaelides, 2005)。本节主要介绍 Niu 等提出的基于动量交换的 IBM (Niu et al., 2006)。该方法结合 Ladd 的修正模型和 IBM 的优势，在采用两套独立网格分别描述流场和颗粒的同时，提出以基于动量交换的方式计算流固耦合力，且不带有人工参数。与同类型其他 IBM 相比，Niu 等的模型算法实施过程相对简单。随后，该基于动量交换的 IBM 被进一步改进，使得该 IBM 方法已成为当今最为常用的 IB-LBM 模拟方法之一 (Wu and Shu, 2009, 2010)。Zhang 等首先采用 Niu 等提出的 IBM 实现了 DEM 与 LBM 的耦合，分别验证了 DEM-LBM 模型在复杂流固耦合问题中应用的可行性 (Zhang et al., 2014, 2015a)。

首先介绍一个非常重要的插值工具，即狄拉克 Delta 函数 (Peskin, 1997):

$$D_{ijk}(\boldsymbol{r}_{ijk} - \boldsymbol{X}_l) = \frac{1}{h^3} \delta_h\left(\frac{x_{ijk} - X}{h}\right) \delta_h\left(\frac{y_{ijk} - Y}{h}\right) \delta_h\left(\frac{z_{ijk} - Z}{h}\right) \qquad (6.78)$$

式中，$\boldsymbol{X}_l$ 为固体颗粒所在位置，下标 l 代表拉氏节点信息。δ_h 可定义为

$$\delta_h(a) = \begin{cases} \frac{1}{4}\left[1 + \cos\left(\frac{\pi|a|}{2}\right)\right], & |a| \leqslant 2 \\ 0, & |a| > 2 \end{cases} \qquad (6.79)$$

利用狄拉克 Delta 函数并通过数值插值的方式可得到固体颗粒边界上的流体参量。例如，固体边界上的流体速度和温度可通过下式得到

$$\begin{cases} u_f(\boldsymbol{X}_l, t) = \sum_{ijk} u_f(\boldsymbol{r}, t) D_{ijk}(\boldsymbol{r}_{ijk} - \boldsymbol{X}_l) h^3 \\ T_f(\boldsymbol{X}_l, t) = \sum_{ijk} T_f(\boldsymbol{r}, t) D_{ijk}(\boldsymbol{r}_{ijk} - \boldsymbol{X}_l) h^3 \end{cases} \qquad (6.80)$$

在此，为体现流固两相间的相互作用关系，用下标 f 表示流体，用下标 s 表示固体颗粒。这样便可对颗粒表面流固两相的力密度和热通量进行估计，进而计算得到方程源项。基于动量交换准则，式 (6.74) 中的源相可由下式计算得到:

$$
\begin{cases}
F_\alpha\left(\boldsymbol{r},t\right) = \left(1 - \dfrac{1}{2\tau_f}\right)\omega_\alpha\left(3\dfrac{e_\alpha - u}{c^2} + 9\dfrac{e_\alpha \cdot u}{c^4}e_\alpha\right)\cdot\left[F_B\left(\boldsymbol{r},t\right) + F_e\left(\boldsymbol{r},t\right)\right] \\[3mm]
G_\alpha\left(\boldsymbol{r},t\right) = \left(1 - \dfrac{1}{2\tau_g}\right)\omega_\alpha Q_B\left(\boldsymbol{r},t\right)
\end{cases}
$$

$$(6.81)$$

这里，$F_B\left(\boldsymbol{r},t\right)$ 和 $Q_B\left(\boldsymbol{r},t\right)$ 可分别表示为

$$
F_B\left(\boldsymbol{r},t\right) = \sum_l F\left(\boldsymbol{X}_l,t\right)D_{ijk}\left(\boldsymbol{r}_{ijk} - \boldsymbol{X}_l\right)\Delta s_l
$$

$$
F\left(\boldsymbol{X}_l,t\right) = 2\rho\left(\boldsymbol{X}_l,t\right)\left[u_s\left(\boldsymbol{X}_l,t\right) - u_f\left(\boldsymbol{X}_l,t\right)\right]h/\delta_t
$$

$$
Q_B\left(\boldsymbol{r},t\right) = \sum_l Q\left(\boldsymbol{X}_l,t\right)D_{ijk}\left(\boldsymbol{r}_{ijk} - \boldsymbol{X}_l\right)\Delta s_l
$$

$$
Q\left(\boldsymbol{X}_l,t\right) = 2\left[T_s\left(\boldsymbol{X}_l,t\right) - T_f\left(\boldsymbol{X}_l,t\right)\right]h/\delta_t
$$

式中，Δs_l 为单个拉氏点所代表的单元面积，$\displaystyle\sum_l$ 代表遍历颗粒表面所有拉氏点。

源项计算实际由三个步骤组成，即计算颗粒表面拉格朗日点上的力密度 $F\left(\boldsymbol{X}_l,t\right)$ 和热通量 $Q\left(\boldsymbol{X}_l,t\right)$；将颗粒边界的力密度和热通量分配到欧拉 LBM 格点上，得到力密度 $F_B\left(\boldsymbol{r},t\right)$ 和热流密度 $Q_B\left(\boldsymbol{r},t\right)$；计算式源项 $F_\alpha\left(\boldsymbol{r},t\right)$ 和 $G_\alpha\left(\boldsymbol{r},t\right)$。

然后，根据牛顿第三定律，通过对颗粒表面积做积分得到流体施加给固体颗粒的流固耦合力、力矩和热通量，即

$$
F_{fpi} = -\sum_l F\left(\boldsymbol{X}_l,t\right)\Delta s_l
$$

$$
T_{fpi} = -\sum_l\left(\boldsymbol{X}_l - s\right)\times F\left(\boldsymbol{X}_l,t\right)\Delta s_l
$$

$$
q_{fpi} = -\sum_l Q\left(\boldsymbol{X}_l,t\right)\Delta s_l
$$

$$(6.82)$$

式中，s 为颗粒的中心坐标。

DEM-LBM 算法的大致计算流程如图 6.11 所示。

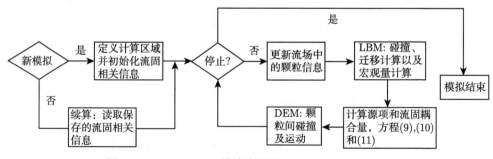

图 6.11　DEM-LBM 算法流程图 (Zhang et al., 2014)

以上 DEM-LBM 耦合模型要求固体颗粒尺寸大于单个 LBM 格子尺寸，一般为几倍或几十倍。这样的计算方式提供了尽可能丰富的流固耦合信息，同时也在很大程度上提高了对计算资源的要求。正如前文中提到的，庞大的计算量加之相关模型的不够完善导致目前 DEM-LBM 方法大都只能用来从事机制研究，难以应用到工业尺度过程的实际模拟中去。在很多带有稠密气固系统的工业过程中，如循环流化床、气力输送等，人们更为关心的是大量颗粒形成的复杂多尺度结构和介尺度形成机制 (李静海等，2014)。这些系统模拟可在流体的计算中采用较粗的网格，允许单个颗粒尺寸小于单个 CFD 计算网格，流固之间的耦合力采用适当的曳力模型进行估计，即 DEM-CFD 方法，以提升计算效率 (Zhu et al., 2007)。澳大利亚科学院和工程院两院院士余艾冰 (Aibing Yu) 教授认为，在当前的流体–颗粒系统数值仿真算法当中，主要的难点在颗粒一方而非流体一方 (Yu and Xu, 2003)。正因为 DEM-CFD 算法在计算效率方面的优势，目前被工程界广泛采用。余教授所领导的团队 (SIMPAS) 对 DEM-CFD 方法的提出、发展和应用都做了大量开创性工作。SIMPAS 应邀对 DEM-CFD 方法的理论和应用做了全面综述，在领域内产生了巨大影响 (Zhu et al., 2007, 2008)。

近年来，为了提升 DEM-LBM 的计算效率，提出了固体颗粒尺寸小于单个 LBM 格子尺寸的 DEM-LBM 模型。其中对于流固耦合力的计算或基于 EMMS 曳力模型 (Wang et al., 2013)，或基于动量交换模型 (Zhang et al., 2015b)，抑或是基于 Stokes 曳力模型 (Habte and Wu, 2017)。当 LBM 被引入此类耦合模型中时，仅仅作为众多 CFD 求解器的一种，其耦合方式与其他 DEM-CFD 方法无异。

6.3.3 DEM-LBM 耦合方法的应用

由于 DEM-LBM 方法的计算量较大，因此现有的文献中报道的多为二维结果 (王利民等，2015)。Zhang 等提出颗粒浸入式边界法 (PIBM)，将单个拉氏点看作一个固体颗粒，其中允许颗粒尺寸小于格子尺寸，流固间耦合力仍基于动量交换的方式进行计算。Zhang 等采用 PIBM 方法实现了 DEM 和 LBM 的耦合，并采用三维数值模拟研究了 8125 颗固体颗粒在方腔中的沉降行为，结果如图 6.12 所示 (Zhang et al., 2015b)。与二维模拟不同，三维颗粒群在沉降过程从流固界面的中间区域流入下方流体。Zhang 等还研究了初始空隙率对颗粒沉降速度的影响。

此后 Zhang 等又提出了温度模拟的 PIBM 模型，研究了三维高温颗粒在流场中的沉降过程，沉降过程中方腔内流体温度的变化如图 6.13 所示 (Zhang et al., 2016)，其中可明显地观测到热颗粒对周边流体的加热过程。

Galindo-Torres 进一步发展了 IMB 并模拟了海鸟的潜水过程，得到非常有趣的数值模拟结果，如图 6.14 所示 (Galindo-Torres, 2013)。该耦合模型中 DEM 采用了基于 Minkowski Sum 的扩展多面体单元，LBM 采用 D3Q15 格式，两者采用浸入法进行耦合计算，可以实现复杂几何形态固体颗粒的流固耦合模拟。

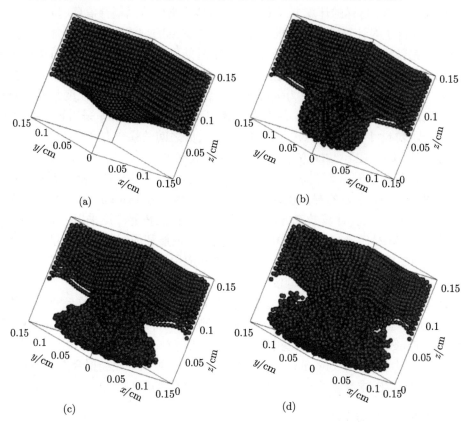

图 6.12　不同时刻 8125 颗固体颗粒的位置分布图：(a) 2.5s; (b)5.0s; (c)7.5s; (d)10.0s
(Zhang et al., 2015b)

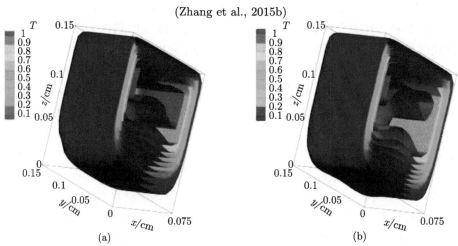

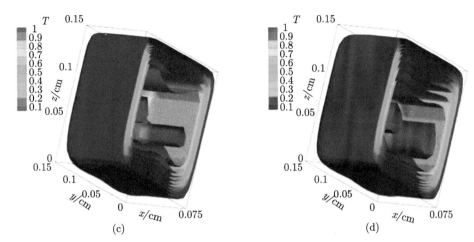

图 6.13 不同时刻方腔内温度场分布图: (a) 2.5s; (b)5.0s; (c)7.5s; (d)10.0s

(Zhang et al., 2016)

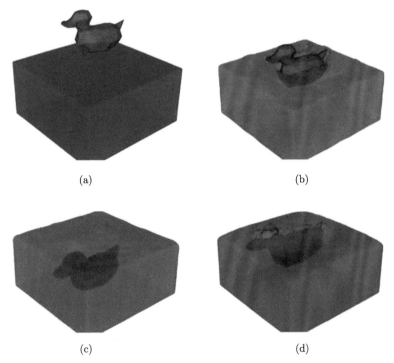

图 6.14 采用 DEM-LBM 方法模拟潜水过程 (Galindo-Torres, 2013)

由于采用 DEM-LBM 方法可以精确估计流固耦合过程中的曳力和传热量等信息,它还常被用来开展大量基础实验研究,以得到不同工况下的曳力系数和平均努塞尔数。这些参数可用来改进 DEM-CFD 模拟过程中的耦合力和传热量的估计。

图 6.15 为 Rong 等采用 DEM-LBM 方法模拟流体通过两种椭球组成的颗粒群时的瞬时流场分布 (Rong et al., 2015)。通过大量模拟，拟合得到了更为精确的曳力系数关联式。这些公式的提出为稠密非球形颗粒流固系统的数值模拟研究提供了重要的工具。

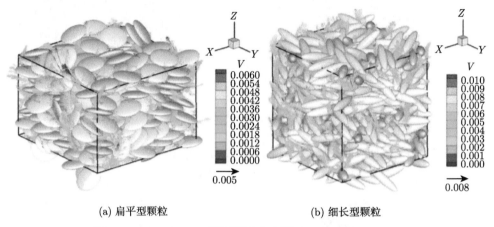

(a) 扁平型颗粒   (b) 细长型颗粒

图 6.15　　DEM-LBM 模拟流场分布图 (Rong et al., 2015)

目前，DEM-LBM 方法大都用于多物理场和多相流等基础研究，工业体系模拟的应用则较少。随着计算机软硬件的飞速发展和 DEM-LBM 理论体系的进一步完善，DEM-LBM 会在科学和应用领域拥有更大的发展空间。

6.4　小　　结

本章介绍了颗粒材料流固耦合的三种基本方法：DEM-CFD、DEM-SPH、DEM-LBM。在 DEM-CFD 的耦合中，主要介绍了非完全的求解格式；对流体的控制、流体与颗粒之间的作用和反作用力给出了具体的计算方程；对 DEM-CFD 耦合的主要应用研究做了相关的介绍。在 DEM-SPH 的耦合中，主要介绍了 SPH 的基本方法和耦合方法，包括传统的 WCSPH (weakly compressible SPH) 和基于迭代格式的 PCISPH。DEM-SPH 的局部平均法考虑了两相之间间隙的影响，在细颗粒体系的流固耦合中使用较多。在 DEM-LBM 的耦合中，主要对该方法的起源和发展做了简要的介绍，对基于 IBM 的 DEM-LBM 方法的耦合理论做了阐述，最后给出了部分典型算例。

CFD 和 SPH 是基于宏观计算流体理论，即 Navier-Stokes 方程的数值方法；而 LBM 是一种新兴的基于介观统计理论的流体计算方法。传统的 CFD 方法理论基础夯实，已经有较为成熟的应用，但是对于复杂边界网格的处理较为繁琐。SPH 对自由液面的模拟具有自适应性, 不存在网格问题, 但是在流体和固体的相互作用上处理相对复杂。DEM-LBM 方法大都用来做多物理场和多相流等基础研究, 工业体系模拟的应用则较少。随着计算机软硬件的飞速发展和相关理论体系的进一步完善, 颗粒材料的流固耦合模拟会在科学研究和实际应用中发挥更大的作用。

参 考 文 献

杜俊. 2015. 基于 CFD-DEM 方法的稀相气力输送数值模拟研究. 武汉大学博士学位论文.

郭照立, 郑楚光. 2009. 格子 Boltzmann 方法的原理及应用. 北京: 科学出版社.

何雅玲, 王勇, 李庆. 2009. 格子 Boltzmann 方法的理论及应用. 北京: 科学出版社.

李静海, 胡英, 袁权. 2014. 探索介尺度科学: 从新角度审视老问题. 中国科学: 化学, 44(3): 277-281.

刘汉涛, 刘谋斌, 常建忠, 等. 2013. 介观尺度通道内多相流动的耗散粒子动力学模拟. 物理学报, 62(6): 64705-064705.

欧阳洁, 李静海. 2004. 确定性颗粒轨道模型在流化床模拟中的研究进展. 化工学报, 55(10): 1581-1592.

邱流潮. 2013. 基于不可压缩光滑粒子动力学的黏性液滴变形过程仿真. 物理学报, 62(12): 124702-6.

苏铁熊, 马理强, 刘谋斌, 等. 2013. 基于光滑粒子动力学方法的液滴冲击固壁面问题数值模拟. 物理学报, 62(6): 331-337.

王珏, 邱流潮. 2013. 应用基于 GPU 的 SPH 方法模拟二维楔形体入水砰击问题. 计算力学学报, 30(S1): 174-177.

王利民, 邱小平, 李静海, 等. 2015. 气固两相流介尺度 LBM-DEM 模型. 计算力学学报, (5): 685-692.

张之凡, 李兵, 王龙侃, 等. 2016. 基于 SPH-FEM 方法的半球形聚能装药破甲特性研究. 振动与冲击, 35(14): 71-76.

周光正, 葛蔚, 李静海. 2013. 传统光滑粒子动力学方法的适用性分析. 科学通报, 58(15): 1414-1421.

Anderson T B, Jackson R. 1967. Fluid mechanical description of fluidized beds. Equations of motion. Industrial and Engineering Chemistry Fundamentals, 6: 527-539.

Bokkers G A. 2005. Multi-level modeling of the hydrodynamics in gas phase polymerisation reactors. Ph.D. Thesis, University of Twente, Enschede.

Chen S, Doolen G D. 1998. Lattice Boltzmann method for fluid flows. Annual Review of Fluid Mechanics, 30(1): 329-364.

Chu K W, Wang B, Yu A B, et al. 2009. CFD-DEM modelling of multiphase flow in dense medium cyclones. Powder Technology, 193(3): 235-247.

Cook B K, Noble D R, Williams J R. 2004. A direct simulation method for particle-fluid systems. Engineering Computations, 21(2/3/4): 151-168.

Deen N G, Annaland M V S, Hoef M A V D, et al. 2007. Review of discrete particle modeling of fluidized beds. Chemical Engineering Science, 62(1-2): 28-44.

Deng L, Liu Y, Wang W, et al. 2013. A two-fluid smoothed particle hydrodynamics (TF-SPH) method for gas-solid fluidization. Chemical Engineering Science, 99(99): 89-101.

Feng Y T, Han K, Owen D R J. 2007. Coupled lattice Boltzmann method and discrete element modelling of particle transport in turbulent fluid flows: Computational issues. International Journal for Numerical Methods in Engineering, 72(9): 1111-1134.

Feng Z G, Michaelides E E. 2004. The immersed boundary-lattice Boltzmann method for solving fluid-particles interaction problems. Journal of Computational Physics, 195(2): 602-628.

Feng Z G, Michaelides E E. 2005. Proteus: A direct forcing method in the simulations of particulate flows. Journal of Computational Physics, 202(1): 20-51.

Galindo-Torres S A. 2013. A coupled discrete element lattice Boltzmann method for the simulation of fluid-solid interaction with particles of general shapes. Computer Methods in Applied Mechanics and Engineering, 265: 107-119.

Gotoh H, Sakai T. 2006. Key issues in the particle method for computation of wave breaking. Coastal Engineering, 53: 171-179.

Habte M A, Wu C J. 2017. Particle sedimentation using hybrid Lattice Boltzmann-immersed boundary method scheme. Powder Technology, 315: 486-498.

Han K, Feng Y T, Owen D R J. 2007. Coupled lattice Boltzmann and discrete element modelling of fluid-particle interaction problems. Computers and Structures, 85(11): 1080-1088.

He X, Chen S, Doolen G D. 1998. A novel thermal model for the lattice Boltzmann method in incompressible limit. Journal of Computational Physics, 146(1): 282-300.

He X, Luo L S. 1997. Theory of the lattice Boltzmann method: From the Boltzmann equation to the lattice Boltzmann equation. Physical Review E, 56(6): 6811.

Hu H H, Patankar N A, Zhu M Y. 2001. Direct numerical simulations of fluid-solid systems using the arbitrary Lagrangian-Eulerian technique. Journal of Computational Physics, 169(2): 427-462.

Ihmsen M, Akinci N, Gissler M, et al. 2011. Boundary handling and adaptive time-stepping for PCISPH. The Workshop on Virtual Reality Interactions and Physical Simulations. DBLP: 79-88.

Jonsén P, Pålsson B I, Stener J F, et al. 2014. A novel method for modelling of interactions between pulp, charge and mill structure in tumbling mills. Minerals Engineering, 63(63): 65-72.

Kafui K D, Thornton C, Adams M J. 2002. Discrete particle-continuum fluid modelling of gas-solid fluidised beds. Chemical Engineering Science, 57(13): 2395-2410.

Kloss C, Goniva C, Hager A, et al. 2012. Models, algorithms and validation for opensource DEM and CFD-DEM. Progress in Computational Fluid Dynamics An International Journal, 12(2/3): 140-152.

Koshizuka S, Oka Y. 1996. Moving-particle semi-implicit method for fragmentation of incompressible fluid. Nuclear Science and Engineering, 123: 421-434.

Ladd A J C. 1994a. Numerical simulations of particulate suspensions via a discretized Boltzmann equation. Part 1. Theoretical foundation. Journal of Fluid Mechanics, 271: 285-309.

Ladd A J C. 1994b. Numerical simulations of particulate suspensions via a discretized Boltzmann equation. Part 2. Numerical results. Journal of Fluid Mechanics, 271: 311-339.

Liu G R, Liu M B. 2004. Smoothed particle hydrodynamics: A meshfree particle method. World Scientific.

Marrone S, Bouscasse B, Colagrossi A, et al. 2012. Study of ship wave breaking patterns using 3D parallel SPH simulations. Computers and Fluids, 69(11): 54-66.

McNamara G R, Zanetti G. 1988. Use of the Boltzmann equation to simulate lattice automata. Physical Review Letters, 61(20): 2332-2335.

Monaghan J J. 1988. An introduction to SPH. Computer Physics Communications, 48: 89-96.

Monaghan J J. 1997. SPH and Riemann solvers. Journal of Computational Physics, 136(2): 298-307.

Monaghan J J, Huppert H E, Worster M G. 2005. Solidification using smoothed particle hydrodynamics. Journal of Computational Physics, 206(2): 684-705.

Niu X D, Shu C, Chew Y T, et al. 2006. A momentum exchange-based immersed boundary-lattice Boltzmann method for simulating incompressible viscous flows. Physics Letters A, 354(3): 173-182.

Noble D R, Torczynski J R. 1998. A lattice-Boltzmann method for partially saturated computational cells. International Journal of Modern Physics C, 9(08): 1189-1201.

Norouzi H R, Zarghami R, Sotudeh-Gharebagh R, et al. 2016. Coupled CFD-DEM Modeling: Formulation, Implementation and Application to Multiphase Flows. Wiley.

Owen D R J, Leonardi C R, Feng Y T. 2011. An efficient framework for fluid-structure interaction using the lattice Boltzmann method and immersed moving boundaries. International Journal for Numerical Methods in Engineering, 87(1-5): 66-95.

Peskin C S. 1997. Numerical analysis of blood flow in the heart. Journal of computational physics, 25(3): 220-252.

Potapov A V, Hunt M L, Campbell C S. 2001. Liquid-solid flows using smoothed particle hydrodynamics and the discrete element method. Powder Technology, 116: 204-213.

Qian Y H, d'Humières D, Lallemand P. 1992. Lattice BGK models for Navier-Stokes equation. Europhysics Letters, 17(6): 479.

Robinson M, Ramaioli M, Luding S. 2014. Fluid-particle flow simulations using two-way-coupled mesoscale SPH-DEM and validation. International Journal of Multiphase Flow, 59(2): 121-134.

Rong L W, Zhou Z Y, Yu A B. 2015. Lattice-Boltzmann simulation of fluid flow through packed beds of uniform ellipsoids. Powder Technology, 285: 146-156.

Solenthaler B, Pajarola R. 2009. Predictive-corrective incompressible SPH. Acm Transactions on Graphics, 28(3): 1-6.

Succi S. 2001. The lattice Boltzmann method for fluid dynamics and beyond. Oxford University Press.

Sun P, Colagrossi A, Marrone S, et al. 2017. The δplus-SPH model: Simple procedures for a further improvement of the SPH scheme. Computer Methods in Applied Mechanics and Engineering, 315: 25-49.

Sun X, Sakai M, Yamada Y. 2013. Three-dimensional simulation of a solid-liquid flow by the DEM-SPH method. Journal of Computational Physics, 248(5): 147-176.

Tran D K, Prime N, Froiio F, et al. 2016. Numerical modelling of backward front propagation in piping erosion by DEM-LBM coupling. European Journal of Environmental and Civil Engineering: 1-28.

Tsuji T, Yabumoto K, Tanaka T. 2008. Spontaneous structures in three-dimensional bubbling gas-fluidized bed by parallel DEM-CFD coupling simulation. Powder Technology, 184(2): 132-140.

Uhlmann M. 2005. An immersed boundary method with direct forcing for the simulation of particulate flows. Journal of Computational Physics, 209(2): 448-476.

Van der Hoef M, Beetstra R, Kuipers J. 2005. Lattice-Boltzmann simulations of low-Reynolds-number flow past mono-and bidisperse arrays of spheres: Results for the permeability and drag force. Journal of Fluid Mechanics, 528: 233-254.

Virk M S, Moatamedi M, Scott S A, et al. 2012. Quantitative analysis of accuracy of voidage computations in CFD-DEM simulations. Journal of Computational Multiphase Flows, 4(2): 183-192.

Wang L, Zhang B, Wang X, et al. 2013. Lattice Boltzmann based discrete simulation for gas-solid fluidization. Chemical Engineering Science, 101: 228-239.

Washino K, Tan H S, Hounslow M J, et al. 2013. A new capillary force model implemented in micro-scale CFD-DEM coupling for wet granulation. Chemical Engineering Science, 93(4): 197-205.

Wolf-Gladrow D A. 2004. Lattice-gas Cellular Automata and Lattice Boltzmann Models: An Introduction. Springer.

Wu J, Shu C. 2009. Implicit velocity correction-based immersed boundary-lattice Boltzmann method and its applications. Journal of Computational Physics, 228(6): 1963-1979.

Wu J, Shu C. 2010. Particulate flow simulation via a boundary condition-enforced immersed boundary-lattice Boltzmann scheme. Communications in Computational Physics, 7(4): 793.

Xu M, Chen F, Liu X, et al. 2012. Discrete particle simulation of gas-solid two-phase flows with multi-scale CPU-GPU hybrid computation. Chemical Engineering Journal, 207: 746-757.

Yang X, Liu M, Peng S, et al. 2016. Numerical modeling of dam-break flow impacting on flexible structures using an improved SPH-EBG method. Coastal Engineering, 108: 56-64.

Yu A B, Xu B H. 2003. Particle-scale modelling of gas-solid flow in fluidisation. Journal of Chemical Technology and Biotechnology, 78(2-3): 111-121.

Zhang H, Tan Y, Shu S, et al. 2014. Numerical investigation on the role of discrete element method in combined LBM-IBM-DEM modeling. Computers and Fluids, 94: 37-48.

Zhang H, Trias F X, Oliva A, et al. 2015b. PIBM: Particulate immersed boundary method for fluid-particle interaction problems. Powder Technology, 272: 1-13.

Zhang H, Yu A, Zhong W, et al. 2015a. A combined TLBM-IBM-DEM scheme for simulating isothermal particulate flow in fluid. International Journal of Heat and Mass Transfer, 91: 178-189.

Zhang H, Yuan H, Trias F X, et al. 2016. Particulate immersed boundary method for complex fluid-particle interaction problems with heat transfer. Computers and Mathematics with Applications, 71(1): 391-407.

Zhao J D, Shan T. 2013. Coupled CFD-DEM simulation of fluid-particle interaction in geomechanics. Powder Technology: 248-258.

Zhu H P, Zhou Z Y, Yang R Y, et al. 2007. Discrete particle simulation of particulate systems: Theoretical developments. Chemical Engineering Science, 62(13): 3378-3396.

Zhu H P, Zhou Z Y, Yang R Y, et al. 2008. Discrete particle simulation of particulate systems: A review of major applications and findings. Chemical Engineering Science, 63(23): 5728-5770.

第 7 章　基于 GPU 并行的离散元高性能算法及计算分析软件

计算颗粒力学以离散元方法为主要途径，在岩土工程、化工过程、地质灾害、矿业工程、海洋工程、农业工程、机械工程、大气科学、医学制药、生命科学等领域得到了广泛应用并取得了重要研究成果。通过颗粒单元类型的不断丰富，并与计算固体力学、计算流体力学等传统数值方法相互结合，离散元方法逐渐延伸到材料损伤断裂、流固耦合分析等多个领域，为准确分析并解决自然生态、工业工程、生命科学中的颗粒材料力学问题提供了有力的计算方法。在计算颗粒材料力学发展的同时，相应的离散元计算分析软件也逐渐建立并在不同领域的工程应用中不断完善并趋于成熟，逐渐成为有效解决颗粒材料相关问题的有效手段。

7.1　离散元计算分析软件的发展现状

7.1.1　GPU 并行技术

随着计算机硬件的快速发展，高性能并行计算已成为提高计算仿真效率、扩大计算规模的重要手段。并行计算是指将一个应用分解成多个子任务，分配给不同的处理器，各个处理器之间相互协同，并行地执行子任务，从而达到加速求解速度或扩大求解规模的目的。传统上使用较多的并行环境主要有 MPI、OpenMP、fork、pthread 等。其中，MPI (message passing interface) 是一种消息传递编程环境，适合大规模并行处理机和机群编程。相比而言，OpenMP (open multi-processing) 基于共享存储器模型，更适合单机编程，且采用简易的伪指令，能够快速实现原串行代码的并行化 (都志辉，2001；张林波，2006)。

随着 CPU (central processing unit) 多核技术发展，并行计算在计算领域受到越来越多的关注 (张舒等，2009；方民权，2016)。近年来，以 GPU (graphics processing unit) 为主要硬件载体的并行技术发展迅速，并迅速衍生出了 CPU-GPU 协同的跨平台通用并行环境，即 CPU 控制任务分配和主程序流程，而 GPU 执行并行计算任务。

目前，基于 CPU-GPU 协同的并行环境主要有 CUDA、OpenCL、OpenACC 等 (表 7.1)。CUDA 是 NVIDIA 于 2006 年 11 月推出的，用于发挥 NVIDA GPU 的通用计算能力，主要采用类 C 形式的 CUDA C 计算语言进行程序编译开发。目前

CUDA 在硬件上只支持 NVIDIA 的 GPU，若想使用 AMD 或 Intel 显卡则必须使用 OpenCL。OpenCL 是非营利性组织 Khronos Group 维护的异构并行编程开放标准，支持多种加速器的单一和协同并行，并且同时支持数据和任务并行，可通过内建的多 GPU 并行实现更大的计算规模。所以 OpenCL 的应用范围比 CUDA 更广。然而，由于 CUDA 进入市场较早并且得到 NVIDA 公司的大力支持，所以使用该环境的编程人员更多，且 CUDA 的稳定性更好，并拥有强大的科学计算函数库。除了 CUDA 和 OpenCL，OpenACC 采用编译制导语句建立高层次的异构程序，不需要显式地初始化加速器和数据传递，只需要通过编译制导语句指定即可。该模式与 OpenMP 类似，可实现串行代码的快速并行化，能让编程人员更多关注具体的研究内容而非并行环境和代码的搭建。

表 7.1　主要 GPU 并行环境对比

并行环境	开发维护	硬件支持	可移植性	效率	备注
CUDA	NVIDIA	NVIDA GPU	低	高	使用率最高，稳定性高，扩展函数库强大
OpenCL	Khronos Group	CPU、NVIDA/AMD GPU	高	高	缺乏维护，稳定性较差，使用率低
OpenACC	Cray、NV、AMD 等	NVIDA/AMD/INTEL GPU	高	低	可实现快速并行化

7.1.2　离散元计算分析软件的发展现状

由于离散元在算法上并行度较高，所以在数值模拟与客观条件相一致的大规模物理模型下可广泛采用高性能并行计算技术。随着科学研究和工程应用在离散介质领域的不断深入，以离散元为主要分析手段的高性能计算颗粒力学分析软件获得了极大的关注，各种相关计算分析软件发展迅速。

离散元方法创始人 Cundall 博士加盟的美国 ITASCA 公司最早开发了 PFC^{2D} 和 PFC^{3D} 软件，其主要由二维 BALL 和三维 TRUBAL 程序发展而来，如图 7.1(a) 和 (b) 所示。PFC^{2D} 和 PFC^{3D} 分别基于二维圆盘和三维圆球单元，用于模拟大量的离散介质的流动和材料混合。通过粘结颗粒单元的引入，该软件也可用于分析岩体的破裂、动态破坏等问题。另外，该公司开发的 UDEC 和 3DEC 分别为二维和三维块体离散元分析软件，适合模拟节理岩石系统或不连续块体系统的静力和动力问题，如图 7.1(c) 所示。该软件提供 Visual C++ 的自开发接口，各功能模块相对完备齐全，在工程和科研领域具有广泛的影响力。

EDEM 是全球首个用现代化离散元模型科技设计的通用 CAE 仿真分析软件，大量用于颗粒体系行为特征模拟，如图 7.1(d) 所示。该软件的前后处理功能强大，具备良好的二次开发能力，且具有与其他软件兼容的功能。EDEM 正逐渐成为离散元商用软件领域的领导产品。

Rocky 是由 Granular Dynamics International、LLC 和 Engineering Simulation and Scientific Software Company (ESSS) 公司共同开发的功能强大的 DEM 软件包,如图 7.1(e) 所示。该软件支持 GPU 并行,支持非球形颗粒单元,且可与 ANSYS 进行集成运算。

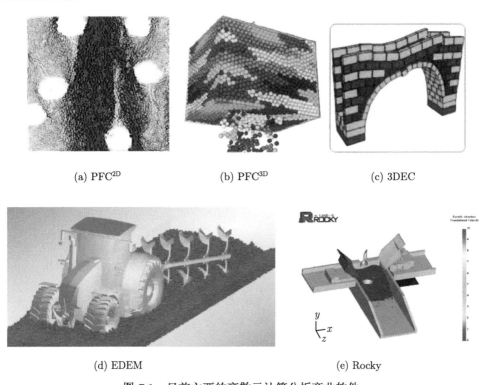

(a) PFC^{2D} (b) PFC^{3D} (c) 3DEC

(d) EDEM   (e) Rocky

图 7.1　目前主要的离散元计算分析商业软件

目前,有关离散元方法的开源软件也层出不穷。BALL&TRUBAL 是最早的离散元开源软件;LAMMPS 是基于分子动力学的程序包,可用于离散元模拟,支持 GPU 并行计算;LIGGGHTS 是基于 LAMMPS 开发而来的开源软件,具有很强的并行计算能力,如图 7.2(a) 所示。它支持 MPI、GPU 等多种并行方式,主要应用于颗粒流的运动、传热等模拟。该开源代码拥有强大的流体计算程序包,可与 OpenFOAM、SPH、LBM 等方法进行流固耦合分析,且一直作为独立的社区项目在开发,在计算颗粒力学的研究领域被广泛使用。

Yade 和 ESyS-Particle 主要用于岩土工程领域,拥有支持 Python 语言的应用程序结构,可扩展性强,如图 7.2(b) 所示。两者都可以与 OpenFOAM 进行流固耦合分析,分别支持 OpenMP 和 MPI 并行加速。目前 Yade 只能运行在 LINUX 系统,基于

Yade 发展起来的 Woo 支持 Windows 系统，且具有良好的用户界面。ESyS-Particle 最早由中国学者 Chen Feng 开发，现在支持 Windows 系统，目前在澳大利亚地球系统计算中心的资助开发下发展迅速。MechSys 能够支持扩展多边形/多面体单元，可采用 LBM 方法进行流固耦合。此外，dp3D、SDEC、LMGC90、PASIMODO 等也是重要的开源软件，在国内外也具有很强的认知度。

(a) LIGGHTS

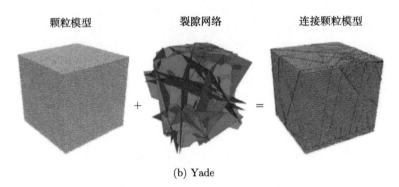

(b) Yade

图 7.2　目前主要的离散元计算分析开源软件

　　我国的离散元研究始于 1986 年，东北大学王泳嘉教授首次引入了 Cundall 的离散元法进行岩石力学和颗粒系统的模拟，并在第一届全国岩石力学数值计算及模型试验讨论会上首次系统地介绍了离散元法的基本原理和计算实例。此后，在岩石和岩土力学、机械工程、仓料分析、过程工程等领域开始不断应用离散元方法并推动我国计算颗粒材料力学的发展。

　　在离散元软件的专业研发中，中国科学院力学研究所的李世海研究团队开发了基于 GPU 并行算法的连续–非连续分析离散元计算软件 CDEM，并成功地用于岩土工程、地质灾害、水利工程等研究领域，如图 7.3(a) 所示 (Li et al., 2007; Feng et al., 2014)。由中冶赛迪公司推出的 StreamDEM 是一个离散元大型商用软件,在冶金、矿山、工程机械等领域具有优秀的计算能力,如图 7.3(b) 所示。中国科学院过程研究所也将基于 GPU 并行的高性能计算成功地应用于化工过程中的颗粒材料的气固耦合过程,取得了显著的研究成果,如图 7.3(c) 所示 (王健等,2010;Qin et al., 2012)。

在离散元方法的数值计算方面,吉林大学于建群教授将离散元应用于农业机械领域,对诸多机械部件与散体作用过程进行了详细的离散元分析,并结合商用 CAD 软件开发了相应的离散元软件 (于建群等,2011;于亚军等,2011)。清华大学金峰教授采用块体元模拟边坡、拱坝等的稳定性问题,较为完整地建立了基于多面体单元的离散元分析方法,包括接触模型、粘结模型和断裂模型以及与有限元、边界元等方法的耦合 (金峰等,2005, 2011a, 2011b)。华南理工大学臧孟炎教授将 DEM-FEM 耦合方法引入汽车安全分析中,对汽车轮胎与散体介质相互作用、汽车玻璃的破碎过程等做了系统深入的离散元模拟研究 (赵春来等,2015;臧孟炎等,2009)。武汉大学周伟教授采用粘结块体元分析堆石坝等的失稳问题,对粘结和断裂模型、参数选取等做了深入的分析,对岩石力学、岩土工程领域的相关问题研究提供了非常重要的方法 (周伟等,2009,2012)。

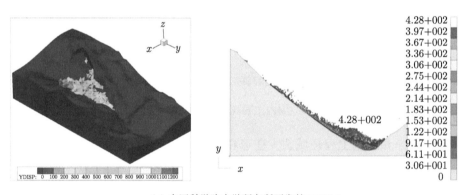

(a) 中国科学院力学研究所开发的CDEM

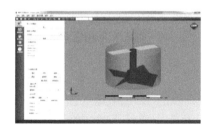

(b) StreamDEM

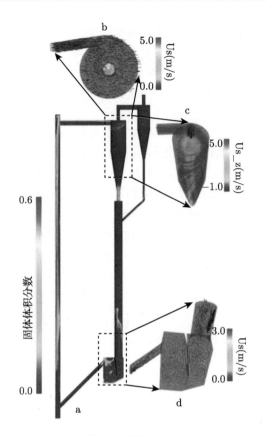

(c) 中国科学院过程研究所开发软件(Qiu et al., 2017)

图 7.3　国内主要离散元计算分析软件

　　针对地质和岩土工程领域的大变形和破坏问题，南京大学刘春博士自主研发了岩土体大规模离散元软件 MatDEM，其综合了前处理、基于 GPU 的离散元计算、后处理和二次开发功能。该软件已成功地用于常规三轴、固结试验和单轴压缩试验的数值模拟，还可对地质灾害、隧道开挖等地质和岩土工程问题进行离散元分析 (索文斌等，2017; 刘春等, 2017)。此外，中国农业大学、浙江大学、兰州大学、同济大学、河海大学、湘潭大学、中国科学技术大学、中国科学院物理研究所等高校和研究院所正深入地开展着离散元方法的基础理论和工程应用的研究，从而有力地推动着我国计算颗粒力学的发展。

　　由大连理工大学颗粒材料计算力学课题组开发的 SDEM 是一款基于 GPU 并行运算的离散元计算分析软件，如图 7.4 所示。目前主要采用球体单元针对寒区海洋工程中海冰与结构作用过程中的动力和热力模拟。在颗粒单元的构造方法上，该软件能够兼容 DEM-FEM、扩展多面体单元和超二次曲面单元，并可实现基于 SPH

方法的流固耦合计算分析。在具体工程应用上，除寒区海洋工程中的海冰荷载外，还可提供有砟/无砟铁路道床的力学性能分析、太空探测器的着陆过程模拟、岩土材料的基本力学行为等专业计算。

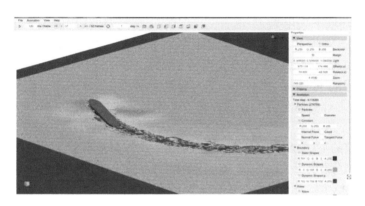

(a) 冰区船舶航行

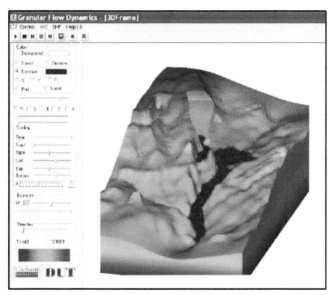

(b) 地质灾害滑坡

图 7.4 基于 GPU 并行的离散元计算分析软件 SDEM

7.2 基于 CUDA 编程的离散元数值算法

基于 CUDA 并行环境下离散元的算法与串行环境下的算法具有很大区别，且

CUDA 并行环境不同于传统的 OpenMP 或者 MPI 下并行设定。这里主要从 CUDA 的并行架构、多机/多 GPU 环境下的离散元算法等方面论述离散元算法的实现。

7.2.1　CUDA 的并行软硬件架构

CUDA 环境下采用类 C 语言的 CUDA C 来完成代码的编辑 (Storti, 2017; Cheng, 2017)。实际上，CUDA 也支持 PGI 编译器下的 Fortran 语言。然而，采用 C/C++ 实现软件底层代码已成为诸多软件开发的通用方法。传统上在计算领域被广泛使用的 Fortran 并不适合于大型软件的开发及未来的升级维护。ANSYS 和 MSC 等著名计算软件开发企业耗费了十年左右的时间将底层代码由 Fortran 转化为 C/C++。应该说 C/C++ 已经成为数值计算领域使用最广泛的语言。

一个完整的 CUDA 程序包括一个 CPU 主线程和若干个需要并行执行的 GPU 函数。在 GPU 端执行的函数称为内核函数 (kernel)，是每个线程 (thread) 的执行单元。在 CUDA 中，并行的部分不仅按照线程分配，多个线程还会被分为若干个线程块 (block)。如图 7.5(a) 所示，CUDA 程序在运行时按照主线程的流程执行，在需要并行的位置主线程根据程序设计将任务交给 GPU；GPU 根据内核函数的定义调入相关数据进行计算，并将计算结果通过固定的接口传回给 CPU，然后再按照原有线程继续执行。

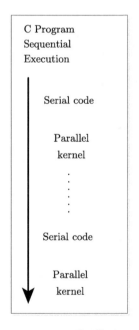

(a) CUDA编程模型

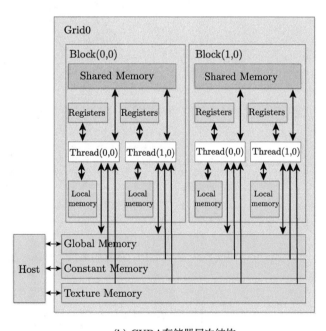

(b) CUDA存储器层次结构

图 7.5　CUDA 并行架构

　　CUDA 将存储器分为多个层次的不同类型, 如图 7.5(b) 所示。其主要有以下 6 种存储器: 寄存器 (register), GPU 片上的高速缓存器, 是访问速度最快的存储器; 局部内存 (local memory), 处在显存内, 访问速度较慢; 共享内存 (shared memory), GPU 片上的高速存储器, 访问速度很快, 但不是每个线程私用的存储器; 全局内存 (global memory), 是显存的主要部分, CPU 和 GPU 都能访问; 常量内存 (constant memory), 只读内存, 位于显存中; 纹理内存 (texture memory), 由 GPU 用于纹理渲染的图形专用单元发展而来, 一般计算很少用到。

　　寄存器内存是线程级的高速内存, 可以看到 GPU 的寄存器的内存层次与线程和线程块的分配有关, 在使用中需要密切配合线程的分配以达到尽量访问高速内存的机制 (Cook, 2014)。需要注意的是, 寄存器内存是根据线程块的个数平均分配到各个线程块中, 即每个线程块可调用的寄存器内存大小是相同的。在线程层次, 如果一个内核函数中的每个线程需要的寄存器内存过多, GPU 的计算核心会受到寄存器调用限制而降低线程块的活跃度, 从而降低性能。

　　GPU 中另外一类高速内存是共享内存, 其访问速度最高可达到全局内存的 7 倍, 但是只有寄存器内存访问速度的 1/10。在早期的 NVIDIA 显卡架构中, 每个线程块分配的共享内存为 16K, 现在也可以实现动态共享内存, 即人为定义线程块或某一共享内存数组的内存占用大小。具体的使用方法可以参考 NVIDIA 相关资料。设定共享内存的目的是缓和高速寄存器和低速全局内存之间的巨大差距, 只有当数据重复利用、全局内存合并, 或线程之间有共享数据时使用共享内存才更合适。否则, 将数据从全局内存加载到寄存器性能会更好。

　　CUDA 采用了 SIMT(single instruction, multiple thread, 单指令多线程) 执行模型。简而言之, CUDA 的并行是针对单个指令的多次执行。与 OpenMP 和 MPI 可对不同指令进行并行不同, CUDA 的并行只发生在程序的循环计算位置, 如 C 的 "for..." 或者 Fortran 的 "do..."。因此, CUDA 的并行可将循环体作为内核函数的函数体, 将全局参数和局部参数结合 CUDA 的内存机制进行改装, 搭配相应的 CUDA C 语法, 即实现了简单的单 GPU 并行。进一步的优化应当结合具体的程序和开发者对并行的详细认识逐步开展 (刘文志, 2015)。

　　在 CUDA 编程中, 对程序分支的优化有助于提高计算效率。程序分支是由程序逻辑判断导致的程序执行序列改变。简单来说, 就是由程序的 if 语句导致的程序逻辑事件。在程序的编译过程中会根据 if 为真和假产生两个不同的指令。实际上, 在 if 语句执行之前, 存在程序停止–逻辑判断–继续执行的过程。CPU 通过设置分支预测器来避免程序停止, 即通过预测的方式提前预测 if 的真或假, 当预测错误时才切换到另一指令上。目前的大部分 CPU 分支预测器的预测准确率能达到 80% 以上, 部分甚至能达到 90% 以上。而在 GPU 的计算核心中并不存在这种分支预测器, 所以 CUDA 的核函数中应当尽量避免使用 if 语句, 特别是循环体中的 if

语句, 比如下面的程序段:

```
a[10] = {0,1,7,2,6,3,4,5,8,9,10};
float sum = 0;
for (int i=0; i<10; i++)
{
if (a[i]>5) sum +=a[i]
}
```

该段程序的目的是实现数组 a 中大于 5 的数求和。在实际的编程中, 可以通过采用逻辑运算符的方式优化该段程序, 比如:

```
a[10] = {0,1,7,2,6,3,4,5,8,9,10};
float sum = 0;
for (int i=0; i<10; i++)
{
sum +=a[i]*( a[i]>5)
}
```

虽然, 由于去掉了 if 语句, 增加了 sum 的累加操作, 也增加了整体计算量。但是由于减少了程序分支, 大大降低了由分支带来的指令延迟, 实际上提高了程序的执行效率。

7.2.2　多机/多 GPU 环境的离散元算法

当颗粒单元数在百万量级时, 单 GPU 编程可以实现较高的加速比。但是当单元个数需求增加到千万甚至更高时, 单 GPU 编程的并行性能会因为内存限制、线程间的访问延迟等因素而急剧降低。因此, 多 GPU 的离散元程序开发变得越来越重要。

对于多 GPU 的编程, 可以通过 MPI 或 OpenMP 在主机端开辟多个线程, 每个线程对应一个 GPU 的内存和指令管理。为保证离散元系统的完整性, 并行 GPU 之间的数据需要进行通信。其中, MPI 支持不同节点之间的以太网数据通信, 适用于大型的服务器集群运算。对于单个节点即单机上的多 GPU 编程, GPU 之间的通信是通过 PCI-E 总线, 采用 OpenMP 或 POSIX thread 相对更加合适。近些年来, 每一代新 NVIDIA GPU 和 CUDA 平台的升级, 都伴随着多 GPU 并行编程的改进。从 CUDA 4.0 开始, NVIDIA 开发的 GPUdirect 技术允许第三方直接访问, 即多 GPU 之间的数据交换不再需要通过主机端的物理内存中转, 可以直接实现点对点的访存, 有效提高了多 GPU 编程的通信效率。在 CUDA 5.0 之后, GPUdirect 进一步支持了远程直接内存方法, 显著提高了节点与节点之间的 GPU 访存速度。

相比于大型多节点的服务器集群,简易工作站或单节点服务器实现多 GPU 的运算具有便于搭建、维护费用低、更加方便灵活的优势。在单机上实现 2~8 个 GPU 的快速并行并大幅度提高计算规模和效率更加符合大多数人员或单位的目标。

多 GPU 的编程主要面临的问题是如何将计算任务和数据分成相对独立的部分,让各 GPU 能够相对独立地运算,避免计算过程中的大量数据通信。一般来说,粒子类算法的多 GPU 并行可采用三种方法:粒子分解法、作用力分解法和区域分解法 (王思博, 2015)。粒子分解法将颗粒平均分配到各 GPU 中,实现作用力、空间位置和速度的更新。该方法可以保证每个 GPU 的计算量大体一致,但是每个 GPU 需要获得所有颗粒的信息,每一时间步的 GPU 间存在大量的通信,且占用大量的内存。作用力分解法针对接触对进行分配运算,因为接触计算是离散元中计算量最大的部分,对接触力进行分配能够大幅提高该部分的计算效率。但是该方法同样需要大量的内存交换和存储。区域分解法对所模拟的几何空间进行划分,将每个区域内的颗粒单元分配给各 GPU 进行计算,这样每个 GPU 对应的粒子是不断变化的。但是每个 GPU 内部的数据相对独立,避免了 GPU 间通信,通常一个时间步只需要做一次 GPU 间的数据交换。

综合来说,区域分解的方法具有相对独立的优势,更适合多 GPU 的离散元编程。在区域分解法中,为了实现每个 GPU 中的数据在计算中保持独立,避免在具体的计算中发生 GPU 间的通信,每个 GPU 内的实际颗粒要比实际区域稍大一些。尽管小幅度增加了每个 GPU 内的数据存储和计算量,但是保证了计算中每个 GPU 内的数据独立性。如图 7.6 所示,以 3GPU 并行的区域分解法为例,每个 GPU 需要多接受一部分相邻区域的数据,GPU 之间存在数据的重叠区域。这样在每个 GPU 内的计算中,不再需要其他 GPU 的数据通信,可以实现独立的计算。

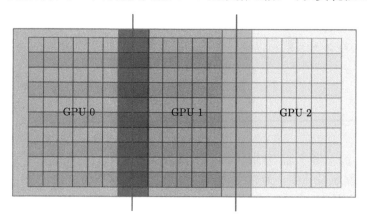

图 7.6 多 GPU 的区域分解法

7.3　基于 GPU 的颗粒接触高效搜索方法

与串行程序一样, 颗粒邻居列表的建立有利于提高程序计算效率 (Kalms, 2015; Nyland et al., 2007; Müller et al., 2003; Harada, 2007)。在建立邻居列表的过程中, 直接遍历所有颗粒检查粒子是否在相邻域内显然是不合理的。目前三维算例中使用较多的接触检索方法主要有空间网格法 (Munjiza and Andrews, 1998; Munjiza 2004)、八叉树法 (Vemuri et al., 1998)、边界盒法 (Hart et al., 1988; Cleary et al., 1997) 等, 而在并行环境下的各种搜索方法需要根据具体的并行机制进行相应调整。由于八叉树和边界盒算法的复杂性或占用内存较多, 本节将主要针对 CUDA 并行环境下链表搜索法进行阐述。

7.3.1　网格和颗粒的关系

在链表搜索法中, 首先需要在计算域内划分正方体的搜索网格。该网格与拉格朗日网格或欧拉网格不同, 只是一种背景辅助网格, 与接触力计算无关。在有些串行算法中, 为节省计算量, 可能会限制网格的大小使得每个网格中最多只有一个颗粒。这里的并行算法则不需增加该限制。实际上, 如果限制每个网格中只有一个颗粒, 网格数量会显著增加, 进而导致占用大量的显存, 反而降低了内存的访问速度; 而过大的网格会增加每个线程的计算量, 同样不利于提高计算效率。这里建议采用 2 倍的平均颗粒粒径或最大颗粒粒径来定义网格尺寸 d_{grid}, 即

$$d_{\text{grid}} = 2D_{\text{mean}} \quad \text{或} \quad d_{\text{grid}} = 2D_{\text{max}} \tag{7.1}$$

式中, D_{mean} 和 D_{max} 代表颗粒粒径平均值和最大值。除单元的几何空间坐标外, 还需要定义单元的网格坐标来表示颗粒所在的网格位置。如果已知某个颗粒单元的空间坐标 (x, y, z), 那么可通过取整运算求取该单元的网格坐标 (x, y, z), 即

$$i_x = \text{int}((x - x_{\text{min}})/d_{\text{grid}})$$
$$i_y = \text{int}((y - y_{\text{min}})/d_{\text{grid}}) \tag{7.2}$$
$$i_z = \text{int}((z - z_{\text{min}})/d_{\text{grid}})$$

式中, x_{min}、y_{min} 和 z_{min} 分别代表计算域上的空间最小值; int() 表示取整运算。

在串行程序设计中, 为建立颗粒的空间位置和网格位置之间的关系, 通常采用一个或多个长度为网格个数的数组序列来记录每个网格中的颗粒编号。在 GPU 并行环境中当然也可以采用这种方法。但是该方法占用大量空闲内存, 且没有充分利用 GPU 的高速内存机制来提高效率。这里介绍一种利用 GPU 中的高速内存——共享内存来建立空间位置和网格位置对应关系的方法。

以二维空间为例，假设每个颗粒的空间分布如图 7.7 所示。首先创建一个数组 gridParticleHash 记录每个颗粒所在的网格序号，该数组的长度为颗粒个数。如果一个离散系统颗粒个数为 N，划分网格的尺度为 $N_x \times N_y \times N_z = N_{\mathrm{grid}}$，在三维或二维网格中，网格序号采用一维记录方式，即

$$\mathrm{gridParticleHash}[i] = i_z \cdot N_x \cdot N_y + i_y \cdot N_x + i_x, \quad i = 1, 2, \cdots, N \tag{7.3}$$

式中，等号右边的计算当然也可以采用其他的类似方式，只要保证每个空间网格和其序号的一一对应特性即可。

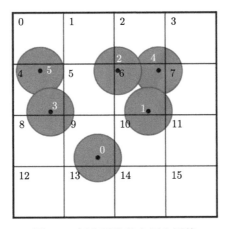

图 7.7 每个颗粒的空间和网格

根据式 (7.3) 建立 gridParticleHash 序列，其与颗粒编号可构成表 7.2 中的第二列，即网格序号 + 颗粒序号。目前这个序列的顺序是按照颗粒编号排列。下面对网格序号排列，颗粒序号跟随网格序号改变，即表 7.2 中的第三列。这时第三列的排列顺序是按照网格序号排列。在生成表 7.2 中第三列的同时，考虑到颗粒编号在序列中的位置，即表 7.2 第一列和第三列中的颗粒序列，可以构成一个颗粒编号的重排序数组。该数组建立了颗粒的新序号与旧序号之间的关联，接下来的计算采用颗粒的新序号计算。

表 7.2 对颗粒网格位置的排序处理

序号	未排序列表 (网格编号，颗粒编号)	排序后的网格编号	新颗粒编号
0	(9, 0)	(4, 3)	(0, 3)
1	(6, 1)	(4, 5)	(1, 5)
2	(6, 2)	(6, 1)	(2, 1)
3	(4, 3)	(6, 2)	(3, 2)
4	(6, 4)	(6, 4)	(4, 4)
5	(4, 5)	(9, 0)	(5, 0)

对非计算机专业的编程人员而言，在 CUDA 并行环境下编写高效的排序程序具有一定难度，且耗费不必要的时间。这里推荐 CUDA 包含的函数库 Thrust，该函数库包含需要用到的跟随排序函数，使用起来非常方便。

随后则是建立共享内存数组 shareHash。采用该数组记录其前一个线程中的网格序号，即形成第四列数组，如图 7.8 所示。这里以第四行为例，如果不相等，则表明：该线程号 (即新颗粒序号，这里为 2) 为第 6 号网格内第一个颗粒序号，且为第 4 号网格内最后一个颗粒序号。这里颗粒序号均为新序号。整个过程完成后，即形成了每个网格内的第一个颗粒序号 cellstart 和最后一个颗粒序号 cellend，如表 7.3 所示。其他没有颗粒的网格对应的 cellstart 和 cellend 不会有任何改变。

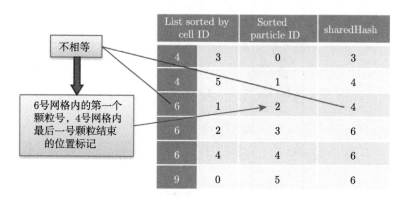

图 7.8　采用共享内存记录每个网格内的颗粒信息

表 7.3　网格的 cellstart 和 cellend

排序后的网格列表	cellstart	cellend
4	0	2
6	2	5
9	6	∼

这里需指出的是，cellstart 和 cellend 的计算需要在完全生成 sharedHash 之后进行，那么在程序的编写上就需要在生成 sharedHash 之后进行同步。此外，该算法并不需要 sharedHash 对所有的线程同步，线程块内部的同步操作即可，即 CUDA 中的 _syncthreads() 操作。这样就可以保证每个线程块内的共享内存数组完全生成。

以上整个过程完成了每个网格内第一号颗粒和最后一号颗粒的信息记录。通过遍历第一号颗粒到最后一号颗粒即可访问该网格内的所有颗粒信息。另外，通过新旧颗粒序号的数组，可进一步获得每个网格内的颗粒旧序号信息。

7.3.2　接触对邻居列表的建立

在生成每个网格内的颗粒序号信息之后，需要对所有颗粒进行遍历，搜索每个颗粒所在网格的相邻网格内颗粒，即可获得每个颗粒的周围颗粒信息。由于颗粒的作用是相互的，通常采用向前或向后搜索的方法，避免同一个接触对的二次计算，即每个颗粒只记录比该颗粒编号大或小的相邻颗粒。一般的方法是建立邻居数组 neighbourParticle。假定颗粒的最大邻居个数为 $N_{\max}$，那么该数组的长度为 $N \times N_{\max}$。这样每个颗粒都有 $N_{\max}$ 个位置存储邻居颗粒的序号。需要注意的是，在建立邻居数组时，其存储的邻居颗粒序号可以是新序号也可以直接转换为旧序号，只需要注意在后面的具体计算中做相应的调整即可。

如果直接使用相邻邻居数组进行并行，每个线程需要计算多个接触对，增大了并行的粒度，降低了整体并行性能。最优的方式是每个线程对应一个接触对，最小化并行粒度。这种方式需要建立接触对序列的一一对应关系。在建立邻居数组 neighbourParticle 时，同时记录每个颗粒的邻居个数并存入数组邻居个数中。然后对该数组进行前缀求和得到表 7.4 中的第三列前序求和，该过程依然可以采用 Thrust 库函数完成。

表 7.4　颗粒邻居序列的处理

颗粒编号	邻居个数	前序求和
0	2	2
1	3	5
2	2	7
3	5	12
4	4	16
5	3	19
6	1	20
7	3	23

随后，需要构建颗粒邻居的接触对列表 ParticleList，即相互接触的两个颗粒序号。这里建议采用两个序列如 ParticleListA 和 ParticleListB 分别记录。实际上，前序求和序列确定了每个颗粒的所有邻居在整个接触对序列中的位置。这里以表 7.4 中第 1 号颗粒为例，其 3 个邻居在 ParticleList 中的位置为 2~5。假设其三个邻居分别是 5、6、7，那么 ParticleList 中有：ParticleList[2] = (1, 5)、ParticleList[3] = (1, 6)、ParticleList[4] = (1, 7)。通过这种方式可以完整地建立整个离散系统的接触对列表，并且前序求和序列的最后一个数即为全部接触对的个数。

在随后接触力的计算中可对接触对列表进行并行。每个线程只需要对应一个接触对，从而实现并行粒度的最小化处理。

7.3.3　颗粒接触力序列的计算

在接触力计算中，每个线程只需计算一个接触对之间的接触力，从而实现较高的并行度。然而，在离散元并行算法中，内存操作或设计的不同，会将串行算法中很简单的问题复杂化。

由于颗粒单元间力的作用是相互的，每个线程计算出的接触力在施加到该接触对的两个颗粒上时，满足牛顿第三定律即可。力矩也同样满足类似的规律。在每个接触对线程中就可以对接触对中的两个颗粒分别进行接触力的累加。但是在 CUDA 的并行环境中，会出现全局内存的储存冲突问题，即多个线程对全局内存中的同一位置进行储存操作，会使该位置的数据计算出现不可预知的错误。由于在 CUDA 内部会对多个线程的全局内存访问进行合并，所以多个线程对同一位置的访问操作并不会出现类似问题。实际上所有的并行计算平台都存在类似的问题，这也是并行算法设计的难点之一。为解决这个问题，CUDA 提供了原子操作函数 (张舒等，2009)。原子操作本质上是在某个线程访问一个全局内存位置的同时，对该位置上锁，从而阻止其他线程对该位置进行储存。这一设计有效地解决了以上问题。

假设一个离散系统的接触情况如表 7.5 所示，那么线程 0 和 1 有可能同时对 Force[0] 进行存储操作，线程 1、4 和 6 有可能对 Force[6] 同时进行存储操作，如是类推。这时可以采用原子操作进行接触力的累加。单精度浮点数的原子加函数为 atomicAdd，双精度浮点数的原子加函数需要自建。NVIDIA 官网提供了具体的函数，其函数名为 atomicAdd_double。

表 7.5　对接触对的并行

接触对编号	颗粒编号	接触力求和	
0	(0, 4)	Force [0]	Force [4]
1	(0, 6)	Force [0]	Force [6]
2	(1, 3)	Force [1]	Force [3]
3	(1, 5)	Force [1]	Force [5]
4	(1, 6)	Force [1]	Force [6]
5	(2, 3)	Force [2]	Force [3]
6	(2, 6)	Force [2]	Force [6]
7	(3, 7)	Force [3]	Force [7]

在实际运算中，由于硬件自身和指令调度等一系列原因，每个线程的计算速度都会有细微的差别。在线程之间的比较中这些差别较为明显，而原子操作采用的是"谁先到，谁先上锁"的方式，即先算到累加位置的线程优先进行原子操作，后续的线程执行排队机制。这样不可避免地会导致接触力的累加顺序不同，最终造成同一算例的多次计算结果不同。

以表 7.5 为例, 线程 1、4 和 6 通过原子操作的方式访问 Force[6], 由于线程 1、4 和 6 在多次计算中其执行速度会不同。第一次计算时, 其累加顺序可以是 1、4、6, 第二次可以是 4、6、1, 以此类推。这里的多次计算指的是程序的多次执行, 而不是同一次执行中不同的时间步。上述操作表面看起来并没有什么区别, 但是计算机的浮点计算存在数值误差, 不同的累加顺序会造成不同的数值误差。由于离散元并没有类似有限元那样的收敛性问题, 其计算结果完全依赖于前一步到当前步的推演, 不会收敛到同一状态。在经过多个时间步的迭代后, 多次计算的结果差别会较为明显。值得一提的是, 并不能因为每次计算结果不同而认定计算是错误的, 这种不同只是计算机误差导致的。实际上, 多次的计算结果不同并不会造成量级上的差别, 运算的结果依然是平稳的。其实可以利用这种差别将多次计算结果做成一个运算库, 对计算结果进行统计处理, 得出更一般的规律。

另外, 多次计算的不同结果使人容易产生对计算方法稳健性的质疑, 这可考虑设计相应的算法加以避免。如果对每次的累加顺序进行排序, 则可以直接避免该问题。但是排序算法较为耗时, 实际运算中会大幅降低计算效率。这个问题可以通过构建每个颗粒与接触对序列的关系进行解决 (Nishiura and Sakaguchi, 2011)。首先, 声明一个数组 referenceSeries, 其长度与上一节中的邻居数组 neighbourParticle 相同。在计算邻居数组 neighbourParticle 时, 每个颗粒只记录比该颗粒序号大或者小的颗粒。这里在 neighbourParticle 中增加记录比该颗粒小的颗粒信息, 并记录比该颗粒序号小的接触颗粒个数。记录的方式为倒序形式。假设某一离散体系中第 4 号颗粒的接触颗粒为 1、2、3、5、6、7, $N_{max} = 10$, 那么 neighbourParticle 中第 4 号颗粒的存储位置上的颗粒信息如表 7.6 所示。

表 7.6 第 4 号颗粒的 neighbourParticle

5	6	7						3	1

在生成颗粒邻居的接触对列表 ParticleList 序列时, 同时构建 referenceSeries。仍然以上面的第 4 号颗粒为例, 假设其所有接触对的相关信息如表 7.7 所示, 即与 5、6、7 号颗粒在 ParticleList 中的位置分别为 13、14、15, 与 1、2、3 号颗粒在 ParticleList 中的位置分别为 4、7、9。由于知道每个颗粒的接触颗粒个数, 包括比该颗粒序号大和小的颗粒, 这时可以在 referenceSeries 中建立每个接触对序号与每个颗粒的对应关系, 如表 7.8 为第 4 号颗粒在 referenceSeries 中的存储情况。

在计算颗粒单元间的接触力时, 只需要将接触力存入与 ParticleList 等长的数组中, 然后根据 referenceSeries 就可以找到每个颗粒对应的 ParticleList 序号, 从而找到对应的接触力。通过比某一颗粒序号大的接触颗粒个数和比该颗粒序号小的接触颗粒个数, 则可以确定这个接触力是正作用还是反作用, 如表 7.8 中第二行所示。

表 7.7 假设 ParticleList 的信息

序列编号	颗粒编号
⋮	
4	(1, 4)
⋮	
9	(3, 4)
⋮	
13	(4, 5)
14	(4, 6)
15	(4, 7)
⋮	

表 7.8 第 4 号颗粒的 referenceSeries

13	14	15	4	9				
+	+	+	−	−				

通过发展 GPU 并行环境下颗粒之间的接触搜索算法，并综合考虑 GPU 的运算能力和数据结构，可采用网格法在 GPU 内对颗粒进行排序进而构建颗粒间的邻居列表，从而依据并行粒度最小化原则，完成接触对下标与颗粒序号坐标间的转换，实现颗粒接触力的高效计算。

7.4 基于 GPU 并行算法的离散元计算分析软件

近年来，大连理工大学工业装备结构分析国家重点实验室计算颗粒力学团队研发了基于 GPU 并行的光滑离散元计算分析软件 SDEM (smoothed discrete element method)。它由一系列专业软件组成，可用于计算分析寒区海洋工程的冰荷载 (IceDEM)、有砟铁路道床动力性能 (BallastDEM)，以及地质灾害渐进演化过程 (PDEM-EDG) 等。目前，该计算分析软件 SDEM 开发了全新的操作界面和软件架构，可有机整合多种颗粒单元类型和求解方法，并考虑颗粒材料与工程结构、流体介质相互作用的耦合过程，从而针对所面临的特定行业问题进行定向开发，在操作界面友好性、数值算法高效性、计算规模工程化等方面都有快速的发展。

SDEM 包含了球体单元、粘结和镶嵌单元、扩展多面体单元、超二次曲面单元等形式。这类单元在几何形态上外表面光滑，没有尖锐的棱角和棱边，可称作"光滑离散元"。SDEM 利用了 GPU 的高性能并行算法，在离散元计算效率上拥有很大的优势。在数值方法上，软件以离散元为主线，开发了针对连续体的有限元和针对流体的光滑质点流体动力学等模块, 发展了高效的 DEM-FEM 耦合方法, 初步具备了 DEM-SPH 耦合功能, 为进一步发展连续体–离散体–流体相互耦合的 FEM-DEM-SPH 算法提供了研发基础, 并可实现更多工程领域的实践应用。

在寒区海洋工程中, SDEM-IceDEM 软件可对海洋平台、船舶等结构与海冰的作用过程进行数值模拟, 为我国极地海洋工程开发提供有效的工程数值分析手段。图 7.9(a) 为潜艇在冰下上浮过程的数值分析。在岩土工程领域, SDEM 用于有砟铁路道床动力特性的数值计算, 为研究铁路道床的劣化机制和合理养护提供依据。图 7.9(b) 为采用 DEM-FEM 耦合算法模拟的有砟–无砟过渡段的力学性能。

(a) 潜艇在冰下浮起过程

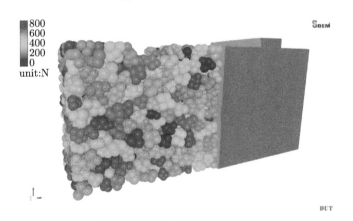

(b) 铁路道床有砟–无砟过渡段的数值模拟

图 7.9 SDEM 软件在寒区海洋工程及铁路道床中的工程应用

7.5 小　　结

本章从基于 GPU 算法的 CUDA 并行编程角度介绍了离散元的程序设计,并简要概述了 MPI、OpenMP 的从 CPU 并行到 GPU 并行的基本方法,以及国内外针对离散元高性能计算软件的研发。CUDA 的程序设计不同于串行程序,也不同于基于 CPU 的并行架构。本章介绍了 CUDA 的软硬件体系,阐述了 CUDA 环境中编程需要了解的基本知识;然后,较为详细地介绍了基于 GPU 的离散元程序设计,包括邻居列表的建立、接触力的处理计算等;最后,简单介绍了离散元计算分析软件 SDEM 及其工程应用。

近年来,随着人工智能的高速发展,人们越来越重视基于 GPU 的计算,且该领域的软硬件革新速度也越来越快,如基于张量运算开发的张量运算器 (tensor processing unit, TPU)、NVIDIA GPU 新增加了统一寻址和张量运算功能等一系列具有革命性的计算架构和平台。因此,基于这些新技术、新算法、新平台,对离散元的相关算法进行改进,并大幅提高离散元的计算效率和准确性,将成为离散元算法领域的重要发展方向。

参 考 文 献

都志辉. 2001. 高性能计算并行编程技术. 北京: 清华大学出版社.

方民权. 2016. GPU 编程与优化: 大众高性能计算. 北京: 清华大学出版社.

金峰, 安雪晖, 石建军, 等. 2005. 堆石混凝土及堆石混凝土大坝. 水利学报, 36(11): 1347-1352.

金峰, 胡卫, 张冲, 等. 2011a. 考虑弹塑性本构的三维模态变形体离散元方法断裂模. 工程力学, 28(5): 1-7

金峰, 王光纶, 贾伟伟. 2001b. 离散元–边界元动力耦合模型在地下结构动力分析中的应用. 水利学报, 1(02): 24-28.

刘春, 张晓宇, 许强, 等. 2017. 三维离散元模型的能量守恒模拟: 以滑坡为例. 地下空间与工程学报, 7(2): 1-7.

刘文志. 2015. 并行算法设计与性能优化. 北京: 机械工业出版社.

索文斌, 刘春, 施斌, 等. 2017. 深基坑 PCMW 工法开挖过程离散元数值模拟分析. 工程地质学报, 25(4): 920-925.

王健, 许明, 葛蔚, 等. 2010. 单相流动数值模拟的 SIMPLE 算法在 GPU 上的实现. 科学通报, 55(20): 1979-1986.

王思博. 2015. GPU 加速耗散粒子动力学模拟软件及其在重质油介观模拟中的应用. 中国科学院大学博士学位论文.

于建群, 王刚, 心男, 等. 2011. 型孔轮式排种器工作过程与性能仿真. 农业机械学报, 42(12): 83-87.

于亚军, 于建群, 陈仲, 等. 2011. 三维离散元法边界建模软件设计. 农业机械学报, 42(8): 99-103.

臧孟炎, 李军, 雷周. 2009. 基于 DEM 的两层结构夹层玻璃冲击破坏特性研究. 科学技术与工程, 9(3): 549-553.

张林波. 2006. 并行计算导论. 北京: 清华大学出版社.

张舒, 褚艳利, 赵开勇. 2009. GPU 高性能运算之 CUDA. 北京: 中国水利水电出版社.

赵春来, 臧孟炎. 2015. 基于 FEM/DEM 的轮胎–沙地相互作用的仿真. 华南理工大学学报 (自然科学版), 43(8): 75-81.

周伟, 常晓林, 周创兵, 等. 2009. 堆石体应力变形细观模拟的随机散粒体不连续变形模型及其应用. 岩石力学与工程学报, 28(03): 491-499.

周伟, 谢婷蜒, 马刚, 等. 2012. 基于颗粒流程序的真三轴应力状态下堆石体的变形和强度特性研究. 岩土力学, 33(10): 3006-3012.

Cheng J. 2017. CUDA C 编程权威指南. 颜成钢等, 译. 北京: 机械工业出版社.

Cleary P W, Metcalfe G, Liffman K. 1997. How well do discrete element granular flow models capture the essentials of mixing processes? Applied Mathematical Modelling, 22(12): 995-1008.

Cook S. 2014. CUDA 并行程序设计:GPU 编程指南. 苏统华等, 译. 北京: 机械工业出版社.

Feng C, Li S H, Liu X Y, et al. 2014. A semi-spring and semi-edge combined contact model in CDEM and its application to analysis of Jiweishan landslide. Journal of Rock Mechanics and Geotechnical Engineering, 6: 26-35.

Harada, T. 2007. Real-Time Rigid Body Simulation on GPUs. GPU Gems 3. Addison Wesley.

Hart R, Cundall P A, Lemos J. 1988. Formulation of a three-dimensional distinct element model-Part II. Mechanical calculations for motion and interaction of a system composed of many polyhedral blocks. International Journal of Rock Mechanics and Mining Sciences, 25(3): 117-125.

Kalms M. 2015. High-performance particle simulation using CUDA. Linköping University.

Li S H, Wang J G, Liu B S, et al. 2007. Analysis of critical excavation depth for a jointed rock slope by face-to-face discrete element method. Rock Mechanics and Rock Engineering, 40(4): 331-348.

Müller M, Charypar D, Gross M. 2003. Particle-based fluid simulation for interactive applications. Proceedings of 2003 ACM SIGGRAPH Symposium on Computer Animation, 154-159.

Munjiza A. 2004. The Combined Finite-discrete Element. Chichester: John Wiley & Sons.

Munjiza A, Andrews K R F. 1998. NBS contact detection algorithm for bodies of similar size. International Journal for Numerical Methods in Engineering, 43(1): 131-149.

Nishiura D, Sakaguchi H. 2011. Parallel-vector algorithms for particle simulations on shared-memory multiprocessors. Journal of Computational Physics, 230: 1923-1938.

Nyland L, Harris M, Prins J. 2007. Fast N-Body Simulation with CUDA. GPU Gems 3. Addison Wesley.

Qin C Z, Zhan L. 2012. Parallelizing flow-accumulation calculations on graphics processing units-from iterative DEM preprocessing algorithm to recursive multiple-flow-direction algorithm. Computers and Geosciences, 43: 7-16.

Qiu X, Wang L, Yang N, et al. 2016. A simplified two-fluid model coupled with EMMS drag for gas-solid flows. Powder Technology.

Storti D. 2017. CUDA 高性能并行计算. 苏统华等, 译. 北京: 机械工业出版社.

Vemuri B C, Cao Y, Chen L. 1998. Fast collision detection algorithms with applications to particle flow. Computer Graphics Forum, 17(2): 121-134.

第二部分

计算颗粒力学的工程应用

第8章 海洋平台及船舶结构冰荷载的离散元分析

随着冰区海洋油气工业的不断发展，在寒冷地区海冰与海洋平台结构相互作用时的冰载荷和海冰的破坏模式对海洋平台的结构设计和疲劳振动分析具有重要作用 (Yue and Bi, 2000; 史庆增等, 2004; 季顺迎等, 2011)。海洋结构的类型多种多样，常见的有导管架平台、Molikpaq 沉箱结构、灯塔、浮式平台及船舶结构等 (Qu et al., 2006; Timco et al., 2006; Brown and Määttänen, 2009)。与现场测量和模型实验获得冰载荷的方法相比，数值模拟具有成本低、周期短等特点。由于海冰在与海洋结构的相互作用过程中会呈现出由连续体向离散块体转变的破坏过程，离散元方法在确定海洋结构冰荷载方面具有明显的计算优势 (Paavilainen and Tuhkuri, 2013; Hopkins, 1997; Lau, 2001)。此外，将基于 GPU 的高性能计算方法引入离散元数值模拟中可显著提高计算规模和计算效率 (狄少丞和季顺迎, 2014)。本章将分别采用球体单元、扩展圆盘单元和扩展多面体单元构造海冰 (季顺迎等, 2013; Sun and Shen, 2012; 刘璐等, 2015)。在球体单元计算中，采用平行粘结模型将球体离散单元进行粘结，并考虑温度、盐度的影响设定海冰单元间的粘结强度。采用离散元方法计算分析海冰与海洋平台、船舶结构相互作用时的破碎过程，并确定冰厚、冰速、冰强度等参数影响下的冰荷载特性。此外，还将采用粗粒化离散元方法，对海冰在地球物理尺度下的动力热力过程进行数值分析。

8.1 海冰材料的离散元方法及计算参数的确定

考虑海冰的材料性质和离散特性，可分别采用具有粘结-破碎特性的球体单元、三维扩展圆盘和扩展多面体单元构造海冰的离散单元模型。对于球体单元，单元的尺寸以及单元间的破坏准则对海冰破坏模式及冰荷载计算结果具有显著影响。在采用离散元方法分析海冰的力学特性时，细观尺度下的计算参数很难通过力学试验直接获得。因此，可采用海冰的宏观力学性质试验校准离散元计算中的细观力学参数。

8.1.1 海冰材料的离散单元构造

(1) 海冰的球体颗粒单元

自然条件下，海冰在生消和运动过程中会形成不同的海冰类型，主要表现为平整冰、碎冰、冰脊和堆积冰，如图 8.1 所示。在海冰的离散元模拟中，应针对不同类型海冰的几何结构和力学特性进行构造。采用球体单元的粘结模型可有效构造海冰所呈现的连续、离散分布特性，并可描述海冰在动力作用过程中的破碎现象。通过球体颗粒单元构造的不同海冰类型如图 8.2 所示。除球体单元规则排列外，还可采用球体单元随机排列的方式进行海冰材料的构造，以避免离散元模拟时海冰材料的各向异性力学行为。图 8.3 为采用球体单元通过规则排列和随机排列构造的冰脊。

(a) 平整冰　　　　　　　　　　　　(b) 碎冰

(c) 冰脊　　　　　　　　　　　　(d) 堆积冰

图 8.1　海冰在自然海域中的不同分布状态

(a) 平整冰　　　　　　　　　　　　(b) 碎冰

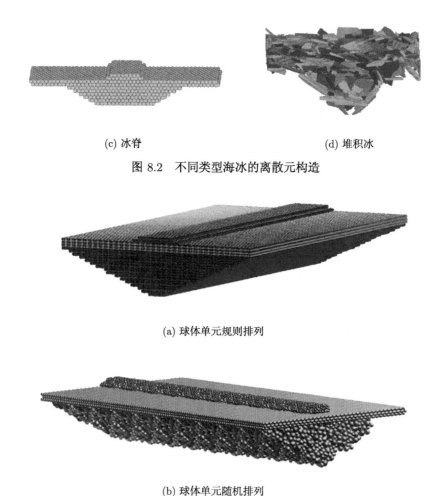

(c) 冰脊　　　　　　　　　　　　　(d) 堆积冰

图 8.2　不同类型海冰的离散元构造

(a) 球体单元规则排列

(b) 球体单元随机排列

图 8.3　采用球体单元规则排列和随机排列方法构造的冰脊

对于趋于无限大的冰区，受当前计算规模和计算效率的影响，离散元方法只能对其局部区域进行数值分析，因此需要设定合理的边界条件。对于平整冰区，考虑计算域与远处冰场的位移、作用力传递条件，在边界的每个颗粒单元上设定相应的水平和竖向刚度，如图 8.4 所示。若进一步考虑海冰的整体运动情况，对边界单元设定一个相应的水平速度。粘结球体单元间具有一定的法向和切向粘结强度，可传递两个单元间的作用力和力矩，如图 8.5 所示。粘结单元间的法向和切向应力可由弹性梁在组合荷载下的拉伸、扭转和弯曲计算模型得到。当法向或切向应力达到其相应强度时，粘结单元则会逐渐失效。粘结单元的失效过程及破坏准则对计算结果影响显著，也是目前离散元研究的重要内容。

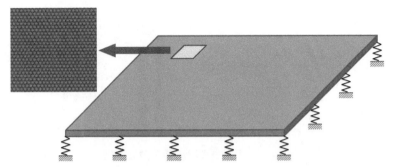

图 8.4　采用粘结球体颗粒单元构造的平整冰

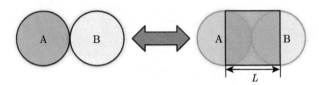

图 8.5　接触点处的梁单元等价示意图

(2) 海冰的扩展多面体单元

针对碎冰区海冰具有非规则的多边形几何形态 (图 8.6),可采用基于 Minkowski Sum 方法的扩展多面体单元计算碎冰块间及其与海洋结构的相互作用。为构造具有随机分布和非规则几何形态的碎冰单元,这里采用 Voronoi 切割算法在计算域随机生成若干个大小形态不同的多边形。对生成的多边形,采用 Minkowski Sum 方法构造生成相应的扩展多面体海冰单元,即将球体单元与多面体单元相叠加构造光滑的扩展多面体单元,如图 8.7 所示。在 Voronoi 切割算法中可以设定冰块的大小、密集度等参数。对于碎冰块需考虑冰块间的碰撞以及海水的浮力和拖曳力,并采用四元数方法对其在 6 个自由度上进行动力计算。

船舶在碎冰区航行

图 8.6　具有非规则多边形几何形态的浮冰块

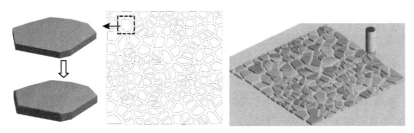

图 8.7　采用 Voronoi 分割算法生成的碎冰区

(3) 海冰的扩展圆盘单元

当平整冰破碎后，多面体冰块会在多次相互碰撞中趋向光滑，形成莲叶状碎冰，如图 8.8 所示。为构造莲叶冰的计算模型，Hopkins 最早建立了扩展圆盘单元以有效地描述冰区的碎冰几何形态 (Hopkins and Shen, 2001; Hopkins, 2004)。随后该方法用于莲叶冰与海洋平台桩腿、船体结构相互作用中的冰荷载计算 (Sun and Shen, 2012; 李紫麟等, 2013; Ji et al., 2013)。莲叶状碎冰的三维圆盘单元由一个中心圆面和一个扩展球体构成，其半径分别为 R 和 r，如图 8.9 所示。圆形平面的每一点用半径为 r 的球体进行扩展，从而由一个圆形平面构造出一个外径 $D = 2(r + R)$、中心冰厚 $H_i = 2r$ 的三维圆盘单元。这样圆盘单元间的相互作用则转变为球体单元的接触判断和作用力计算。

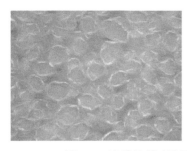

图 8.8　冻结的莲叶冰及其与海洋平台结构的相互作用

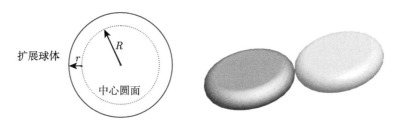

(a) 海冰单元的计算参数 R 和 r　　　　　　(b) 海冰扩展圆盘单元

图 8.9　碎冰的扩展圆盘单元模型

8.1.2   海冰压缩和弯曲强度的离散元分析

海冰是一种力学性质复杂的天然复合材料,其力学性质主要包括压缩强度、拉伸强度、弯曲强度、剪切强度、弹性模量、泊松比以及断裂韧性等。海冰力学性质会受到盐度与温度、内部结构 (冰晶尺寸及排列方向、孔隙率) 与外部加载环境 (加载速率、加载方向、试验尺寸) 的共同影响。这里采用单轴压缩强度与三点弯曲强度试验来对离散单元模型进行检验。

在海冰的单轴压缩试验中,采用尺寸为 70mm × 70mm × 175mm 的长方体冰试样,并施加竖直方向的荷载,其加载示意图如图 8.10(a) 所示。海冰弯曲强度的获取采用三点弯曲试验方法,海冰试样取为 75mm × 75mm × 700mm 的长方体,加载方式如图 8.10(b) 所示。海冰单轴压缩和三点弯曲试验中的典型应力时程曲线如图 8.11 所示,由此可确定海冰的单轴压缩强度和弯曲强度。

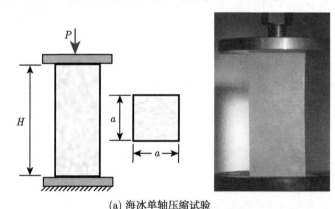

(a) 海冰单轴压缩试验

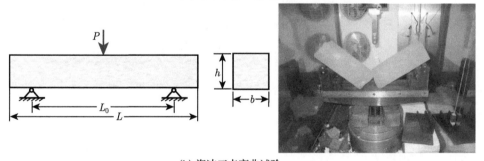

(b) 海冰三点弯曲试验

图 8.10   海冰单轴压缩与三点弯曲试验

海冰初始试样的质量对数值模拟结果有较大影响,初始试样中颗粒的排列方式有规则排列与随机排列两种,其中规则排列方式生成试样的方法具有程序易实现、试样颗粒粒径单一、试样表面不规则、试样各向异性等特点。常见的规则排列方式有 FCC (face-centred cubic，面心立方) 与 HCP (hexagonal close packed，密排六方)。这里采用 HCP 规则排列方式生成海冰的初始试样。生成的单轴压缩试验试样与三点弯曲试验试样如图 8.12 所示。

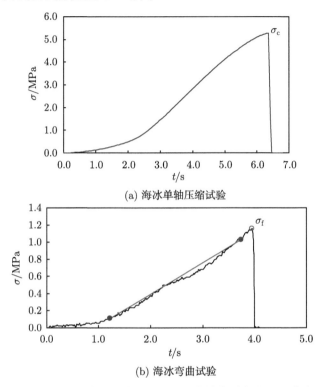

(a) 海冰单轴压缩试验

(b) 海冰弯曲试验

图 8.11　海冰单轴压缩和弯曲试验中的典型应力时程曲线

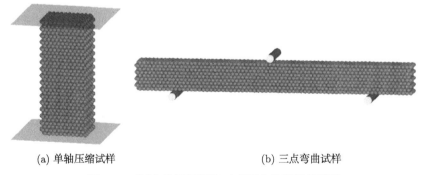

(a) 单轴压缩试样　　　　　　　　(b) 三点弯曲试样

图 8.12　海冰单轴压缩和三点弯曲的离散元模型

在海冰单轴压缩数值试验中，上部加载板以固定速率向下加载，所有的边界均假设为刚性。在海冰弯曲数值试验中，采用刚性圆柱体作为海冰数值试样的支撑点，其中下部两个圆柱体保持固定，位于试样上部的圆柱体以恒定速率向下加载。在海冰单轴压缩与三点弯曲数值试验中，主要计算参数列于表 8.1 中。离散元模拟的海冰单轴压缩与三点弯曲试验中海冰破碎过程如图 8.13 和图 8.14 所示，计算得到的海冰压缩与弯曲应力–应变、应力–挠度曲线如图 8.15 和图 8.16 所示，由此可获得海冰的单轴压缩强度 $\sigma_c = 5.64\text{MPa}$ 和弯曲强度 $\sigma_f = 1.25\text{MPa}$。

表 8.1　海冰数值试验中的主要计算参数

定义	符号	单位	数值
海冰密度	ρ	kg/m^3	920
颗粒粒径	D	mm	10
颗粒间接触模量	E_c	GPa	1.0
切向法向刚度比	k_s/k_n	—	0.5
颗粒间摩擦系数	μ_p	—	0.2
临界阻尼比	ξ	—	0.36
最大粘结强度	$\sigma_b^{\max}$	MPa	1.0
海冰温度	T	℃	-10
海冰盐度	S	‰	1
颗粒数量	N_p	—	3300(压缩)/5040(弯曲)
加载速率	v_L	m/s	0.02

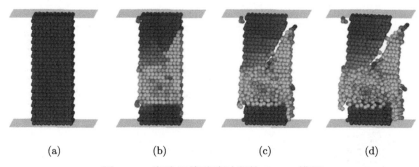

（a）　　　　　　（b）　　　　　　（c）　　　　　　（d）

图 8.13　海冰压缩破碎过程的 DEM 模拟

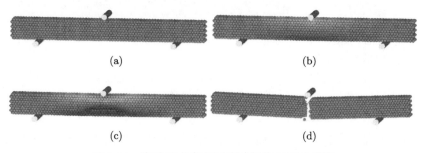

（a）　　　　　　　　　　　　　（b）

（c）　　　　　　　　　　　　　（d）

图 8.14　海冰三点弯曲破碎过程的 DEM 模拟

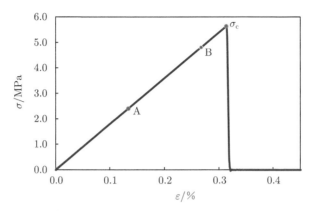

图 8.15 离散单元方法模拟的海冰单轴压缩应力–应变曲线

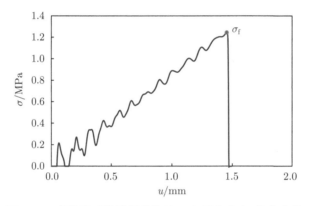

图 8.16 离散单元法模拟的海冰三点弯曲应力–挠度曲线

海冰单轴压缩和弯曲强度均受海冰卤水体积 (温度与盐度的函数)、加载速率等因素的影响。在考虑卤水体积影响的情况下，可将海冰颗粒单元间的粘结强度用最大粘结强度 $\sigma_b^{\max}$ 表示，即

$$\sigma_b^n = \beta(v_b)\sigma_b^{\max} \tag{8.1}$$

式中，$\beta(v_b)$ 为卤水体积 v_b 影响下的海冰强度折减系数；海冰单元间的最大粘结强度 $\sigma_b^{\max}$ 可通过海冰单轴压缩强度的敏度分析确定。考虑海冰的压缩和弯曲强度与卤水体积有相似的对应关系 (季顺迎等, 2011)，则有

$$\beta = e^{-4.29\sqrt{v_b}} \tag{8.2}$$

式中，v_b 可设为海冰温度和盐度的函数 (Frankenstein and Garner, 1967)，即

$$v_b = S\left(0.532 + \frac{49.185}{|T|}\right) \quad (-22.9^\circ C \leqslant T \leqslant -0.5^\circ C) \tag{8.3}$$

式中，T 为海冰温度 ($^\circ$C)；S 为海冰盐度 (‰)。

为分析海冰温度和盐度对单轴压缩强度与三点弯曲强度的影响，这里设定海冰颗粒单元间的最大粘结强度 $\sigma_b^{\max}$ 为 0.7MPa，通过确定不同温度和盐度下的强度折减系数 β，计算不同卤水体积下的粘结强度 σ_b^n。通过调整温度和盐度使卤水体积在区间 $(0.0, 0.4)$ 内均匀变化，计算得到压缩强度、弯曲强度与卤水体积的关系如图 8.17 和图 8.18 所示，图中给出了压缩强度和弯曲强度与卤水体积的拟合曲线。可以发现，σ_c 和 σ_f 随 $(v_b)^{0.5}$ 呈很强的负指数关系，与现场测量得到的指数关系一致。

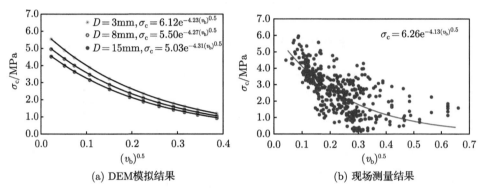

(a) DEM模拟结果　　　　　　　　　　(b) 现场测量结果

图 8.17　卤水体积对海冰压缩强度的影响

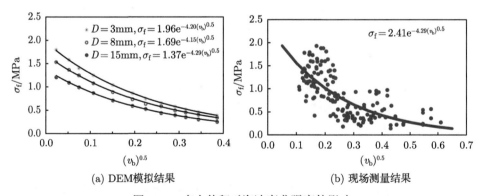

(a) DEM模拟结果　　　　　　　　　　(b) 现场测量结果

图 8.18　卤水体积对海冰弯曲强度的影响

8.1.3　海冰离散元模拟的主要计算参数

离散单元法计算参数校准的实质是以细观参数为桥梁建立模型参数与宏观力学特性之间的关系。通过数值模拟结果与宏观试验结果的对比，以确定所取模型参数在模拟宏观力学特性时的准确度。采用细观力学模型进行海冰力学特性模拟的实质就是通过不断地改变试样中颗粒的细观力学参数，使数值试样的宏观力学特性逼近真实海冰的宏观力学性质。因此细观力学参数的确定过程是一个参数调优的过程，即不断地修改以得到最终的细观力学参数。

海冰宏观力学特性主要包括密度 ρ_i、泊松比 ν、弹性模量 E、压缩强度 σ_c、弯曲强度 σ_f、加载速率 v_L。模型的细观力学参数包括颗粒粒径 D、颗粒密度 ρ、颗粒间摩擦系数 μ、颗粒间的法向接触刚度 k_n、切向接触刚度 k_s、平行粘结模型中的法向粘结强度 σ_b^n、切向粘结强度 σ_b^s 等。通过量纲分析方法可以得到细观力学参数与海冰宏观力学特性之间的对应关系，在采用离散单元平行粘结模型进行海冰力学特性模拟时，数值试样中颗粒的响应 R_S 与细观力学参数的关系可表示为 (Huang, 1999)

$$R_S = f(H, a, D, \rho, \mu, k_n, k_s, \sigma_b^n, \sigma_b^s, v_L) \tag{8.4}$$

模拟试样的高度 H 和宽度 a 取值与海冰压缩试样的高度与宽度一致，颗粒密度 ρ 可由海冰的材料密度 ρ_i 获得。上式变为

$$R_S = f(D, \mu, k_n, k_s, \sigma_b^n, \sigma_b^s, v_L) \tag{8.5}$$

该式中的参数只有三个独立的量纲 ((m)、(s) 和 (kg))，因此试样的响应可以用五个独立的无量纲参数表示，即

$$R_S = f\left(\frac{D}{a}, \mu, \frac{k_s}{k_n}, \frac{\sigma_b^s}{\sigma_b^n}, \frac{v_L}{\sqrt{k_n/\rho}}\right) \tag{8.6}$$

当海冰力学特性的模拟在准静态荷载 $(v_L/\sqrt{k_n/\rho} \ll 1)$ 和足够的自由度 $(D/a \ll 1)$ 条件下进行时，海冰力学特性参数中的弹性模量、泊松比、压缩强度、弯曲强度可以根据模型中摩擦系数、法向刚度与切向刚度比、法向粘结强度与切向强度比来确定。

8.1.4　粘结海冰单元间的失效准则

在用离散元粘结模型模拟海冰材料内部孔隙从开裂、扩展、贯穿到最终破坏的全过程时，首先必须确定合理的破坏准则以判断海冰内部孔隙的起裂。对于破坏准则目前存在多种形式，其中最为常用的有最大主拉应力准则，即认为海冰材料内部某点的最大主拉应力超过了材料的抗拉强度 σ_b^n 时，材料内部的裂纹开始萌生，海冰材料会进一步发生破坏。这里采用拉剪分区断裂准则 (侯艳丽, 2005)，即分别设定法向拉伸强度与切向剪切强度作为颗粒间法向与切向的断裂强度，如图 8.19 所示。颗粒间粘结发生断裂的断裂函数定义为

$$F(\sigma_n) = \sigma_n - \sigma_b^n \tag{8.7}$$

$$F(\tau) = \tau - \sigma_b^s \tag{8.8}$$

式中，σ_n 为颗粒间粘结部分所承受的法向应力，且以拉为正；τ 为切向应力；σ_b^n 和 σ_b^s 分别为拉伸和剪切强度。当一点的应力组合使得断裂函数 $F < 0$ 时，则该点处于线弹性阶段；当一点的应力状态使得 $F \geqslant 0$ 时，则该点发生断裂。由此可知，断裂主要是由受拉断裂与拉剪断裂两种断裂方式共同引起的。假设在某一时刻 t，粘结部分的应力状态处于线弹性阶段，位于图中的①区，根据线弹性接触模型计算得到粘结部分的法向应力和切向应力。在 $t + \Delta t$ 时刻，若计算的应力使得某点的应力状态位于开裂面外，即 $F(\sigma_n) \geqslant 0$ 或 $F(\tau) \geqslant 0$ 或二者均大于 0，则该点开始发生断裂。当一点的应力状态位于图中的②区时，则发生拉伸断裂，而未发生剪切断裂，断裂应力法向分量的大小为抗拉强度 σ_b^n。

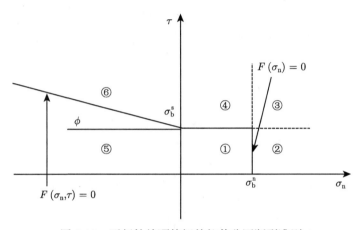

图 8.19　平行粘结颗粒间的拉剪分区断裂准则

当一点的应力状态位于图中的③区时，则既发生拉伸断裂，也发生剪切断裂，发生断裂的应力为两断裂函数的交点，开裂应力的法向分量和切向分量分别为

$$\sigma_0 = \sigma_b^n \tag{8.9}$$

$$\tau_0 = \sigma_b^s \tag{8.10}$$

当一点的应力状态位于图中的④区时，则发生剪切断裂，而未发生拉伸断裂，断裂应力的切向分量大小为剪切强度 σ_b^s。

至此确立了在拉剪应力状态下，粘结部分发生断裂时应力 (σ_0, τ_0) 的大小；当粘结处于压剪应力状态 $(\sigma_n < 0)$ 时，发生压剪断裂的屈服函数定义为

$$F(\sigma_n, \tau) = |\tau| + \sigma_n \tan \phi - \sigma_b^s \tag{8.11}$$

式中，ϕ 为摩擦角；当应力状态位于图中⑤区时，$F(\sigma_n, \tau) < 0$，处于压剪线弹性状态；当应力状态位于图中⑥区时，$F(\sigma_n, \tau) \geqslant 0$，则发生压剪断裂。

海冰离散元粘结模型的断裂准则确定后，即可模拟海冰的破碎过程，进而确定海冰的单轴压缩强度与三点弯曲强度。经过试算发现，粘结模型中的细观参数法向拉伸粘结强度、切向剪切粘结强度及摩擦角会影响模型的宏观强度。这里重点分析这三个计算参数对试样宏观强度的影响。当取粘结颗粒间的摩擦系数 $\mu = \tan\phi = 0.2$，法向粘结强度和切向粘结强度的取值在 $0.1\sim2.0$ MPa 范围内变化时，可得到不同细观粘结强度下的单轴压缩强度、弯曲强度及其比值 R，其等值线云图如图 8.20 所示。通过与海冰物理力学试验结果的对比，可确定出合理的粘结颗粒间的摩擦系数。

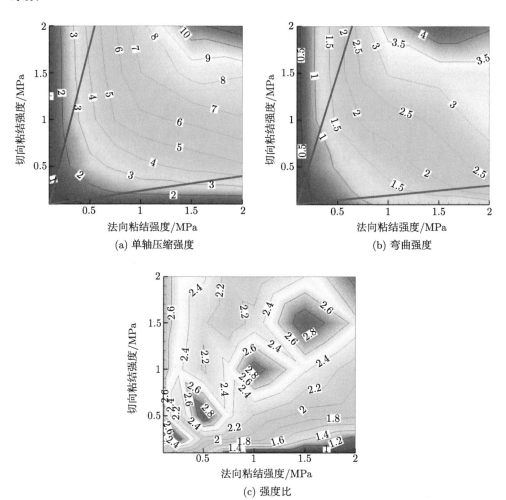

图 8.20 $\mu = 0.2$ 时海冰单轴压强度、弯曲强度及其比值的等值线分布

8.1.5　颗粒尺寸影响下的海冰强度离散元模拟

在离散元模型中，颗粒单元的粒径是一个重要的参数。在海冰离散元模拟中，粒径对模拟的结果产生重要影响，同时试样大小也会对计算结果产生影响。这里通过改变粒径及试样尺寸来研究离散元模拟中海冰宏观力学特性的尺寸效应。这里设定六组不同尺寸的海冰试样进行单轴压缩试验，四组进行三点弯曲试验，同时改变颗粒的粒径。其中试样尺寸列于表 8.2 中。

表 8.2　单轴压缩与三点弯曲试验试样尺寸

单轴压缩试验 $(a \times a \times H)/\text{mm}^3$
$70 \times 70 \times 175$; $100 \times 100 \times 250$; $150 \times 150 \times 375$;
$200 \times 200 \times 500$; $1\,000 \times 1\,000 \times 2\,500$; $2\,000 \times 2\,000 \times 5\,000$
三点弯曲试验 $(L_0 \times h \times b)/\text{mm}^3$
$250 \times 37.5 \times 37.5$; $500 \times 75 \times 75$; $750 \times 112.5 \times 112.5$; $1\,000 \times 150 \times 150$

为研究颗粒粒径与试样尺寸对海冰力学特性的影响，这里引入了无量纲参数 $\overline{D} = D/L$，其中 D 为颗粒粒径，L 为试样尺寸，在单轴压缩试验中 L 为 a，弯曲试验中 L 为 h 或 b。以压缩强度、弯曲强度为纵坐标，$\overline{D}$ 为横坐标绘制的强度相对粒径关系如图 8.21 所示。可以看出，对于不同尺寸的海冰试样，只要颗粒粒径 D 与试样尺寸 L 的比值相等，试样的压缩强度和弯曲强度则相同，且可表示为

$$\sigma_c = -11.36(D/L) + 5.96 \tag{8.12}$$

$$\sigma_f = -3.47(D/L) + 1.94 \tag{8.13}$$

这两条拟合直线与纵坐标的交点即为试样的单轴压缩强度 $\sigma_c = 5.96\text{MPa}$ 和弯曲强度 $\sigma_f = 1.94\text{MPa}$，其中对应的颗粒间粘结强度 $\sigma_b = 0.73\text{MPa}$。

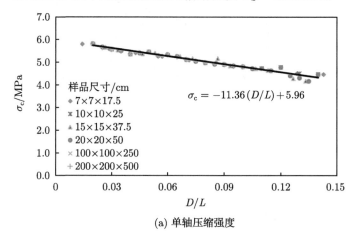

(a) 单轴压缩强度

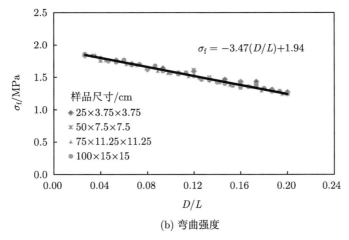

(b) 弯曲强度

图 8.21 不同试样尺寸时海冰力学性质与相对粒径 $\bar{D}$ 的关系

8.2 海冰与固定式海洋平台结构相互作用的离散元分析

目前固定式海洋平台结构在寒区海洋工程中运用广泛,其基底固定于海床上,一般采用桩基础或重力式基础。固定式结构的固有频率较高,振动周期同挤压冰力周期范围接近,在很多情况下会产生交变冰力,引发结构的强烈冰激振动 (屈衍, 2006)。本节主要对柔性固定式导管架平台结构的冰荷载进行离散元分析和试验验证。导管架平台因其桩腿的结构形式不同,又可分为直立腿结构和锥体结构。海冰与这两种类型结构作用时的破碎形式不同,其冰荷载特性也有很大的差异。在此基础上进一步采用离散元方法计算并分析海冰与复杂形式的海洋平台结构的相互作用过程。

8.2.1 直立腿结构冰荷载的离散元分析

当海冰快速运动并与直立结构相互作用时,海冰会发生脆性挤压破碎,结构响应变为随机激励下的受迫振动。在脆性挤压过程中,海冰与结构接触部分会破碎成粉末状颗粒,如图 8.22 所示。

为模拟海冰与直立平台结构相互作用时的破碎过程,这里通过球体颗粒单元间的平行粘结作用构造平整冰。针对海冰材料的物理力学性质,两个粘结颗粒之间的粘结强度可设为海冰温度、盐度和加载速率的函数。当粘结颗粒间的剪切或拉伸应力高于其设定的剪切或拉伸应力时,则粘结单元发生失效 (季顺迎等, 2013)。在海冰与直立腿结构相互作用的 DEM 模拟中,主要计算参数列于表 8.3 中。

图 8.22　海冰与直立结构的作用过程

表 8.3　海冰与直立腿结构相互作用中离散元模拟的主要计算参数

定义	符号	数值
计算域尺寸	$L \times W \times H$	20m×10m×0.18m
颗粒直径	D	4.48cm
法向接触刚度	k_n	1.72×10^7N/m
切向接触刚度	k_s	1.72×10^6N/m
颗粒间摩擦系数	μ_p	0.2
法向粘结强度	σ_b^n	0.5MPa
切向粘结强度	σ_b^s	0.5MPa
海冰速度	V_i	0.2m/s
海水拖曳系数	C_d	0.05
颗粒数目	N_p	608790

采用离散元方法数值模拟的平整冰与直立腿结构相互作用过程如图 8.23 所示，图中列出了 6 个不同时刻的相互作用情况。海冰与直立腿结构相互作用过程中，海冰主要以挤压破碎为主，主要形态特征表现为破碎后海冰呈粉末状，而数值模拟结果再现了这一特性。计算得到的 x 方向的冰力时程如图 8.24(a) 所示。冰力时程曲线呈现出很强的随机性，图中圆圈标识的数值为冰力的峰值，其中峰值最大值为56.2kN，最小值为 28.2kN，平均值为 40.9kN。对冰力峰值的统计结果如图 8.24(b) 所示，从中可以看出冰力峰值呈现出正态分布，其中均值为 26.4kN，标准差 8.3kN。

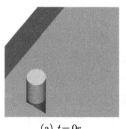

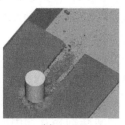

(a) $t=0$s　　　　　　(b) $t=9$s　　　　　　(c) $t=18$s

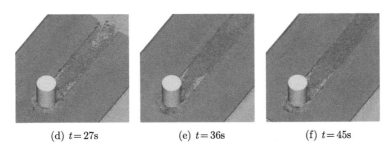

(d) $t=27\mathrm{s}$ (e) $t=36\mathrm{s}$ (f) $t=45\mathrm{s}$

图 8.23 海冰与直立腿结构相互作用过程的离散元模拟

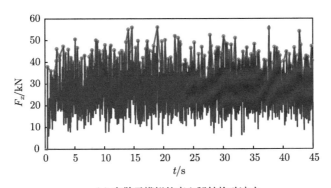

(a) 离散元模拟的直立腿结构动冰力

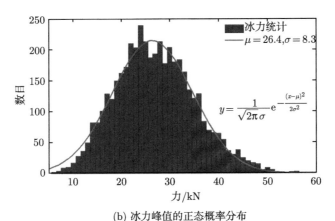

(b) 冰力峰值的正态概率分布

图 8.24 离散元模拟的海冰对直立腿结构的动冰力及其峰值的概率统计特性

　　直立腿结构及海冰破碎过程如图 8.25 所示,由压力盒测量得到的典型脆性挤压破碎冰力时程如图 8.26 所示 (屈衍, 2006)。与此对应的冰况为:冰厚 0.18m,冰速 0.2m/s。DEM 模拟的冰力最大值和峰值均值分别为 56.2kN 和 40.9kN,其与现场测量中相应的 57.8kN 和 45.2kN 较为接近。

(a) 辽东湾 JZ9-3 MDP-1 直立腿平台

(b) 直立桩腿结构

图 8.25　海冰与直立腿结构的相互作用过程

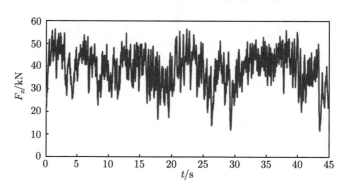

图 8.26　JZ9-3MDP-1 平台压力盒测量得到了冰力时程曲线

8.2.2　锥体海洋平台结构冰荷载的离散元分析

首先利用圆锥形结构单元, 构造 JZ20-2 MUQ 平台上的单个锥体结构, 锥体部分的离散元模型如图 8.27 所示, 未加锥之前桩腿的直径为 1.708m, 所加锥体高度为 2.5m, 锥体最大直径处为 4.0m, 水线处为 2.85m。JZ20-2 MUQ 平台具有四根桩腿, 但只在其中一根桩腿上安装了冰压力盒, 因此本节在建立平台结构模型时只考虑一根桩腿与冰发生作用, 并且将桩腿看作是只可在平面内运动的三自由度系统。

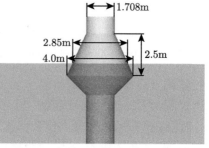

图 8.27　辽东湾 JZ20-2 MUQ 平台锥体平台及其桩腿计算模型

海冰离散元模型尺寸的选择应避免"边界效应"。海冰与斜面结构之间的相互作用主要体现为斜面结构前方冰盖的弯曲破坏，结构模型与冰盖侧限距离要大于结构模型直径的 4 倍以上，即可认为计算得到的冰力没有受到边界的影响。由于水线处锥体的直径为 4.0m，因此设定冰盖的宽度为 18m，长度为 40m，生成的海冰与锥体结构的离散元模型如图 8.28 所示。

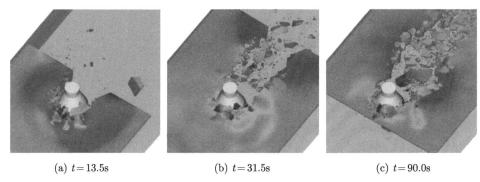

(a) $t=13.5$s　　　　　　(b) $t=31.5$s　　　　　　(c) $t=90.0$s

图 8.28　离散元模拟的海冰与锥体结构的相互作用过程

计算中使用的离散元细观参数列于表 8.4 中。数值模拟的平整冰与锥体结构相互作用过程如图 8.28 所示，模拟总时间为 90s。图中列出了 3 个不同时刻的相互作用情况。海冰与锥体结构相互作用过程中，海冰主要以弯曲破坏为主，主要形态特征表现为破碎后的冰块在尺寸上为冰厚的 3~7 倍，而数值模拟结果再现了这一特性。冰盖发生弯曲破碎后，冰力将卸载为零，直至后续冰盖与锥体结构再次发生接触。

表 8.4　海冰与锥体结构相互作用离散元模拟中的主要计算参数

定义	符号	数值
颗粒大小	D	8.735cm
法向接触刚度	k_n	1.72×10^7N/m
切向接触刚度	k_s	1.72×10^6N/m
颗粒间摩擦系数	μ_p	0.2
法向粘结强度	σ_b^n	0.5MPa
切向粘结强度	σ_b^s	0.5MPa
颗粒数目	N_p	326304

计算得到的 x 方向的锥体冰力时程曲线如图 8.29 所示，可以看出冰力峰值呈现出很强的周期性，图中圆圈为冰力在每个周期内的峰值，其中峰值最大值为109kN，最小值为 70.6kN，平均值为 91.2kN。对冰力峰值进行统计，冰力峰值主要集中在 75~110 kN，其中 95kN 附近最多，冰力峰值出现的时间间隔主要集中在1.5~4.5 s。这里的冰速为 0.43m/s，可以统计出碎冰块的尺寸大约为 1.1m，而冰厚

为 0.23m，可以得出碎冰块的尺寸约为冰厚的 5 倍，这与现场观测结果一致。

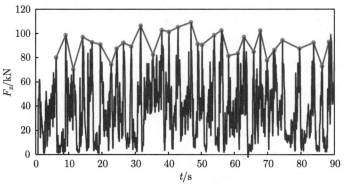

图 8.29　离散元模拟的海冰对锥体结构的动冰力

辽东湾 JZ20-2 MUQ 导管架平台为四腿导管架平台，在每个桩腿上都安装了相似的破冰锥体，安装的破冰锥体及破冰过程如图 8.30 所示。海冰与窄锥结构作用时，从锥体边界到冰排内部会出现径向裂纹及环向裂纹，最后冰排产生弯曲破坏并形成许多楔形冰板。采用压力盒测量得到的锥体冰力时程曲线如图 8.31 所示。可以看出，每次发生弯曲破碎后，冰力是完全卸载的，冰力将降低到零。同时作用在锥体结构上的冰力具有明显的周期性，冰力周期约为 2s。此外，离散元模拟和实测结果得到的海冰的破坏模式均呈弯曲破碎，冰力均有周期性变化规律。DEM 模拟的冰力最大值和峰值均值分别为 109.0kN 和 91.2kN，其与现场测量结果中相应的 127.8kN 和 86.1kN 较为接近。

图 8.30　辽东湾 JZ20-2 MUQ 锥体桩腿结构

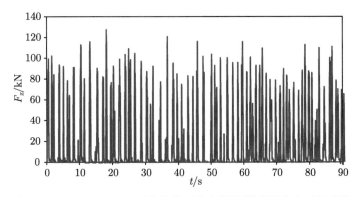

图 8.31　JZ20-2 MUQ 平台锥体压力盒测量得到的冰力时程曲线

　　海冰作用在锥体结构上的动冰力属于随机冰力，常用功率谱密度函数来描述随机过程的特性。现场实测和离散元计算的冰荷载功率谱密度曲线如图 8.32 所示。可以看出，无论是谱密度曲线峰值还是谱峰频率二者都很接近。因此，离散元模型可有效地模拟海冰与锥体结构的相互作用过程，合理确定冰荷载。

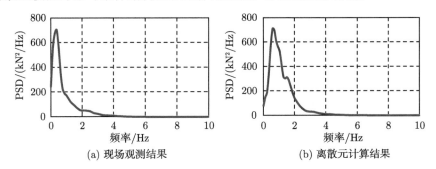

图 8.32　现场观测与离散元模拟冰力的功率谱密度曲线对比

8.2.3　多桩腿锥体导管架平台结构的冰荷载遮蔽效应

　　对于多桩腿平台结构的遮蔽效应，Kato(1990) 和 Kato 等 (1994) 最早通过模型试验分别确定了直立腿和锥体平台在不同冰向下的遮蔽系数。冰荷载的遮蔽效应在渤海海冰的现场监测和模型试验中也非常明显 (Timco et al., 1992; Yue et al., 2007)。这里针对海冰与多桩锥体海洋平台结构的相互作用过程，对不同冰向下各桩的冰力遮蔽效应进行数值分析。

　　(1) 不同流向下多桩腿结构冰力分析

　　海冰与多桩腿海洋平台相互作用过程中，在不同冰向下各个桩腿的冰荷载产生较大差异，冰荷载会呈现出显著的多桩结构的冰力遮蔽效应。这里以渤海 JZ20-2 MUQ 平台为基础，建立离散元模型来分析其桩腿之间的冰力遮蔽效应，JZ20-2

MUQ 平台及其离散元模型如图 8.33 所示，图中标出了各桩腿的编号以分析其受力情况。

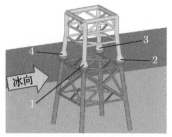

图 8.33　渤海 JZ20-2 MUQ 四锥体平台及离散元模型

平台桩腿间距约为 20m，为了避免边界效应对计算结果的影响，将冰排的尺寸设为 50m × 40m，冰厚仍为 0.23m。海冰离散元模型参数与前文一致，列于表 8.3 中。为分析不同冰向下海冰与四桩腿锥体结构的相互作用，分别设定冰向为 θ =0°、5°、10°、15°、20°、25°、30°、35°、40°、45°，共 10 组工况。其中计算得到的冰向为 θ =0°、15°、30°、45° 的海冰与四桩腿锥体结构相互作用过程如图 8.34

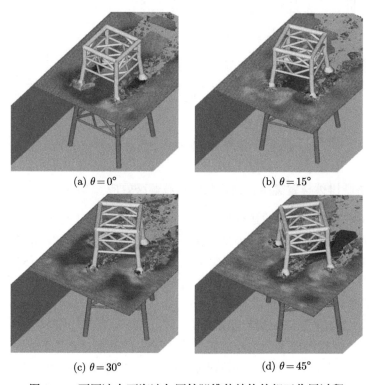

(a) $\theta = 0°$　　　　　　　　　　　(b) $\theta = 15°$

(c) $\theta = 30°$　　　　　　　　　　　(d) $\theta = 45°$

图 8.34　不同冰向下海冰与四桩腿锥体结构的相互作用过程

所示,前排锥体与海冰作用过程中会使海冰发生破碎而形成水道,并对后排桩腿的冰力产生遮蔽影响,在不同冰向下海冰与锥体作用形成的水道会有较大的差异。当冰向 $\theta = 0°$(图 8.34(a)) 时,后排锥体正好处于前排锥体形成的水道内,并且只有碎冰块与之作用,冰力相对较小;当冰向 $\theta = 15°$(图 8.34(b)) 时,后排桩腿有一部分处于水道内,并受自由边界的影响,冰荷载也明显降低;当冰向 $\theta = 30°$(图 8.34(c)) 时,与 2#桩腿发生接触的冰排两侧为自由边界,使得海冰与该桩腿作用时冰力周期变长;当冰向 $\theta = 45°$(图 8.34(d)) 时,2#桩腿正好处于 4#桩腿的水道内。

冰向为 45° 时平台各桩腿的冰力时程曲线如图 8.35 所示,可以发现各桩腿冰力均呈现出具有很强随机性的脉冲荷载,这与海冰现场监测和室内模型试验结果相一致 (Tian and Huang, 2013; 曲月霞等, 2001)。相应的冰力峰值的平均值如图 8.36 所示,可以看出,1#与 4#桩腿不受遮蔽效应的影响,在不同冰向时冰力保持稳定;对于 2#桩腿,冰向为 45° 时完全被 4#桩腿遮蔽,因此冰力的平均峰值随着冰向角度的增大呈先增大后减小的趋势。由此可见,各桩腿上冰力的变化趋势是由各桩腿的遮蔽效应决定的,当平台的桩腿数目和空间排布发生变化时,各桩腿的遮蔽效应也随冰向的改变而发生变化,并进一步影响到各桩腿及平台整体冰力的分布特性。

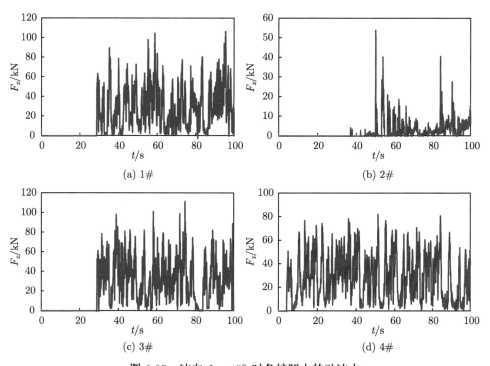

图 8.35 冰向 $\theta = 45°$ 时各桩腿上的动冰力

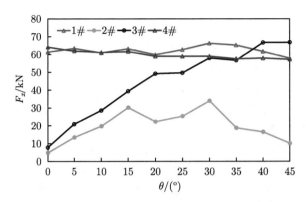

图 8.36　不同冰向下平台各桩腿冰力平均峰值

(2) 多桩锥体结构的冰力遮蔽效应

借鉴 Kato 建立的多桩结构中单桩冰力的衰减表述方式，即 (Kato, 1990; Kato et al., 1994)

$$F = k_{\mathrm{s}} F_0 \tag{8.14}$$

式中，F 为多桩结构中的单桩冰力；F_0 为独立桩上的冰力；k_{s} 为多桩结构中单桩的衰减系数。这里定义无量纲距离 $s^* = s/D$，其中 s 为桩柱到自由边界的距离；D 为桩径。由式 (8.15) 可得不同自由边界距离处桩柱的衰减系数，该衰减系数可以分为两段，即

$$k_{\mathrm{s}} = \begin{cases} s^*, & s^* < 1.0 \\ \min\left(0.89 + 0.02 s^*, 1.0\right), & s^* \geqslant 1.0 \end{cases} \tag{8.15}$$

在多桩平台结构的总冰力计算中，需同时考虑海冰的非同时破坏、遮蔽效应、海冰堆积等因素，其总冰力为 (ISO 19906, 2010)

$$F_{\mathrm{T}} = K_{\mathrm{s}} K_{\mathrm{n}} K_j F_{\mathrm{A}} \tag{8.16}$$

式中，F_{T} 为多桩结构的总冰力；F_{A} 为多个独立桩受到的总冰力；K_{s} 为遮蔽系数；K_{n} 为考虑非同时破坏的因素，一般选为 0.9；K_j 考虑冰堆积的因素，对于平整冰 $K_j = 1.0$。遮蔽系数 K_{s} 是每个桩腿遮蔽影响的共同效应，其与桩腿排布结构、冰向、桩径等因素有关，需针对所研究海洋平台的结构特性进行确定。

针对四桩锥体平台结构，以下对各个桩腿的遮蔽效应进行分析。图 8.37 为不同冰向下，1#桩和 4#桩对海冰切割后形成水道的示意图。该水道形成了对 2#桩和 3#桩的自由边界。当 $0 \leqslant \theta \leqslant 45°$ 时，图中各几何参数有以下关系：

$$\begin{cases} L_{31}\left(\theta\right) = \sqrt{L^2 + B^2} \sin\left(45° - \theta\right) \\ L_{21}\left(\theta\right) = L_{43}\left(\theta\right) = L \times \sin\theta \end{cases} \tag{8.17}$$

这里桩腿间距离 $L = B = 20\mathrm{m}$。桩腿对海冰切割后形成的水道宽度由离散元计算获得,这里取 $w = D/4$。由此,2#桩和3#桩距离自由边界的无量纲距离分别为

$$
\begin{cases}
s_{21}^* = s_{21}/D = \left(L_{21}\left(\theta\right) - w\right)/D \\
s_{31}^* = s_{31}/D = \left(L_{31}\left(\theta\right) - w\right)/D \\
s_{43}^* = s_{43}/D = \left(L_{43}\left(\theta\right) - w\right)/D
\end{cases}
\tag{8.18}
$$

式中,s_{21} 为 2#桩到 1#桩所形成水道边界的距离;s_{31}、s_{43} 为 3#桩分别到 1#桩和 4#桩所形成水道边界的距离。

采用式 (8.15)、式 (8.17) 和式 (8.18) 对图 8.37 中 2#和 3#桩的冰力衰减系数进行计算,由此得到的两桩腿的冰力衰减系数如图 8.38 所示,图中给出了离散元

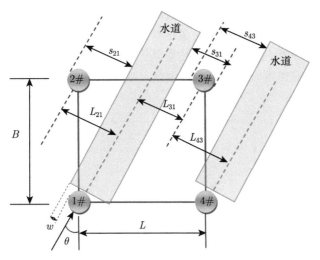

图 8.37　桩腿与水道自由边界的距离计算

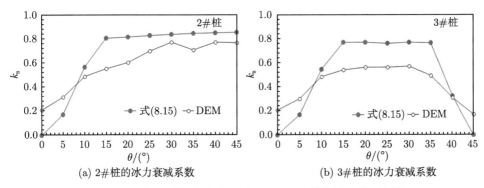

(a) 2#桩的冰力衰减系数　　　　　(b) 3#桩的冰力衰减系数

图 8.38　多桩腿结构中遮蔽影响下 2#、3#桩的冰力衰减系数

结果与式 (8.15) 计算结果的对比情况。可以看出它们得到的冰力衰减系数在趋势上具有很好的一致性。但在数值上，由式 (8.15) 得到的理论解要高于离散元结果。这主要是由于采用式 (8.15) 计算冰力衰减时没有考虑冰盖与前部桩腿作用时产生的前期损伤。

由于 1#桩和 4#桩无冰力遮蔽影响，故有 $k_{s1} = k_{s4} = 1.0$；对于 2#桩，其主要受 1#桩所形成水道的影响，可将 s_{21}^* 代入式 (8.15) 进行确定；对于 3#桩，则需同时考虑 1#桩和 4#桩形成的水道，其可写作：$k_{s3}(s_{31}^*, s_{43}^*) = k_s(s_{31}^*) \cdot k_s(s_{41}^*)$。若同时考虑四个桩腿因遮蔽效应导致的冰力衰减，则总冰力的遮蔽效应系数为

$$K_s = (k_{s1} + k_{s4} + k_{s2}(s_{21}^*) + k_3(s_{31}^*, s_{43}^*))/4 \tag{8.19}$$

将不同冰向下各个桩腿的衰减系数代入上式，可到该四桩锥体平台结构的总冰力遮蔽系数，如图 8.39 所示。该图也给出了离散元计算的总冰力遮蔽系数。可以发现 ISO 计算结果与离散元模拟结果具有很好的一致性。但在 ISO 计算中未考虑海冰与前侧桩腿作用时产生的前期损伤，其总冰力遮蔽系数要略高于离散元的计算结果。

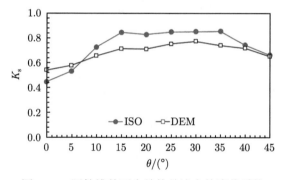

图 8.39　四桩锥体平台结构总冰力的遮蔽系数

8.2.4　自升式海洋平台结构冰荷载的离散元分析

自升式海洋平台结构如图 8.40(a) 所示，在每个桩腿上均设置了用于平台甲板升降的齿条结构。在计算海冰与自升式平台相互作用过程中，为简化计算未考虑齿条结构对海冰破坏的影响。自升式平台单个桩腿建立的计算模型如图 8.40(b) 所示。海冰在与海洋平台结构的耦合作用过程中不断破碎，平台结构在冰荷载激励下发生振动。在海冰与自升式平台相互作用过程中，海冰主要以脆性挤压破坏为主，并对平台结构产生随机动冰力。这里对海冰的随机破坏过程进行离散元数值分析，海冰计算参数采用表 8.3 中的数值，其他参数列于表 8.5 中。

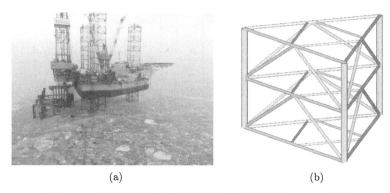

图 8.40 渤海冰区自升式海洋平台与桩腿结构 DEM 模型

表 8.5 海冰与自升式平台相互作用离散元模拟的主要计算参数

定义	符号	数值
海水流速	V	1.0m/s
海冰厚度	h_i	0.5m
冰盖面积	$L \times W$	100m × 90m
颗粒直径	D	0.275m
颗粒数目	N_p	332 000

离散元数值模拟的海冰与平台结构的相互作用过程如图 8.41 所示。图中显示了桩腿与海冰相互作用过程中海冰的破碎过程以及海冰在桩腿桁架中的堆积现象。计算得到的前排桩腿在 x、y、z 方向的冰力时程如图 8.42 所示。可以发现，海冰

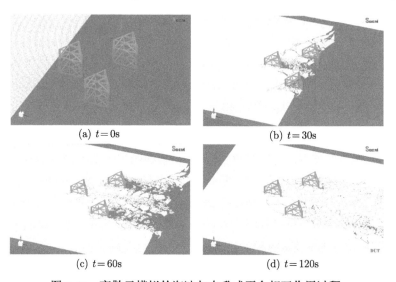

(a) $t = 0$s

(b) $t = 30$s

(c) $t = 60$s

(d) $t = 120$s

图 8.41 离散元模拟的海冰与自升式平台相互作用过程

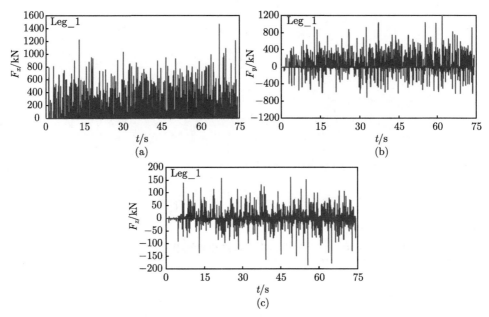

图 8.42   离散元模拟的海冰对前侧桩腿的冰力时程

荷载主要集中在 x 方向，即海冰运动方向；在 y 和 z 方向的冰力 F_y 和 F_z 主要由斜向杆件作用和桩柱表面摩擦而产生。尽管自升式平台的整体结构和单个桩腿结构均是对称的，但受海冰破碎的随机性影响，3 个桩腿上的 F_y 和 F_z 均表现出正负交替的脉动特性。

8.3   海冰与浮式平台及船舶结构相互作用的离散元分析

浮式平台结构通常是由上部的浮体与下部系泊缆绳组成，浮体没入水中受到浮力支撑自身重量。浮式平台一般依靠锚泊系统定位，通常由辐射状布置的 8 个以上的锚组成，悬链线状的锚链将锚和平台连接 (Zhou et al., 2012)。

8.3.1   浮式海洋平台的冰荷载分析

Kulluk 海洋平台是一种锚系浮式钻井平台，曾于 20 世纪 70 年代中期到 90 年代早期在加拿大 Beaufort 海服役，所处海域水深为 20~80 m。Kulluk 整体呈圆形，圆形结构设计可以抵抗任意方向的波浪或海冰的作用，其中甲板处直径为 81m，水线处直径为 70m，如图 8.43 所示。Kulluk 倒锥形的船体结构使得其与海冰发生碰撞时海冰发生弯曲破碎而降低船体的冰荷载，倾斜处倾角为 31.4°，底部向外张开的结构设计使得破碎后的冰块绕过船体而不聚集在船体底部。Kulluk 通过 12 根直径为 0.09m 的缆绳与海底固定，而冰力通过测量缆绳获取。以下将采用离散元模型计算碎冰与 Kulluk 海洋平台的相互作用。

图 8.43 Kulluk 海洋平台

Kulluk 的离散单元模型是由三角形单元拼接而成。Kulluk 周围的浮冰以一年生浮冰为主，在破冰船的协助下较大海冰破碎成尺寸为 10~50 m 大小的碎冰块。在 DEM 模拟中，碎冰的平均面积为 400m²，碎冰的厚度均为 1.5m。数值模拟中利用 Voronoi 分割的方法获得碎冰的初始形状，对四种不同密集度 20%、50%、80%、90% 的碎冰进行离散元模拟，其初始排列方式如图 8.44 所示。碎冰在左侧固定边界的推动下以 0.5m/s 的速度向右运动，离散元模拟中的主要计算参数列于表 8.6 中。

这里分别对四种不同密集度下碎冰块与 Kulluk 浮式平台的相互作用过程进行离散元分析。离散元模拟密集度为 80% 的碎冰与 Kulluk 相互作用过程如图 8.45 所示，模拟总时间为 600s，图中列出了 3 个不同时刻的作用情况。在海流拖曳作用下，前排碎冰最先与 Kulluk 接触，位于 Kulluk 正前端的碎冰会被阻挡而减速并堆积在平台前端，而两侧的碎冰会绕过平台继续向前运动，进而在平台后方开辟出一条与平台等宽的水道。随着后续碎冰继续向前推动，平台后方会重新聚集碎冰，而平台正前端的碎冰会进一步堆积。

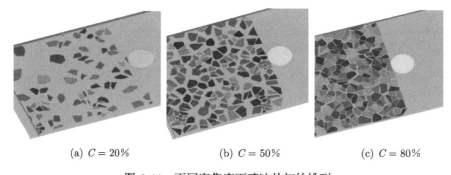

(a) $C = 20\%$ (b) $C = 50\%$ (c) $C = 80\%$

图 8.44 不同密集度下碎冰的初始排列

表 8.6　　Kulluk 冰荷载离散元模拟中的主要计算参数

定义	符号	数值
海冰密度	ρ_i	920kg/m^3
海水密度	ρ_w	1035kg/m^3
碎冰厚度	h_i	1.5m
颗粒间摩擦系数	μ_p	0.1
颗粒与结构摩擦系数	μ_w	0.3
法向粘结强度	σ_b^n	0.65MPa
切向粘结强度	σ_b^n	0.65MPa
碎冰速度	V_i	0.5m/s
海水拖曳系数	C_d	0.05

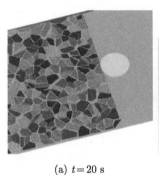 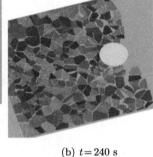 

(a) $t = 20$ s　　　　　　　　(b) $t = 240$ s　　　　　　　　(c) $t = 420$ s

图 8.45　离散元模拟的碎冰与 Kulluk 相互作用过程

　　不同密集度下碎冰对平台的冰荷载时程曲线如图 8.46 所示，对于密集度为 20%的情况，由于计算区域内的碎冰较少，对平台的作用力表现出较强的离散特性，而其他密集度的碎冰对平台产生了持续的作用力。随着碎冰密集度的增加，冰荷载呈增大趋势。现场测量结果与计算结果的对比如图 8.47 所示，计算结果与实测结果大体保持一致。

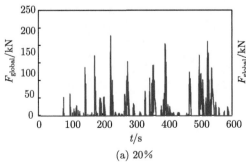 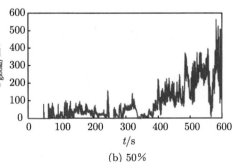

(a) 20%　　　　　　　　　　　　　　(b) 50%

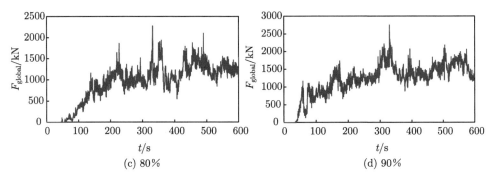

图 8.46 不同密集度时 Kulluk 浮式海洋平台的冰力时程

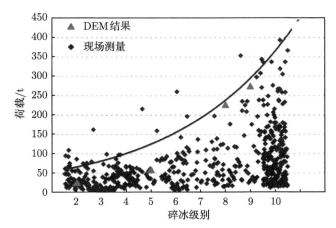

图 8.47 Kulluk 海洋平台现场测量冰荷载与离散元数值结果的对比

8.3.2 船舶在冰区航行的 DEM 模拟

"雪龙"号是我国目前可在南北两极冰区进行航行的唯一极地科学考察船,其最大航速 17.9 节,能以 1.5~2 节的速度连续破 1.2m 厚的冰 (含 20cm 的雪)(桂大伟等, 2017)。"雪龙"号舰长 167m,舰宽 22.6m,型深 13.5m,吃水深度 9m,满载排水量 21025t。"雪龙"号破冰船全景如图 8.48(a) 所示。

用离散元模型模拟"雪龙"号在冰区航行过程,首先要建立船体模型。由于在航行过程中只有船体外壳与海冰发生接触,因此只将船体外壳三角离散化作为离散单元模型,如图 8.48(b) 所示。船体离散元模型由 1430 块三角形单元拼接而成。"雪龙"号与平整冰相互作用过程的离散元模拟中可计算船体按给定速度或推动功率下在冰区内的运动情况。

当冰厚为 0.6m 时,"雪龙"号在平整冰区直线航行的离散元模拟结果如图 8.49 所示。在该航行状况下,海冰主要作用在船艏部位,其最大和瞬时冰压力分布如图

8.50 所示；图 8.51 给出了冰阻力变化时程。将冰阻力及冰压力的离散元结果与试验值或相关规范进行对比分析，可验证计算方法和参数的可靠性。

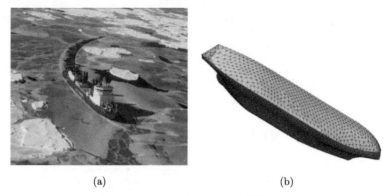

　　　　　(a)　　　　　　　　　　　　　　　　　　　　(b)

图 8.48　"雪龙" 号极地考察船

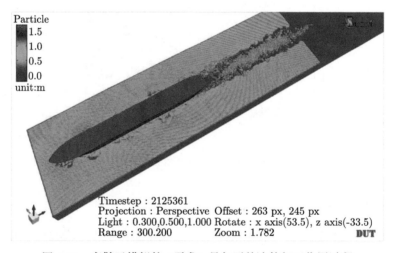

图 8.49　离散元模拟的 "雪龙" 号与平整冰的相互作用过程

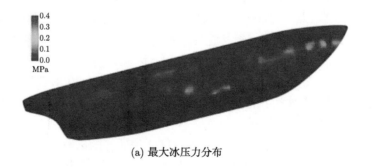

(a) 最大冰压力分布

(b) 瞬时冰压力分布

图 8.50 离散元模拟的 "雪龙" 号冰压力分布

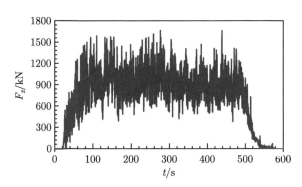

图 8.51 离散元模拟的 "雪龙" 号在冰区航行的冰阻力时程

8.4 冰激海洋平台结构振动的 DEM-FEM 耦合分析

在导管架海洋平台桩腿的水线部分安装破冰锥可改变海冰的破碎形式,从而降低冰荷载及其对平台结构的影响。然而,现场观测表明,安装抗冰锥体的海洋平台仍存在明显的冰激振动现象 (岳前进等, 2000)。为计算分析海洋平台结构的冰激振动现象,采用离散元方法 (DEM) 进行海冰破碎过程的数值分析,采用有限元方法 (FEM) 分析海洋平台结构的振动特性,从而建立冰激结构振动的 DEM-FEM 耦合方法 (Polojärviand Tuhkuri, 2013),如图 8.52 所示。

8.4.1 冰激导管架平台 DEM-FEM 耦合方法

采用 DEM-FEM 耦合模型分析平台冰激振动时,两种计算方法间的参数传递尤为重要。这里将海冰离散单元对导管架海洋平台结构的冰荷载作为力边界条件传递到有限元模型,由此计算海洋平台的动力响应;再进一步将更新后的平台位移作为离散元的位移边界条件,如图 8.53 所示。

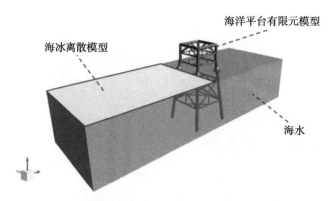

图 8.52　冰激导管架平台的 DEM-FEM 耦合模型

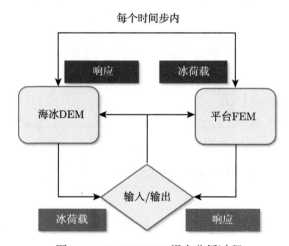

图 8.53　DEM-FEM 耦合分析过程

海冰由球体离散单元构造，导管架海洋平台通过梁单元建立。关于球体离散单元与梁单元的接触力以及接触点的坐标可在局部坐标系下获得。同球体离散单元间的接触力计算相同，根据 Hertz-Mindlin 理论，球体离散单元与梁单元的接触力由法向和切向两部分组成，即

$$f_{i'} = \boldsymbol{f}_{\mathrm{n}} \cdot \boldsymbol{e}_{i'} + \boldsymbol{f}_{\mathrm{s}} \cdot \boldsymbol{e}_{i'} \tag{8.20}$$

式中，$f_{i'}$ 为局部坐标系下梁单元 i' 方向的接触力；$\boldsymbol{e}_{i'}$ 为局部坐标系下 i' 方向的单位向量；$\boldsymbol{f}_{\mathrm{n}}$，$\boldsymbol{f}_{\mathrm{s}}$ 分别为通过 DEM 模拟得到的法向和切向接触力。法向接触力由弹性力和粘滞力组成，即

$$\boldsymbol{f}_{\mathrm{n}} = \left(k_{\mathrm{n}} \cdot \xi_{\mathrm{n}}^{t} + c_{\mathrm{n}} \cdot \dot{\xi}_{\mathrm{n}}^{t} \right) \cdot \boldsymbol{n} \tag{8.21}$$

式中，$\boldsymbol{n}$ 为球体离散单元与梁单元作用的法向单位向量；k_n 为球体离散单元与梁单元间的法向刚度系数；c_n 为球体离散单元与梁单元间的阻尼系数；ξ_n^t 为 t 时刻球体离散单元与梁单元的法向重叠量，可表示为

$$\xi_n^t = \|(R - \|\boldsymbol{x}_t - \boldsymbol{u}_t\|) \cdot \boldsymbol{n}\| \tag{8.22}$$

式中，R 为球体的半径；$\boldsymbol{x}_t$ 为球体 t 时刻的位置向量；$\boldsymbol{u}_t$ 为梁单元 t 时刻的位置向量。

对于球体离散单元与梁单元切向力的计算，这里考虑 Mohr-Coulomb 摩擦准则，即

$$f_s^* = k_s \cdot (\dot{x}_t^s - \dot{u}_t^s) \cdot \Delta t \tag{8.23}$$

$$\boldsymbol{f}_s = (\mathrm{sign}\,(f_s^*) \min\{|f_s^*|, \mu_w \cdot \|\boldsymbol{f}_n\|\}) \cdot \boldsymbol{s} \tag{8.24}$$

$$\mathrm{sign}\,(x) = \begin{cases} -1, & x < 0 \\ 0, & x = 0 \\ 1, & x > 0 \end{cases} \tag{8.25}$$

式中，$\boldsymbol{s}$ 为球体离散单元与梁单元作用的切向单位向量；f_s^* 为当前的球体离散单元对梁单元的切向力，且不能超过最大静摩擦力；k_s 为球体离散单元与梁单元间的切向刚度；μ_w 为球体离散单元与梁单元间的摩擦系数；$\dot{x}_t^s$，$\dot{u}_t^s$ 分别为球体离散单元和梁单元在接触点处的切向速度；Δt 为计算的时间间隔；$\mathrm{sign}\,(x)$ 为符号函数。

在海冰与海洋平台结构的作用过程中，球体离散单元与梁单元接触的位置是随机的，为此需确定海洋平台在冰荷载作用下的等效节点荷载。在局部坐标系下，假定梁单元的两端固定如图 8.54 所示，由静力平衡可求得局部坐标系下梁单元的等效节点力 $\{F_e\}$，即

$$\{F_e\}^{\mathrm{T}} = [N]^{\mathrm{T}} \cdot \{f_{i'}, f_{j'}, f_{k'}\}^{\mathrm{T}} \tag{8.26}$$

式中，$[N]$ 为等效节点力转换矩阵，由 $[N^A, N^B]$ 组成，可表示为

$$\begin{cases} N_{ij}^A = \dfrac{(3a+b) \cdot b^2}{L^3} \cdot \delta_{ij} & (i, j = 1, 2, 3) \\[3mm] N_{ij}^B = \dfrac{(3b+a) \cdot a^2}{L^3} \cdot \delta_{ij} & (i, j = 1, 2, 3) \end{cases} \tag{8.27}$$

式中，L 为梁单元的长度；a，b 分别为接触点到两端节点的距离；δ_{ij} 为克罗内克符号。

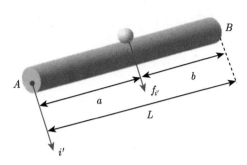

图 8.54　梁单元等效力计算模型

在海洋平台结构的有限元计算中,结构振动响应采用逐步积分法中的 Newmark 方法计算。在保证离散元和有限元边界条件传递的基础上,时间步长的选取直接影响 DEM-FEM 耦合算法的结果。一般离散元的时间步长要远小于有限元的时间步长。为获得准确的计算结果,本节采用离散元时间步长进行计算。

8.4.2　基于 DEM-FEM 方法的冰激导管架平台振动分析

通过与 ISO19906、JTS144—1—2010 标准以及渤海 JZ20-2 MUQ 锥体平台现场实测结构的振动加速度数据对比,对冰激结构振动的 DEM-FEM 耦合模型进行验证。具体的海冰离散元计算参数在表 8.7 中列出。在不同冰速和冰厚下模拟海冰与锥体海洋平台的相互作用,具体参数列于表 8.8 中。

表 8.7　海冰离散元模拟中的计算参数

变量	符号	大小
弹性模量	E	10^9 Pa
法向刚度	k_n	1.6×10^8N/m
切向刚度	k_s	0.8×10^8N/m
法向阻尼	c_n	2.4×10^5N/m
切向阻尼	c_s	1.2×10^5N/m
颗粒摩擦系数	μ_p	0.2
颗粒与结构摩擦系数	μ_w	0.1

表 8.8　离散元计算中的海冰条件

参数	数值			
冰速/(m/s)	0.2	0.3	0.4	0.5
冰厚/m	0.1	0.15	0.2	0.25
颗粒数目	160173	99000	63083	40640

由此得到不同时刻海冰与锥体导管架海洋平台相互作用的过程,发现海冰在桩腿作用下发生弯曲破坏并形成明显的水道,如图 8.55 所示。图 8.56 分别给出了

现场观测和数值模拟中海冰破坏模式的对比, 由此可发现模拟结果与现场观测结果比较接近。此外, 从模拟结果可得到平整冰在锥体前的破碎情况, 即冰排呈现出初次断裂、爬升、二次断裂和清除的过程, 并由此引起交变动冰力。

这里考虑平台结构所受的冰荷载, 则迎冰方向的两个桩腿为主要受力部分。由于结构的对称性, 图 8.57 仅给出单个迎冰桩腿水平方向的冰力时程 ($v_\mathrm{i} = 0.2\mathrm{m/s}$, $H_\mathrm{i} = 0.2\mathrm{m}$), 其中圆点表示冰力时程中的荷载峰值。从冰荷载时程中可以发现, 桩腿上的冰荷载具有多个峰值, 并呈现明显的随机性, 这与海冰现场监测和室内模型试验结果相一致。

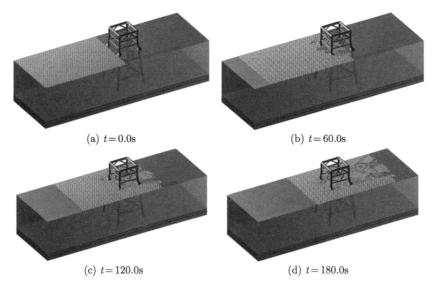

(a) $t = 0.0\mathrm{s}$ (b) $t = 60.0\mathrm{s}$

(c) $t = 120.0\mathrm{s}$ (d) $t = 180.0\mathrm{s}$

图 8.55   DEM-FEM 模拟的海冰与 JZ20-2 MUQ 平台相互作用过程

(a) 海冰在锥体前破坏的现场观测情况   (b) DEM-FEM模拟中冰锥作用的破坏模式

图 8.56   海冰与锥体相互作用时的断裂现象

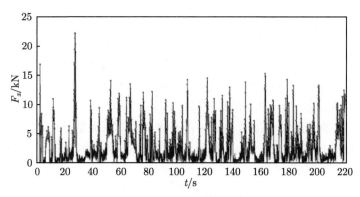

图 8.57　离散元计算的桩腿冰荷载时程 $(v_i = 0.2\mathrm{m/s}, H_i = 0.2\mathrm{m})$

首先，给出相同冰况下现场实测的振动数据和数值模拟得到的平台冰激振动加速度时程，如图 8.58 所示。从图中可观察到实测和数值结果都在 $-0.04\sim0.04\mathrm{m/s}^2$ 范围内变化。

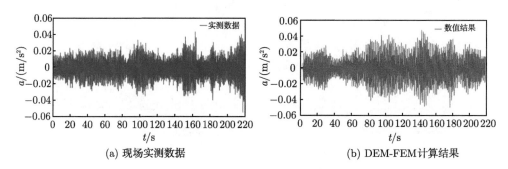

(a) 现场实测数据　　　　　　　　　　　　　(b) DEM-FEM 计算结果

图 8.58　$v_i = 0.2\mathrm{m/s}, H_i = 0.2\mathrm{m}$ 时平台的冰激振动加速度时程

分别将不同冰速和冰厚下得到的振动加速度最大值与渤海实测数据进行对比分析，如图 8.59 所示。图中圆点代表现场实测 5 分钟内结构振动的最大值；通过 DEM-FEM 耦合方法得到的振动加速度最大值用三角形表示；两条虚线分别代表实测数据和数值结果的趋势。由于现场实测的冰况复杂且涉及冰厚、冰速、冰向、温度等多种因素，因此在将模拟结果与实测数据对比时，选取与数值模拟工况对应的实测数据点更具普遍意义。图 8.59 表明 DEM-FEM 数值计算结果与现场实测结果的趋势基本保持一致，即冰速与振动加速度呈线性增加关系，冰厚与振动加速度呈二次非线性增加关系。

为说明冰速、冰厚对结构振动加速度的影响，根据动量定理将海冰离散单元单位时间步内输入结构的能量写作：

$$E_k = F_{\mathrm{mean}} \cdot \Delta t_{\mathrm{DEM}} \cdot v_i \tag{8.28}$$

式中，E_k 为输入结构的能量；F_{mean} 为通过 DEM-FEM 耦合模型计算得到的冰荷载均值；Δt_{DEM} 为离散元的计算时间步；v_i 为海冰的流速。

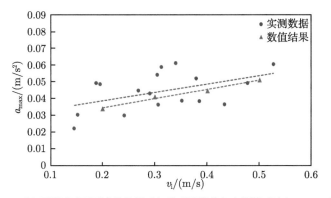

(a) 不同冰速下平台结构振动加速度计算值与实测值对比$(H_i = 0.2\text{m})$

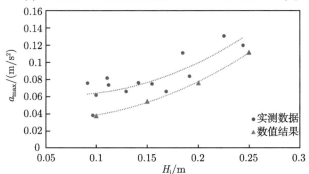

(b) 不同冰厚下平台结构振动加速度计算值与实测值对比$(v_i = 0.5\text{m/s})$

图 8.59 不同冰况下平台结构冰激振动加速度数值结果与实测数据的对比

根据式 (8.28) 可得到不同冰况下结构输入海冰能量的趋势图，如图 8.60 所示。图 8.60(a) 为冰厚为 0.2m 时不同冰速下输入结构的能量，圆点代表输入结构的能量值。图 8.60(b) 为冰速为 0.5m/s 时，不同冰厚传递给结构的能量，其中三角形表示输入结构的能量值。以上结果表明，冰速与能量呈线性增长关系，冰厚与能量则呈非线性增长的关系。

根据渤海 JZ20-2 MUQ 平台冰激振动加速度现场测量数据的统计，发现冰激振动加速度与冰速和冰厚平方的乘积呈线性关系：

$$a_{max} = \gamma \cdot H_i^2 \cdot v_i \tag{8.29}$$

式中，a_{max} 为振动加速度的最大值；H_i 为海冰的厚度；v_i 代表海冰的流度；γ 为相关的线性系数。

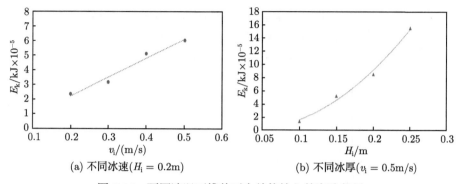

(a) 不同冰速($H_\mathrm{i} = 0.2\mathrm{m}$)   (b) 不同冰厚($v_\mathrm{i} = 0.5\mathrm{m/s}$)

图 8.60   不同冰况下锥体平台结构输入的海冰能量

根据式 (8.29) 所示的统计规律,将模拟的 16 种工况按照上式参数进行重新组合,如图 8.61 所示。图中横坐标代表冰速与冰厚平方的乘积,纵坐标为冰激振动加速度的最大值,数据点分别代表现场监测数据以及数值模拟得到的结果。从中可以看到实测数据和数值模拟的结果较为接近且符合式 (8.29) 的关系。说明本书提出的 DEM-FEM 耦合模型可以揭示渤海锥体导管架海洋平台冰激振动的一般性规律。另外,从输入结构能量的角度,可以发现冰速和冰厚的平方与输入结构的海冰能量都呈线性关系,且假设冰速和冰厚为相互独立变量,因此冰速与冰厚平方的乘积也应与输入结构的海冰能量呈线性关系,从结构能量上解释了冰激振动加速度与冰速和冰厚的关系。

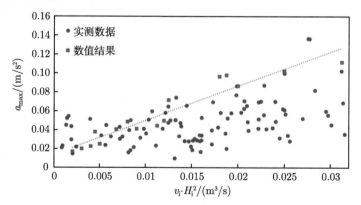

图 8.61   冰速、冰厚与 JZ20-2 MUQ 平台结构冰激振动加速度的关系

8.5   海洋结构冰载荷的扩展离散单元模拟

离散元法在海冰动力模拟中得到了充分应用。其中,球体单元 (Ji et al., 2016)、扩展圆盘单元 (Hopkins and Jukka, 1999; Sun and Shen, 2012; 李紫麟等, 2013)、

扩展多面体单元 (刘璐等, 2015) 广泛应用于模拟不同类型的海冰与结构的相互作用, 进而确定结构上的冰力大小和分布特性, 分析结构的振动等。同时, 离散元中粘结–破碎模型的发展为模拟海冰的破碎过程提供了有效的方法。本节介绍采用 Minkowski Sum 方法构造扩展海冰单元模拟海冰与结构的相互作用过程。

8.5.1 碎冰与海洋平台桩腿、船体结构的相互作用

(1) 基于 Minkowski Sum 的扩展海冰单元构造

根据 Minkowski Sum 方法, 采用球体和片状圆盘构造扩展圆盘单元, 如图 8.62 所示。

图 8.62　扩展圆盘海冰单元

同样, 根据 Minkowski Sum 方法可以构造扩展多面体的海冰单元, 如图 8.63 所示。

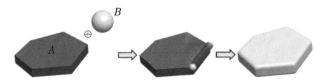

图 8.63　扩展多面体海冰单元

(2) 扩展圆盘单元与船体结构作用

碎冰由三维圆盘单元构成, 并考虑其在海流作用下的浮力、拖曳力和附加质量。船体结构由一系列三角形单元组合构造。碎冰区的计算域长度为 $L(x$ 方向), 宽度为 $B(y$ 方向), z 轴方向与水面垂直; 在计算域的水平方向采用周期性边界条件。海冰单元直径在 $4.0 \sim 6.0$ m 均匀随机分布, 密集度为 50%, 共有 1380 个海冰单元。船体和浮冰的初始分布如图 8.64(a) 所示。海水以 0.4m/s 的流速沿 x 方向流动, 而船舶以 4.0m/s 的速度沿 x 反方向行进。

采用以上离散单元模型对船体和海冰相互作用的动力过程进行 60s 数值模拟。图 8.64(b) 和 (c) 给出了 $t = 30.0$s 和 60.0s 时碎冰与船体相互作用的状态。在航行过程中, 海冰单元与船体相互接触碰撞, 并在船头发生堆叠, 如图 8.65 所示。海冰对船体总阻力时程曲线如图 8.66 所示。可以发现, 冰荷载呈现出很强的随机波动现象。在 x 方向, 即船舶航行方向, 冰荷载均为正值; 而在 y 方向上, 冰荷载均值接近零值, 且大体呈对称分布。

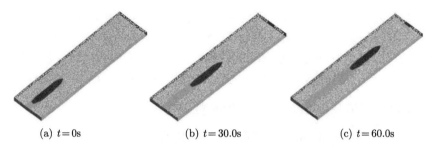

(a) $t = 0$s   (b) $t = 30.0$s   (c) $t = 60.0$s

图 8.64   离散元模拟的碎冰与船体相互作用过程

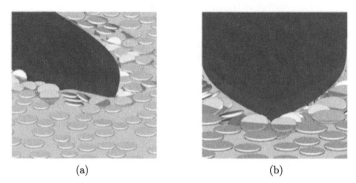

(a)   (b)

图 8.65   碎冰与船体结构作用过程中的碰撞现象

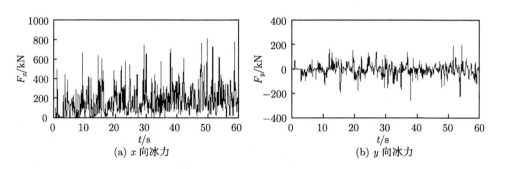

(a) x 向冰力   (b) y 向冰力

图 8.66   离散元模拟的碎冰对船体的冰力时程

(3) 扩展多面体单元与结构作用

采用扩展多面体单元模拟碎冰与圆桩的相互作用，碎冰区及圆桩的分布如图 8.67 所示。对碎冰区采用 Voronoi 切割算法生成 200 个随机分布的冰块，碎冰的平均尺寸为 2.8m，其初始密集度约为 64%。水流速度沿 x 方向为 0.3m/s。沿水流方向两侧为周期边界，其他为自由边界。采用块体离散元模型对碎冰和圆柱桩腿相互作用的动力过程进行 100s 的离散元数值模拟，如图 8.68 所示。可以发现，冰块在水流的拖曳作用下发生漂移并与圆桩发生碰撞作用。受桩柱的阻挡作用，碎冰区在桩柱后侧有明显的水道。

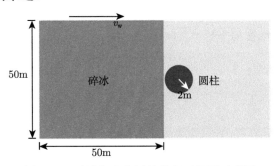

图 8.67　碎冰与直立圆桩的相互作用示意图

图 8.68　采用扩展多面体单元模拟的碎冰与圆桩的作用过程

采用扩展多面体单元模拟碎冰，计算桩柱上冰荷载的结果如图 8.69 所示。从中可以看出，碎冰受海流拖曳在 x 方向对桩柱撞击产生的冰荷载要明显高于其他方向，且在非连续冰块的碰撞下冰荷载具有显著的脉冲特性；在 y 方向冰块对圆桩两侧也均有碰撞，其冰荷载出现正负交替现象。从计算的冰荷载时程来看，海冰对圆桩结构的冲击力也具有很强的随机性。

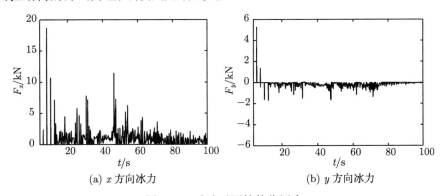

(a) x 方向冰力　　　　　　　　　　　(b) y 方向冰力

图 8.69　碎冰对圆桩的作用力

　　采用扩展多面体单元还可模拟碎冰与船体、浮式平台的相互作用，计算结果如图 8.70 和图 8.71 所示。一般情况下，碎冰对船体结构的作用力相对较小，船体结构的冰载荷主要体现在与平整冰、冰脊等大块连续浮冰的相互作用中。

图 8.70　扩展多面体模拟碎冰与船体结构的相互作用

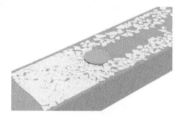

　　(a) 碎冰密集度为40%　　　　　　(b) 碎冰密集度为80%

图 8.71　扩展多面体模拟碎冰与浮体结构的相互作用

8.5.2　平整冰与船体结构的相互作用

　　破冰船是极区科学考察、油气勘探开发中的重要装备。通常破冰船利用船体的重力通过勺子形的船艏从上而下把冰层切开。在破冰船的设计过程中，针对不同的冰况，船体结构上的整体和局部冰力是设计参考的重要指标。采用粘结的扩展多面体单元可模拟平整冰与船体相互作用的过程，如图 8.72 所示。另外，考虑船体的六个自由度运动模型，可以分析船体的刚体振动。图 8.73 所示为船体在三个方向上的动冰力。

　　为合理设计在极区作业的浮式海洋平台结构，研究浮体结构在与平整冰相互作用时所受的冰力水平极为重要。采用粘结的扩展多面体单元可模拟平整冰与浮体结构相互作用的过程，如图 8.74 所示。图 8.75 所示为船体在 x 和 z 方向上的动冰力。

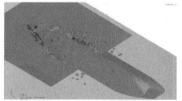

图 8.72　扩展多面体模拟平整冰与船体结构的相互作用

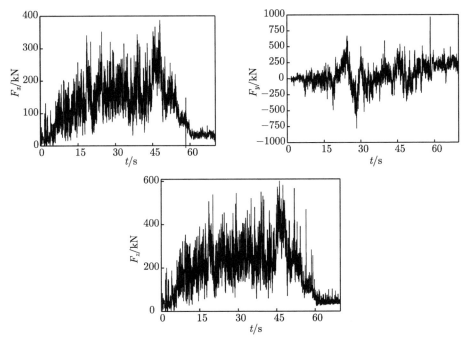

图 8.73 三个方向上船体结构的动冰力

图 8.74 扩展多面体模拟平整冰与浮体结构相互作用

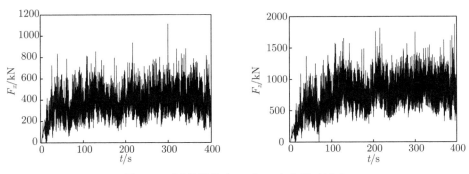

图 8.75 浮体结构在 x 和 z 方向的动冰力

8.6　核电站取水口海冰堆积特性的离散元分析

在寒冷地区，海冰在核电站取水结构物前的堆积会对取水口造成阻塞和损坏，进而影响核电设备的正常运作。海冰堆积的现象在寒区开发中普遍存在，堆积在结构前的碎冰不仅会影响结构上的冰力大小和周期，还会对多桩腿结构或是核电站的取水结构造成堵塞，对结构的稳定性和正常运行造成安全隐患 (王帅霖等, 2016; 贺益英, 2003)。这里以辽东湾红沿河核电站取水口为例，通过离散元模拟碎冰在取水口处的堆积过程，分析流速、海冰密集度和碎冰平均尺寸对取水口碎冰堆积发生和发展的影响，确定这些因素对取水口造成阻塞的危险范围。

8.6.1　取水口海冰堆积的数值模拟

辽东湾海域进入冰期后，海面上存在大量碎冰。当碎冰进入取水口附近海域，会在取水流场的作用下涌入明渠通道，造成取水口的堵塞或损坏。为有效防止海冰堵塞造成的危害，这里根据核电站取水口海域冰情、风场和流场的特点，利用离散元方法对碎冰在取水口前的堆积情况作出准确预报。

取水口结构物主要由导流堤和取水结构两部分构成，将其简化为平面结构示意图如图 8.76 所示，其中 AB 段为取水建筑物，BC 段、CD 段和 DE 段共同构成了导流堤。这里根据取水结构实际尺寸设置 $L_{AB} = 232.6$m，$L_{BC} = 82.9$m，$L_{CD} = 93.9$m，$L_{DE} = 43.8$m。取水建筑长度为 118m，结构垂直高度为 16m。根据以上结构物参数建立的离散元数值模型如图 8.76(b) 所示。生成海冰模型时，首先采用 Voronoi 切割算法将水平区域分割成若干个多边形单元，然后将这些不规则的多边形沿冰厚方向延伸，生成具有一定厚度的多面体单元。再将生成的多面体单元用具有粘结破碎功能的球形颗粒进行填充，形成图 8.76(b) 所示的碎冰区。采用 Voronoi 方法形成的碎冰可以控制密集度，同时可以调节碎冰的平均尺寸，这样使离散元方法适用于模拟不同形状、尺寸及密集度时碎冰的堆积情况。

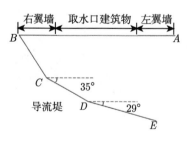

(a) 取水结构尺寸示意图　　　　　　(b) 离散元模型图

图 8.76　辽宁省红沿河核电站取水口结构图

在图 8.76 所示模型中,海冰的厚度为 0.3m,碎冰的平均尺寸是 20m²,密集度为 60%,具体离散元参数见表 8.9。由于需要模拟碎冰在风和水流的拖曳力共同作用下的前进过程,计算中考虑风和波浪的影响,风速为 15m/s,风的拖曳系数为 0.1;流速为 0.5m/s,水流的拖曳系数为 0.3,波浪的周期为 20s,波浪高度为 0.5m。

表 8.9　离散元计算的主要参数

定义	符号	单位	数值
海冰密度	ρ	kg/m³	920
弹性模量	E	GPa	1.0
颗粒直径	D	m	0.3
颗粒法向刚度	k_n	N/m	2.5×10^6
颗粒切向刚度	k_s	N/m	2.5×10^5
颗粒粘结强度	σ_b	MPa	0.6
颗粒间摩擦系数	μ_p		0.2
颗粒间回弹系数	e_p		0.3
取水口结构摩擦系数	μ_w		0.15

图 8.77 表明离散元模拟中水面上下海冰在结构前的堆积状态。与图 8.76(b) 中碎冰的初始状态相比,碎冰在风和浪的共同作用下,不断向取水口靠近,碎冰的密集度不断增加 (图 8.77(a)),最终相互重叠堆积在结构物前 (图 8.77(b))。假设水线处高度为零,则碎冰在取水口结构物前水面上下的堆积高度随时间变化规律如图 8.78 所示。由此可以发现开始堆积时,水面下堆积高度随时间的推移而不断增大,而水面上的堆积过程变化不明显,即水面下的堆积高度明显大于水面上的堆积高度。当 $t = 60$s 后碎冰的堆积状态趋于稳定,虽然碎冰的数量随时间持续增加,但是在取水结构前的堆积高度变化不大。该条件下,碎冰水上堆积的最大高度为 1.2m,水下堆积的最大高度为 4.1m。

(a) 水面上的堆积　　　　　　　　　(b) 水面下的堆积

图 8.77　碎冰在取水口结构物前的堆积情况 ($t = 80$s)

取水口在水线下方 5.7~9.7 m 的位置,即当碎冰在水面下的堆积高度超过 5.7m 时,将对取水口的正常工作造成影响;当水面下的堆积高度超过 9.7m 时,取水口将被碎冰完全阻塞,对核电设施的安全运行造成极大威胁。若该工况下海域内水位

线低于 −2m，则碎冰在水面下方 4m 的下堆积高度就会影响取水口的正常工作生产。

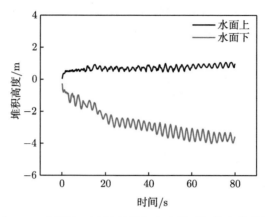

图 8.78　水面上下碎冰的堆积高度随时间的变化曲线

为更好地研究碎冰在取水口的堆积规律，需系统考虑碎冰的密集度和尺寸对堆积高度的影响，从而对碎冰堆积造成取水口堵塞的情况做出更好的预测。

8.6.2　海冰堆积特性的影响因素分析

(1) 碎冰初始密集度的影响

为了研究海冰的初始密集度对海冰堆积情况的影响，通过改变 Voronoi 切割法所生成的多边形间的距离，从而生成具有不同密集度的碎冰离散元模型。这里设置的碎冰密集度分别为 20%、40%、60% 和 80%，如图 8.79 所示。其中碎冰的平均尺寸均为 20m²，冰速均为 0.5m/s，其他参数均与上节中所讲相同。从生成的海冰模型可以发现密集度越大，海冰的碎冰块数越多，冰块间的空隙越小，由于冰块的平均尺寸不变，则冰块的数量增大，海域内包含的球体颗粒总数也随之增大。

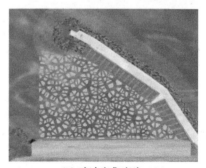

(a) 碎冰密集度为20%　　　　　　　　　　　　　(b) 碎冰密集度为40%

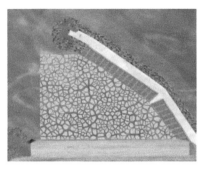 

(c) 碎冰密集度为60%　　　　　　　(d) 碎冰密集度为80%

图 8.79　不同初始密集度下碎冰的分布情况

　　为了说明不同密集度下海冰在水面上下堆积高度的变化规律,计算足够长时间使碎冰在结构物前堆积高度达到稳定后的对比结果,如图 8.80 所示,碎冰的堆积高度随密集度的增大而增大。水面下堆积高度明显大于水面上,而且受密集度的影响呈非线性递增,密集度越大堆积高度变化得越为明显。这是由于碎冰的密集度越大,冰块数量越多,冰块在结构物前相互重叠,更容易发生堆积。

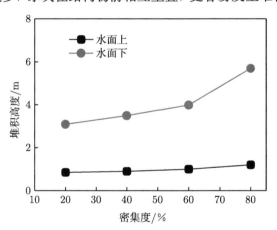

图 8.80　碎冰的初始密集度对堆积高度的影响

(2) 碎冰平均尺寸的影响

　　碎冰的平均尺寸是指所有冰块面积的平均值,设置密集度为 60%,平均尺寸分布为 $15m^2$、$20m^2$、$25m^2$ 和 $30m^2$ 的碎冰。冰块的分布情况如图 8.81 所示,冰块尺寸相差明显,但是冰块密集度保持不变。从图 8.82 可以看出,碎冰的平均尺寸对堆积高度的影响不是很明显,上下堆积高度变化均不明显。当碎冰的平均尺寸增大时,相同海域内生成的冰块数量减少,而球体颗粒的总数基本不变。与结构作用相同时间内海冰的堆积数量随平均尺寸的减小而增多,同时平均尺寸越大的冰块堆积越明显。两者对堆积过程的影响相互抵消,因此对于海冰堆积过程中海冰平均尺寸的影响较小。

　(a) 碎冰的平均尺寸为15m²

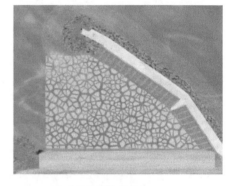
　(b) 碎冰的平均尺寸为25m²

图 8.81　碎冰不同平均尺寸下的分布情况

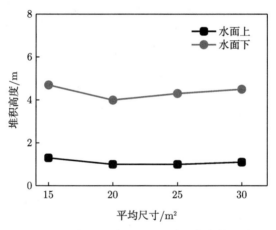

图 8.82　碎冰的平均尺寸对堆积高度的影响

8.7　海冰动力学的粗粒化离散元模型

海冰离散元模型不但可以用于小尺度下冰块间的碰撞作用,中尺度下冰脊、冰隙的演化规律,还可对极区大尺度下的海冰动力过程进行数值模拟,具有物理意义明确、计算精度高等特点 (季顺迎等, 2012; Hopkins et al., 2004; Herman, 2012)。在大中尺度下,海冰的分布特性可从其卫星遥感图像中很好地呈现出来,如图 8.83 所示。由于离散单元方法在海冰动力方程的计算中采用显式计算,时间步长小,不能满足大规模海冰数值预报和长期海冰动力模拟的时效要求 (Feng and Owen, 2014;

Sakai et al., 2012)。为此，本节在海冰离散单元数值模型的基础上，融合海冰光滑粒子流体动力学的思路构造海冰单元，发展了海冰动力过程的粗粒化离散元模型。利用粘弹–塑性本构模型计算单元内力以及颗粒之间发生的弹塑性变形，进而模拟海冰的漂移、断裂、堆积、辐散等动力过程。

图 8.83   大中尺度下渤海海冰的卫星遥感图像 (2001 年 2 月 16 日)

8.7.1   海冰粗粒化离散元模型

在海冰动力学的改进离散元模型中，将海冰单元设为诸多冰块的集合体，相互间的接触、碰撞作用受其平均厚度、密集度、单元尺寸等参数影响。当单元间的法向应力超过其压缩强度时，海冰发生塑性变形，并由此导致单元尺寸的变化。海冰单元的运动规律取决于风和流的拖曳力、海面倾斜引起的海冰压强梯度力、冰间作用力等因素。

(1) 海冰单元的运动方程

海冰的运动主要取决于单元间的作用力、风和流的拖曳力、科氏力以及海面倾斜引起的压强梯度力，其动力方程由牛顿定律来描述，即

$$M\frac{D\boldsymbol{V}}{Dt} = -Mf\boldsymbol{K} \times \boldsymbol{V} + \tau_{\mathrm{a}} + \tau_{\mathrm{w}} - Mg\nabla\xi_{\mathrm{w}} + \nabla \cdot \sigma \tag{8.30}$$

式中，M 为单位面积海冰质量，即 $M = N\rho_{\mathrm{i}}H_{\mathrm{i}}$；$\boldsymbol{V}$ 为海冰速度矢量；f 为科氏参数，且 $f = 2\omega_{\mathrm{e}}\sin\phi$；$\omega_{\mathrm{e}}$ 为地球自转速度；ϕ 为地理纬度；$\boldsymbol{K}$ 为垂直于海面的单位矢量；$\nabla\xi_{\mathrm{w}}$ 为瞬时海面梯度；单位面积上风和流的拖曳力为 $\tau_{\mathrm{a}} = \rho_{\mathrm{a}}C_{\mathrm{a}}|V_{\mathrm{ai}}|V_{\mathrm{ai}}$ 和 $\tau_{\mathrm{w}} = \rho_{\mathrm{w}}C_{\mathrm{w}}|V_{\mathrm{wi}}|V_{\mathrm{wi}}$，其中 C_{a} 和 C_{w} 为风和流的拖曳系数；V_{ai} 和 V_{wi} 为相对于海冰的风速和流速矢量；$\nabla \cdot \sigma$ 为海冰单元间相互作用引起的单位面积上的内力矢量。

(2) 海冰单元间的接触模型

海冰单元之间的作用力主要包括单元间在法向和切向上因相互重叠而引起的弹性力和因相对速度引起的粘性力。此外，切线方向上还需考虑基于 Mohr-Coulomb 准则的滑动摩擦 (季顺迎等, 2005)。

在法线方向，海冰单元间的接触力为

$$F_n = \min\left(F_e + F_v, F_p\right) \tag{8.31}$$

式中，F_e 和 F_v 为海冰单元间的弹性和粘性作用力；F_p 为海冰单元发生塑性变形时的作用力，其可写作

$$F_p = h_i N_i \tilde{D} \sigma_P \tag{8.32}$$

式中，h_i 和 N_i 为海冰的厚度和密集度；$\tilde{D}$ 为两个海冰单元间的有效接触长度，这里将其设为两个海冰单元的平均直径；σ_P 为塑性应力。

海冰单元间的法向弹性力和粘性力可表示为

$$F_e = K_n x_n, \quad F_v = C_n \dot{x}_n \tag{8.33}$$

式中，K_n 和 C_n 分别为海冰单元间的法向刚度和法向粘性系数；x_n 和 $\dot{x}_n$ 分别为海冰单元间法向相对位移和相对速度。

在切线方向，基于 Mohr-Coulomb 摩擦定律，海冰单元间的摩擦力为

$$F_t = \min\left[K_t x_t, \mathrm{sign}\left(K_t x_t\right) \mu_p F_n\right] - C_t \dot{x}_t \tag{8.34}$$

式中，K_t 和 C_t 分别为海冰单元间的切向刚度和切向粘性系数；x_t 和 $\dot{x}_t$ 分别为海冰单元间切向相对位移和相对速度；μ_p 为海冰单元间的滑动摩擦系数。

海冰单元的法向和切向刚度与其密集度密切相关。这里依据海冰力学性质与其密集度的对应关系，取

$$K_n = E H_i \left(\frac{N_i}{N_{\max}}\right)^j \tag{8.35}$$

式中，E 为海冰弹性模量；H_i 为海冰厚度；N_i 为海冰单元的密集度；$N_{\max}$ 为密集度最大值，这里取 $N_{\max} = 100\%$；j 值通常取 15 (Shen et al., 1990)。在离散单元模型中，一般取单元的切向刚度 $K_t = 0.5 K_n$。

海冰单元的粘性系数 C_n 可由其质量、法向刚度和无量纲粘性系数确定，即

$$C_n = \xi_n \sqrt{2 M K_n} \tag{8.36}$$

式中，ξ_n 为无量纲粘性系数，且有 $\xi_n = -\ln e / \sqrt{\pi^2 + \ln^2 e}$，这里 e 为海冰单元碰撞的回弹系数；M 为海冰单元的有效质量。这里取海冰单元的切向粘性系数 $C_t = 0.5 C_n$。

(3) 海冰单元的塑性变形

当海冰单元在外力作用下相互挤压时,单元间的法向应力可由法向力 F_n 和接触面积 S 确定,即 $\sigma_n = F_n/S$。在海冰动力学的改进离散元模型中,海冰单元为诸多碎冰块的集合体。其法向压缩强度可根据单元内碎冰块在竖直方向上的静水压力,并由 Mohr-Coulomb 强度准则进行确定。该方法已成功地应用于海冰动力学的 SPH 数值模拟中。当海冰单元的法向应力超过其压缩强度时,将会发生塑性形变,相应地,海冰单元将缩小,并引起单元密集度和厚度的改变。

依据颗粒材料的塑性失效准则并考虑冰内静水压力效应,海冰单元的压缩强度 σ_c 为

$$\sigma_c = K_c P_0 + 2c\sqrt{K_d} \tag{8.37}$$

式中,$K_c = \tan^2\left(\dfrac{\pi}{4} + \dfrac{\varphi}{2}\right)$,这里 φ 为海冰内摩擦角;c 为冰块间的粘结力,对于非冻结碎冰则有 $c = 0$;P_0 为冰层内的竖向平均压力,即静水压力 (季顺迎等, 2005),计算公式如下:

$$P_0 = \left(1 - \frac{\rho_i}{\rho_w}\right)\frac{\rho_i}{2}gH_i\left(\frac{N_i}{N_{\max}}\right)^j \tag{8.38}$$

式中,ρ_i、ρ_w 分别为海冰和海水的密度;g 为重力加速度。

当海冰单元发生塑性形变后,其面积会相应减小,并由此导致密集度的增加,海冰发生辐合现象。当海冰密集度达到最大值 $N_{\max}$ 时,如果海冰内力进一步增大,此时单元内的海冰将发生堆积现象。相反,当海冰单元间的应力小于其压缩强度时,海冰单元在静水压力作用下发生辐散现象,并由此导致海冰单元面积的增加和密集度的降低。该海冰在内力作用下的辐合和辐散过程如图 8.84 所示。在该辐合和辐散过程中,海冰单元的质量保持恒定,而其面积、密集度和厚度发生相应变化。

图 8.84　海冰辐合–辐散过程及海冰单元相应面积、密集度的变化

8.7.2　规则区域内海冰动力过程的数值模拟

为验证海冰粗粒化离散元模型的可靠性和准确性,下面分别对规则区域内两个典型的海冰动力过程进行数值分析:一是变宽度水道中海冰在风和流拖曳下的漂移和堆积过程,另一个是矩形区域内海冰在旋转风场作用下的动力过程。

(1) 变宽度水道内海冰的漂移和堆积过程

以下水道采用变宽度形式，并在水道内放置一个障碍物，如图 8.85 所示，其他主要计算参数列于表 8.10 中。总长度 $L = 170$km，左侧和右侧宽度分别为 $W_1 = 30$km 和 $W_2 = 14$km。海冰初始厚度 $H_{i0} = 1.0$m，初始密集度 $N_{i0} = 100\%$，冰区初始长度 $L_1 = 60$km，海风速度为 20m/s。

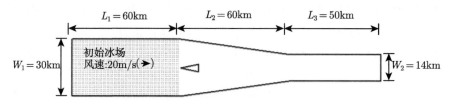

图 8.85　变宽度水道内海冰的初始分布

表 8.10　海冰动力过程的改进离散元模拟中主要计算参数

参数	定义	数值	参数	定义	数值
E	弹性模量/MPa	100	μ_p	海冰单元间摩擦系数	0.5
C_a	风的拖曳系数	0.0015	C_w	流的拖曳系数	0.0045
V_a	风速/(m/s)	20.0	V_w	流速/(m/s)	0.0
D_0	初始海冰单元直径/km	1.0	H_{i0}	初始海冰厚度/m	1.0
φ	海冰单元内摩擦角	46°	N_0	初始密集度	100%
ρ_i	海冰密度/(kg/m³)	917	ρ_w	海水密度/(kg/m³)	1006

在风和流的作用下，海冰绕过三角形障碍物向右侧漂移，并在右侧边界发生堆积。堆积高度随时间的推移而不断增加，由此导致海冰内力不断增强。当海冰内力与风、流的拖曳力达到平衡时，海冰运动速度趋于零，堆积高度达到稳定。在海冰漂移和堆积过程中，其速度、尺寸和厚度均发生改变。第 1 天、2 天、3 天和 7 天的平均冰厚如图 8.86 所示。受水道边界摩擦的影响，边界附近的冰速明显减小，其平均冰厚也小于水道中部冰厚。

为进一步验证模型对冰厚模拟的准确性，这里将海冰稳定后的平均厚度与解析解进行对比。当考虑边界摩擦时，海冰的稳态堆积高度可由经典的冰坝理论计算。此理论在水道长度方向上应用风和流的拖曳力、海冰内力以及边界摩擦力的平衡方程来确定冰坝的堆积高度，对水道宽度方向上的应力进行平均，其中长度方向上的海冰堆积高度为

$$H_i = \sqrt{H_{i0}^2 + \frac{B\left(\rho_a C_a V_a^2 + \rho_w C_w V_w^2\right)}{\rho_i g \tan\varphi \left(1 + \sin\varphi\right)\left(1 - \dfrac{\rho_i}{\rho_w}\right)}\left[1 - \exp\left(-\frac{2\left(1 - \sin\varphi\right)\tan\varphi}{B}x\right)\right]}$$

(8.39)

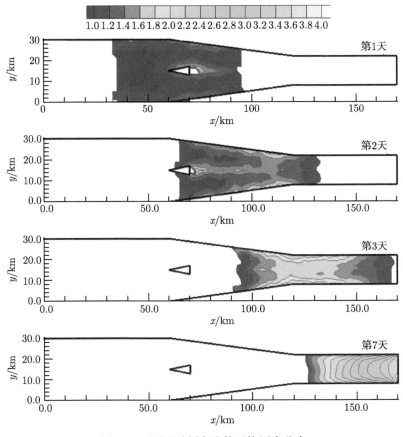

图 8.86 不同时刻海冰的平均厚度分布

将以上水道海冰堆积厚度的离散元模拟结果与式 (8.39) 的解析解共同列于图 8.87 中,可以发现平均冰厚与解析解有较高的拟合度,由此验证了改进离散元模拟在海冰动力学模拟中的准确性。

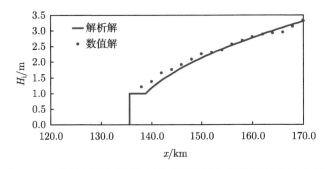

图 8.87 海冰平均厚度的离散元计算值与解析解的对比分析

(2) 旋转风场作用下海冰动力过程

模拟旋转风场作用下的海冰运动，可以有效地检验海冰动力学数值方法的有效性。以下将沿用这个方法，来验证改进离散元方法的有效性。旋风算例的边界是一个 500km×500km 的正方形计算区域，风场中心位于 (250km, 220km) 处，海冰初始分布于计算域的上半区域，如图 8.88 所示。

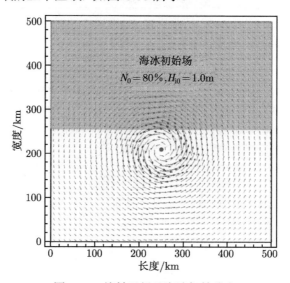

图 8.88　旋转风场及海冰初始分布

海冰初始厚度 $H_{i0} = 1.0$m，初始密集度 $N_{i0} = 80\%$，海冰单元的初始直径 $D_{i0} = 4.0$km。计算域中位置 r 处的风速为

$$\boldsymbol{W}\left(r\right) = \min\left(\omega r, \frac{\lambda}{r}\right) \boldsymbol{K} \times \frac{\boldsymbol{r}}{r} \tag{8.40}$$

式中，$\boldsymbol{W}$ 为风速矢量；$\boldsymbol{r}$ 和 r 分别为计算域中任一点的位置矢量及其到风场中心的距离；风速参数 $\omega = 0.5 \times 10^{-3}$m/s，$\lambda = 8 \times 10^2$m²/s。

在不考虑海冰冻结时，单元之间的粘结作用力为零。本节采用改进离散单元模型对旋转风场作用下的海冰动力过程进行了 10 天数值计算，第 2 天、5 天、10 天的冰速和平均冰厚分布如图 8.89 所示。可以发现海冰在风和流的拖曳作用下，在旋转风场内围绕风场中心做涡旋运动。在海冰运动过程中，左侧边界附近的海冰单元与边界发生挤压和堆积使平均冰厚增加，而右侧边界附近的海冰单元因远离边界漂移使平均冰厚减小；此外，从平均冰厚的等值线分布可以发现，在涡旋中心两侧会形成两个明显的涡，并在海冰漂移过程中发生移动和变形。以上计算结果表明，改进的离散单元模型可对旋转风场作用下海冰的动力演化过程进行精确数值模拟。

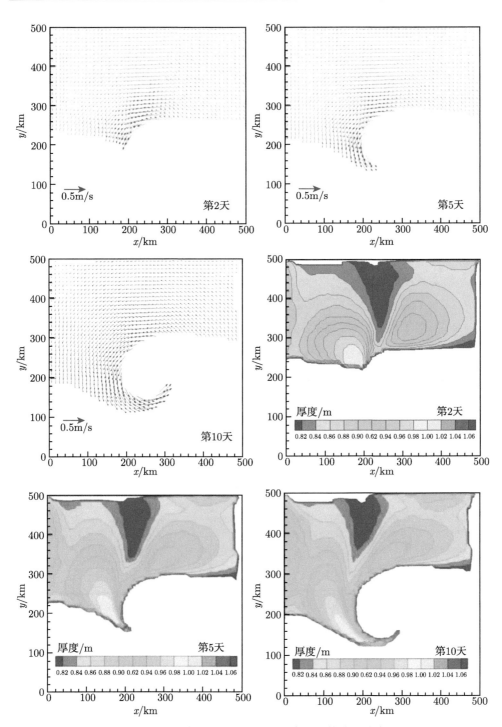

图 8.89   旋转风场作用下海冰速度和平均冰厚分布

8.7.3　渤海海冰动力过程的数值模拟

为进一步验证改进离散单元模型在海冰动力学模拟中的适用性,下面将其用于渤海海冰动力演化过程的数值分析,并通过海冰卫星遥感资料和油气作业区海冰监测数据对计算结果进行检验。

(1) 渤海海冰参数分布提取与数值计算

这里对 2010 年 1 月 22 日 10:50 的卫星遥感图像进行海冰的参数提取,主要包括冰厚和密集度,冰速初始场近似设为潮流场,最大海冰初始直径为 2km。卫星遥感图像及数字化后的海冰单元分布、冰厚和密集度分布如图 8.90 所示。通过采用改进离散单元模型对海冰动力过程的 48h 进行数值模拟,海冰单元位置、海冰密集度、冰厚和冰速分布分别如图 8.91 和图 8.92 所示。

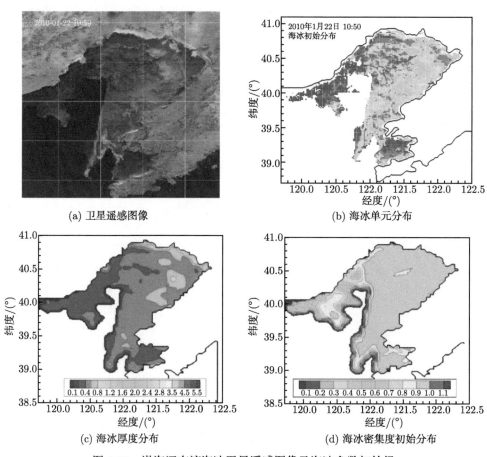

(a) 卫星遥感图像　　　　　　　　　　(b) 海冰单元分布

(c) 海冰厚度分布　　　　　　　　　　(d) 海冰密集度初始分布

图 8.90　渤海辽东湾海冰卫星遥感图像及海冰参数初始场

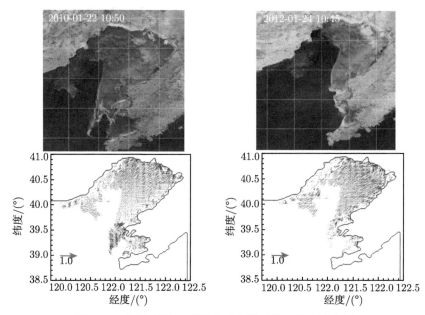

图 8.91 海冰卫星遥感图像及离散元模拟的海冰位置

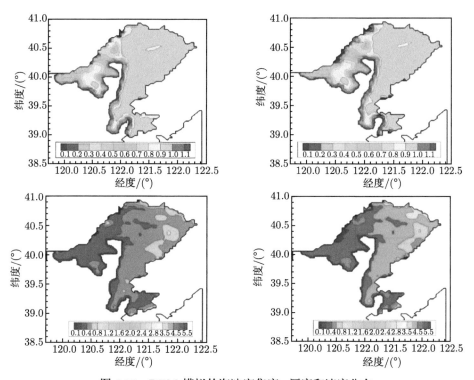

图 8.92 DEM 模拟的海冰密集度、厚度和速度分布

　　从模拟结果可以发现，海冰单元位置、冰缘线分布规律与卫星遥感资料基本一致。在数值模拟的 48h 内，风速在 2~8 m/s，气温在 −8~−5 ℃，气象条件变化平缓，海冰运动主要受控于潮流，且冰厚受热力因素影响较小。粗粒化离散元法通过对海冰单元在拉格朗日坐标下的运移、碰撞和重叠特性的分析，改变单元的位置、尺寸、密集度和冰厚等海冰参数，较精确地描述海冰的运移过程。特别是，对海冰单元漂移速度和运动轨迹的数值计算，能较准确地确定冰缘线位置，而不存在欧拉坐标下的数值扩展现象。

　　(2) 辽东湾 JZ20-2 油气海域的海冰参数演化

　　在渤海海冰动力学模拟中，油气作业区海冰参数的确定对保障油气安全作业具有很重要的工程意义，也是冰期油气作业中海冰管理工作的重要组成部分。在以上辽东湾海冰动力过程的改进离散元模拟中，可以对 JZ20-2 油气作业区 (121°21′，40°30′) 的海冰参数进行提取。这里采用 SPH 方法中的 Gauss 函数由该油气作业区的海冰单元插值得到该海域的海冰厚度、密集度、速度等参数。图 8.93 为 JZ20-2 油气作业区附近一个海冰单元的漂移轨迹，可以发现其受往复潮流和西北向风的拖曳作用，在往复运动过程中向西南方向漂移。图 8.94 和图 8.95 给出了该海域插值得到的海冰速度和厚度在 48h 内的变化过程，实测值由该油气平台上的海冰现场监测及数字图像处理系统获得。结果表明粗粒化离散元方法对该海域海冰参数的模拟结果与现场监测数值基本一致。

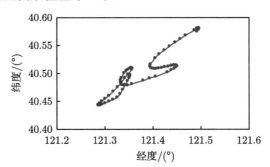

图 8.93　辽东湾 JZ20-2 海域海冰单元漂移轨迹

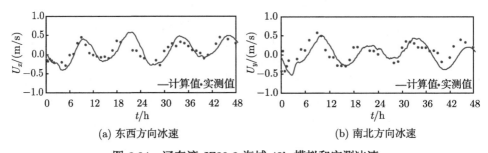

(a) 东西方向冰速　　　　　　　　　　　(b) 南北方向冰速

图 8.94　辽东湾 JZ20-2 海域 48h 模拟和实测冰速

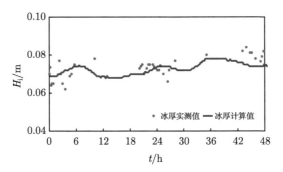

图 8.95　辽东湾 JZ202 海域 48h 模拟和实测冰厚

8.8　小　　结

本章主要介绍了海冰离散元方法在海洋工程中的广泛应用。针对海冰与海洋平台结构及船舶相互作用中的挤压、弯曲破坏特点，采用离散单元方法对海冰的破坏模式进行数值分析，并由此分析海冰与固定式海洋平台结构、浮式平台以及船舶结构等的动力耦合过程，确定不同类型海洋平台结构的冰力时程；在此基础上进一步对不同类型海洋平台结构冰荷载及结构冰激振动进行离散元–有限元耦合分析，确定相应的冰荷载特点，并与规范及准则进行对比，其结果一致。海冰动力过程的粗粒化离散单元模型主要是针对海冰的离散分布特点以及海冰漂移、重叠中的形变特征发展起来的，对海冰在重叠堆积过程中产生的塑性变形进行准确的计算，能够有效地对大中尺度的海冰生消运移进行模拟和研究。同时考虑波浪作用下海冰的破碎和堆积情况，以模拟海冰周围更加真实的海洋环境，可以准确预报海冰的堆积和阻塞对核电站取水口的影响。另外，针对碎冰区冰块的几何特性和分布规律，采用 Voronoi 切割算法生成随机分布的扩展多面体海冰单元，对碎冰区内圆桩结构的冰载荷进行分析。可见，离散元模拟不仅有效提高了计算规模和效率，还可为海洋结构设计提供有力依据，充分展示出在海洋工程中的应用前景和潜力。

参 考 文 献

狄少丞, 季顺迎. 2014. 海冰自升式海洋平台相互作用的 GPU 离散元模拟. 力学学报, 46(4): 561-571.

桂大伟, 庞小平, 沈权等. 2017. 基于 GPS 的 "雪龙" 船冲击式破冰模式识别研究. 极地研究, 29(3): 414-419.

贺益英. 2003. 寒区工业取水口防冰工程新方法的研究. 水利学报, 34(1): 7-11.

侯艳丽. 2005. 砼坝–地基破坏的离散元方法与断裂力学的耦合模型研究. 北京: 清华大学.

季顺迎, 狄少丞, 李正, 等. 2013. 海冰与直立结构相互作用的离散单元数值模拟工程力学, 30(1): 463-469.

季顺迎, 李春花, 刘煜. 2012. 海冰离散元模型的研究回顾及展望. 极地研究, 24(4): 315-330.

季顺迎, 沈洪道, 王志联, 等. 2005. 基于 Mohr-Coulomb 准则的黏弹-塑性海冰动力学本构模型. 海洋学报, 27(4): 19-30.

季顺迎, 王安良, 车啸飞, 等. 2011. 锥体导管架海洋平台冰激结构振动响应分析. 海洋工程, 29(2): 32-38.

季顺迎, 王安良, 苏洁, 等. 2011. 环渤海海冰弯曲强度的试验测试及特性分析. 水科学进展, 22: 266-272.

李紫麟, 刘煜, 孙珊珊, 等. 2013. 船舶在碎冰区航行的离散元模型及冰载荷分析. 力学学报, 45(6): 868-877.

刘璐, 龙雪, 季顺迎. 2015. 基于扩展多面体的离散单元法及其作用于圆桩的冰载荷计算. 力学学报, 47(6): 1046-1057.

屈衍. 2006. 基于现场实验的海洋结构随机冰荷载分析. 大连理工大学博士论文.

曲月霞, 李广伟, 李志军, 等. 2001. 正倒锥体结构上冰力谱分析实验研究. 海洋工程, 19(3): 38-42.

史庆增, 黄焱, 宋安, 等. 2004. 锥体冰力的实验研究. 海洋工程, 22(1): 88-92.

王帅霖, 狄少丞, 季顺迎. 2016. 多桩锥体海洋平台结构冰荷载遮蔽效应离散元分析. 海洋工程, 34(2): 1-9.

岳前进, 毕祥军, 季顺迎. 2000. JZ20-2 平台冰激振动测量与分析、海冰监测与预报. 大连: 大连理工大学.

Brown T G, Määttänen M. 2009. Comparison of Kemi-I and Confederation Bridge cone ice load measurement results. Cold Regions Science and Technology, 55(1): 3-13.

Feng Y T, Owen D R J. 2014. Discrete element modelling of large scale particle systems—I: exact scaling laws. Computational Particle Mechanics, 1: 159-168.

Frankenstein G, Garner R. 1967. Equations for determining the brine volume of sea ice from −0.5℃ to −22.9℃. Journal of Glaciology, 6: 943-944.

Herman A. 2012. Influence of ice concentration and floe-size distribution on cluster formation in sea-ice floes. Central European Journal of Physics, 10(3): 715-722.

Hopkins M A. 1997. Onshore ice pile-up: a comparison between experiments and simulations. Cold Regions Science and Technology, 26(3): 205-214.

Hopkins M A. 2004. Discrete element modeling with dilated particles. Engineering Computations, 21: 422-430.

Hopkins M A, Jukka T. 1999. Compression of floating ice fields. Journal of Geophysical Research Atmospheres, 1041(C7): 15815-15826.

Hopkins M A, Shen H H. 2001. Simulation of pancake-ice dynamics in wave field. Annals of Glaciology, 33: 355-360.

Hopkins M A, Susan F, Thorndike A S. 2004. Formation of an aggregate scale in Arctic sea ice. Journal of Geophysical Research Oceans, 109(109): 1032.

Huang H Y. 1999. Discrete Element Modeling of Tool-rock Interaction. Minnesota: University of Minnesota.

ISO 19906. 2010. 2010 Petroleum and natural gas industries-arctic offshore structures. International Organization for Standardization.

Ji S, Di S, Long X. 2016. DEM simulation of uniaxial compressive and flexural strength of sea ice: Parametric study. Journal of Engineering Mechanics, 143(1): C4016010.

Ji S, Li Z, Li C, Shang J. 2013. Discrete element modeling of ice loads on ship hulls in broken ice fields. Acta Oceaologica Sinica, 32(11): 50-58.

Kato K. 1990. Total ice force on multi legged structures. Proceedings of 10th international symposium on ice. Espoo, Finland, 2: 974983.

Kato K, Adachi M, Kishimoto H, et al. 1994. Model experiments for ice forces on multi conical legged structures. Proceedings of the 4th ISOPE Conference, Osaka, Japan, 2: 526-534.

Lau M. 2001. A three dimensional discrete element simulation of ice sheet impacting a 60° conical structure. Proceedings of the 16th Interactional Conference on Port and Ocean Engineering under Arctic Conditions, Ottawa, Canada.

Paavilainen J, Tuhkuri J. 2013. Pressure distributions and force chains during simulated ice rubbling against sloped structures. Cold Regions Science and Technology, 85: 157-174.

Polojärvi A, Tuhkuri J. 2013. On modeling cohesive ridge keel punch through tests with a combined finite-discrete element method. Cold Regions Science and Technology, 85: 191-205.

Qu Y, Yue Q, Bi X, et al. 2006. A random ice force model for narrow conical structures. Cold Regions Science and Technology, 45: 148-157.

Sakai M, Takahashi H, Pain C C, et al. 2012. Study on a large-scale discrete element model for fine particles in a fluidized bed. Advanced Powder Technology, 23(5): 673-681.

Shen H T, Shen H H, Tsai S M. 1990. Dynamic transport of river ice. Journal of Hydraulic Research, 28(6): 659-671.

Sun S, Shen H H. 2012. Simulation of pancake ice load on a circular cylinder in a wave and current field. Cold Regions Science and Technology, 78: 3139.

Tian Y, Huang Y. 2013. The dynamic ice loads on conical structures. Ocean Engineering, 59: 37-46.

Timco G W, Irani M B, Tseng J, et al. 1992. Model tests of dynamic ice loading on the Chinese JZ-20-2 jacket platform. Canadian Journal of Civil Engineering, 19: 819-832.

Timco G W, Wright B D, Barker A, et al. 2006. Ice damage zone around the Molikpaq: Implications for evacuation systems. Cold Regions Science and Technology, 44(1): 67-85.

Yue Q, Bi X. 2000. Ice-induced jacket structure vibrations in Bohai Sea. Journal of Cold Regions Engineering, 14(2): 81-92.

Yue Q, Qu Y, Bi X, Tuomo K. 2007. Ice force spectrum on narrow conical structures. Cold Regions Science and Technology, 49: 161-169.

Zhou L, Su B, Riska K, et al. 2012. Numerical simulation of moored structure station keeping in level ice. Cold Regions Science and Technology, 71: 54-66.

第9章 有砟铁路道床动力特性的离散元分析

有砟铁路结构在我国分布广泛，是交通运输的重要途径之一。有砟铁路结构的主要功能是承受并传递来自轨枕的载荷，保持轨道几何状态的稳定性，以及减缓和吸收轮轨的冲击和振动 (练松良，2006)。有砟道床作为一种散体材料，具有很强的非均匀、非连续和各向异性等非线性性质 (邵帅等，2016)。道砟颗粒的非规则形状对整体道床的稳定性起到重要作用 (Lu and McDowell, 2007)。离散元方法作为一种有效的数值方法，在模拟散体材料时具有很大的优势，已被广泛地用于分析道砟材料的力学行为 (Ngo et al., 2014; Lu et al., 2010; Huang and Tutumluer, 2011)。它可从细观尺度分析道砟在外部载荷下的沉降量、力链分布和道砟颗粒位置的重新分布等 (Hossain et al., 2007；肖宏等，2009；Lu et al., 2010; Stahl and Konietzky, 2011)。离散单元法能够比较精确地模拟道砟颗粒的粒径、形状、级配、孔隙率等细观特征 (Huang and Tutumluer, 2011; Tutumluer et al., 2013)，以及道砟的破碎粉化过程等 (井国庆等，2012；严颖等，2012)。

在颗粒材料的离散元数值模拟中，采用最普遍的是球形颗粒单元。然而，对于非规则形态的道砟颗粒，球形颗粒很难有效地模拟道砟材料的力学行为。目前，对非规则道砟的形态描述主要有粘结单元 (Ergenzinger et al., 2012; Lu and McDowell, 2005; Lobo-Guerrero and Vollejo, 2006)、镶嵌单元 (Wang et al., 2015; Laryea et al., 2014; Ferellec and McDowell, 2010; Perers and Džiugys, 2002；严颖等，2016) 和多面体或扩展多面体单元 (孙珊珊等，2015；Galindotorres and Muñoz, 2010; Alonso-Marroquín and Wang, 2008)。此外，随着中国高速铁路技术的快速发展，用于铺设高速铁路的无砟道床分布越来越广泛。但是，有砟道床仍然是中国铁路结构中的主要形式，于是不可避免地出现有砟道床和无砟道床过渡段的问题，如何实现有砟–无砟过渡段刚度的平稳过渡是急需解决的问题。本章提出了一种用于分析有砟–无砟过渡段力学行为的离散元–有限元耦合模型，对有砟–无砟过渡段不同区域的沉降进行数值分析。

9.1 道砟颗粒压碎特性的离散元模拟

9.1.1 单道砟颗粒破碎的离散元模拟

道砟破碎机制较复杂，主要分为整体断裂和磨损粉化。目前，关于碎石颗粒的破碎特性已有大量的实验研究，主要侧重于对碎石颗粒进行直接压缩以确定不同尺寸下的等效压缩强度。离散单元方法是颗粒材料破碎过程数值分析的一个有效计算途径。在离散元模拟中，可基于球形颗粒的粘结–破碎效应，构造非规则的碎石颗粒，并通过发展相应的破坏准则表征粘结颗粒间的破碎规律 (Potyondy and Cundall, 2004; Lim and McDowell, 2005; Indraratna et al., 2010)。道砟颗粒的破碎主要与其拉伸强度密切相关，通过对道砟颗粒进行压缩破碎试验，可确定其拉伸强度 (McDowell and Bolton, 1998)。道砟颗粒的压缩破碎试验及相对应的离散元计算结果均表明，对于由实验数据给定的颗粒尺寸，道砟破碎拉伸强度服从威布尔分布规律 (Lim et al., 2004; Yan et al., 2015)。

　　以下采用球体单元的粘结模型构造非规则形态道砟颗粒，相关计算参数列于表 9.1 中。取一个有效粒径为 45.14mm 的道砟颗粒，其由 293 个球体颗粒粘结而成，颗粒间有 449 个粘结对。在压缩过程中，该颗粒的断裂过程如图 9.1 所示。从图 9.1 中可以看出，加载初期，由于应力集中，上下板接触点位置附近颗粒间粘结键发生较少断裂；随着持续加载，道砟的内部裂纹逐渐扩展，进一步发生破碎；当裂纹径向贯通时，道砟发生完全破碎，最终断裂使道砟的碎块发生脱离。

表 9.1　道砟颗粒离散元模拟中的主要计算参数

参数	单位	数值
道砟密度 ρ	kg/m^3	2530.0
道砟粒径 D_{av}	mm	20~75
接触杨氏模量 E_c	GPa	60
法向刚度 k_n	MN/m	660
切向法向刚度比 k_s/k_n	—	0.2
法向粘结强度 σ_b^n	MPa	191.7
切向粘结强度 σ_b^s	MPa	191.7

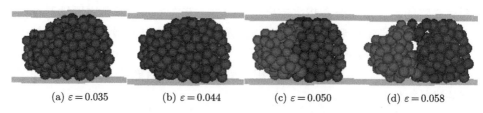

(a) $\varepsilon = 0.035$　　　(b) $\varepsilon = 0.044$　　　(c) $\varepsilon = 0.050$　　　(d) $\varepsilon = 0.058$

图 9.1　道砟颗粒受压过程中的破碎形式

　　在道砟颗粒受压破碎过程中，等效应力 σ_{eff} 随等效应变 ε_{eff} 的变化过程如图 9.2 所示。图中同时给出了颗粒粘结键的断裂总数 N_b 的演化过程。可知，当等效应变较小时，即 $\varepsilon_{eff} < 0.035$，有效应力较低；当 $\varepsilon_{eff} > 0.035$ 时，σ_{eff} 随 ε_{eff} 的增加而增加，并在 $\varepsilon_{eff} = 0.044$ 时出现一个峰值；当在 $\varepsilon_{eff} = 0.058$ 时，达到最大值，

然后急剧下降。这表明颗粒的破碎过程由两部分组成。在 σ_{eff} 出现第一个峰值时，发生第一次破碎；当 σ_{eff} 达到最大值时，发生整体性破碎。颗粒间的断裂次数也在 $\varepsilon_{\text{eff}} = 0.058$ 处达到最大值。

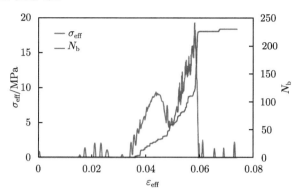

图 9.2　道砟颗粒受压破碎中等效应力和破碎次数随等效应变的变化过程

通过力链结构的变化显示道砟颗粒破坏的演化过程，如图 9.3 所示。从图中可以看出，在受压过程中，强力链首先集中在颗粒与上下加载面附近，并发展到整个道砟颗粒。当有效应变 $\varepsilon_{\text{eff}} = 0.058$ 时，断裂的力链贯穿，道砟颗粒发生整体破坏。

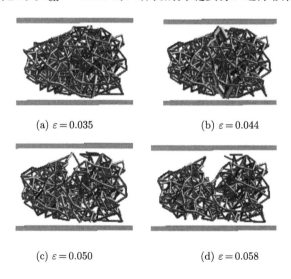

(a) $\varepsilon = 0.035$　　　　　　(b) $\varepsilon = 0.044$

(c) $\varepsilon = 0.050$　　　　　　(d) $\varepsilon = 0.058$

图 9.3　不同等效应变下的力链分布

为分析道砟颗粒等效压缩强度的统计特性，根据激光三维扫描的道砟颗粒形态，构造了 65 个道砟颗粒单元，并对其压缩破碎过程进行数值模拟。道砟颗粒的粒径范围为 $[20, 75]$mm，与试验中的道砟尺寸相一致。由此得到等效粒径下道砟颗粒的有效压缩强度如图 9.4 所示。从中可以发现，道砟压缩强度随等效粒径的增加而减小，并呈现出较强的离散性。

　　在此基础上，对离散元模拟的等效压缩强度进行统计分析，其也满足威布尔分布，由此得到的威布尔残余概率分布如图 9.5 所示。道砟颗粒残余概率为 37% 时的抗拉应力为 $\sigma=9.44$MPa，与试验结果吻合良好。这表明采用离散元方法对道砟颗粒压碎过程数值模拟的合理性。此外，离散元计算得到的等效压缩强度的威布尔模量 $m=1.93$，低于试验结果 $m=2.75$。这表明离散元模拟道砟压缩强度的离散性相对较小。

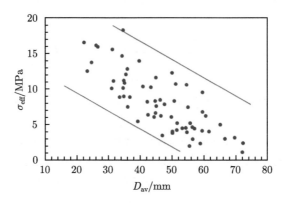

图 9.4　离散元模拟的道砟压缩强度与等效粒径间的关系

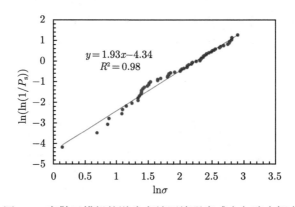

图 9.5　离散元模拟的道砟有效压缩强度威布尔残余概率

9.1.2　单道砟颗粒破碎试验验证

　　本试验中选取的道砟碎石颗粒为花岗岩材料，为运用威布尔断裂统计理论对试验数据进行分析处理，选取的试样几何形状基本一致，均为接近于 "半球形" 的道砟颗粒。由于道砟颗粒的不规则性，选取同一粒径的试样将会非常困难，因此本次试验中选用在一定粒径范围内的试样。试样的尺寸通过游标卡尺进行测量,以颗粒最大尺寸方向为三维坐标之一,测量出三个相互垂直方向的尺寸,并取平均值,选取的道砟颗粒平均粒径在 [20, 75]mm。

试验装置如图 9.6 所示,试验机的顶部压头和底部平板均为钢质材料,试验过程中顶部压头工作面与底部平板保持平行,同时保证选取的道砟颗粒顶部与试验机压头的接触点位于道砟颗粒的中心。试验机通过位移控制实现加载,加载速率为 1mm/min。数据采集系统记录试验过程中的力和位移数据,典型的加载过程力–位移曲线如图 9.7 所示。

图 9.6　道砟压碎试验装置

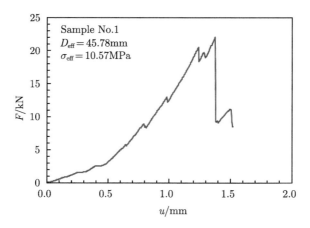

图 9.7　道砟压碎试验力–位移曲线

道砟颗粒强度的计算采用 Jaeger(1967) 的经验公式:

$$\sigma_{\text{eff}} = \frac{F_{\text{f}}}{d_{\text{av}}} \tag{9.1}$$

式中，σ_{eff} 为道砟破碎时的有效强度；F_{f} 为法向荷载；d_{av} 为道砟颗粒最大直径和最小直径的平均值。

为分析道砟颗粒强度随其尺寸变化的规律，将试验结果绘制于图 9.8 中。横坐标为道砟的平均尺寸，纵坐标为道砟的强度。从图 9.8 中可以看出，随着尺寸的增加，道砟颗粒的强度有减小的趋势。根据 Griffith 断裂力学强度理论，因为随着道砟颗粒粒径的增大，道砟内含有的微裂缝也就越多，在径向荷载作用下裂纹贯通造成颗粒破碎的可能性也就越大，强度也就越低。

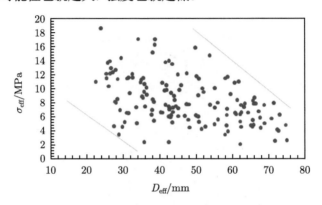

图 9.8   道砟有效压缩强度分布图

脆性材料与弹塑性材料相比，其强度值的离散性更大。1951 年，瑞典科学家威布尔提出脆性材料在受到拉力时应力与破坏概率的经验公式并被广泛采用。后来，Jayatllake 对材料包含裂纹的分布特征进行研究，给出了破坏概率的通用表达式，并给出了经验公式中参数的具体物理意义。威布尔经验公式的建立基于以下两个假设：材料是各向同性的；材料中某个裂纹的扩展导致整个材料体的破坏。

威布尔概率分布下道砟颗粒破碎的残余概率公式为

$$P_{\text{s}} = 1 - P_{\text{f}} = \exp\left[-\left(\frac{\sigma - \sigma_{\text{u}}}{\sigma_0}\right)^m\right] \tag{9.2}$$

式中，P_{s} 为颗粒残余概率；P_{f} 为颗粒破碎概率；σ 为作用应力；σ_{u} 为破坏概率为 0 时的应力值，对于脆性材料其值为 0；σ_0 为道砟颗粒残余概率为 37% 时的抗拉应力，即威布尔分布断裂统计理论下的材料特征强度；m 是与材料特性相关的常数，强度变化范围越大其值越小，称为威布尔系数。

由于道砟颗粒的大小形状各异，在受到外荷载时其内部的应力分布非常复杂，有时会发生多级破碎，因此要将威布尔经验公式应用于道砟颗粒的强度分析中须做如下两点假设：颗粒的几何形状相似，受到荷载时内部应力分布相同；颗粒的破碎是由内部拉应力产生，而不是表面裂纹扩展。采用概率统计理论，将试验的数据结果进行统计,确定道砟断裂的概率,进而得到道砟的抗拉强度。

残余概率公式还可表示为

$$P_s = \exp\left[-\left(\frac{\sigma}{\sigma_0}\right)^m\right] \tag{9.3}$$

将公式换一种写作方式,即可获得 $\ln(\ln(1/P_s))$ 和 $\ln\sigma$ 的线性关系为

$$\ln\left[\left(\frac{1}{P_s}\right)\right] = m\ln\sigma - m\ln\sigma_0 \tag{9.4}$$

将 $\ln\sigma$ 作为 x 轴坐标,$\ln(\ln(1/P_s))$ 为 y 轴坐标,σ_0 为道砟残余概率 37% 时的抗拉应力;m 表征斜率,且与材料相关,即威布尔系数;σ_0 表示 y 轴的截距。

道砟颗粒的残余概率采用平均顺序法计算得到:

$$P_s = 1 - \frac{i}{N+1} \tag{9.5}$$

式中,P_s 为颗粒残余概率;i 为某一应力下发生破碎的颗粒数目;N 为总的颗粒数目。147 个颗粒试样的威布尔残余概率分布图如图 9.9 所示。简单计算得到道砟颗粒残余概率为 37% 时的抗拉应力 $\sigma = 9.39\mathrm{MPa}$,威布尔模量 $m = 2.75$。

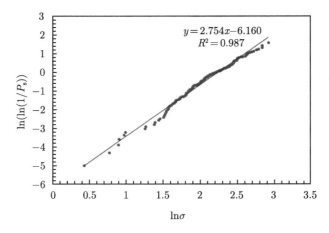

图 9.9　道砟有效压缩强度的威布尔残余概率

9.2　有砟铁路道床动力沉降特性的离散元分析

道床累积变形会严重影响道床的弹性,通过对道砟材料动力过程的离散元分析,有助于揭示有砟道床的形变机制,为研究有砟道床在运行过程中的劣化规律提供依据。这里主要采用球体组合镶嵌方式构造的道砟颗粒对道砟材料在往复荷载下的累积沉降和弹性特征进行离散元分析。

9.2.1　非规则形态道砟颗粒的构造

道砟碎石颗粒一般为具有一定棱角的非规则多面体结构,如图 9.10 所示。针对道砟颗粒的几何形态,采用球形颗粒的镶嵌组合方法进行构造。首先依据道砟碎石的粒径和几何形态构造相应的多面体结构,然后在该多面体结构内填充球形颗粒,并让球体膨胀到设计尺寸,从而形成具有非规则形态的道砟单元。这里选取 6 个不同形态的道砟单元如图 9.11 所示。道砟单元由若干个球形颗粒按不同重叠量和几何方位镶嵌而成,其体积、质心和转动惯量可采用有限分割法进行确定 (Yan and Ji, 2009; 李晓等,2007)。针对道砟碎石有效粒径的随机性,构造的道砟颗粒尺寸在 37~54 mm。

图 9.10　具有非规则形态的道砟颗粒

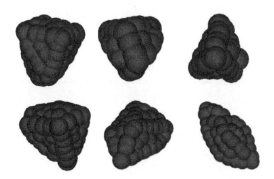

图 9.11　铁路道砟的离散元模型

9.2.2　道砟箱的离散元构造

为模拟道砟材料在往复荷载下的动力过程,选取道砟箱尺寸为 700mm×300mm×450mm。采用离散元计算主要的参数列于表 9.2 中。

表 9.2　道砟箱试验离散单元模拟中的主要计算参数

参数	单位	数值
道砟箱尺寸	mm³	700×300×450
枕木尺寸	mm³	295×250×170
道砟粒径	mm	37～54
道砟刚度	N/m	$7.25×10^7$
道砟密度	kg/m³	2545.0
颗粒间摩擦系数	—	0.1～1.0
颗粒与侧壁摩擦系数	—	0.2
最大加载力	kN	30.5
最小加载力	kN	5.5

在离散元数值模拟中，将道砟颗粒随机放置于道砟箱内。为得到密实状态，将颗粒粒径缩小 2/5，再按照时间步缓慢增长，直到达到真实粒径。道砟材料初始排列完成后，将轨枕缓慢放至道砟材料表面，如图 9.12 所示。对轨枕缓慢加载至 F_{mean}，然后施加正弦往复荷载，其最大值和最小值分别为 F_{max} 和 F_{min}。这里取最小荷载 $F_{min} = 5.5kN$，平均荷载 $F_{mean} = 18.0kN$ 和最大荷载 $F_{max} = 30.5kN$，加载频率 $f_0 = 3.0Hz$。

图 9.12　道砟箱试验模型

9.2.3　往复荷载下道砟材料的累积沉降量和形变模量

采用镶嵌组合颗粒单元，对道砟箱在往复荷载下的动力过程进行离散元计算，其在 35 个荷载周期下的计算结果如图 9.13 所示。在第一个加载周期，道床的沉降量较大；随着加载次数的增加，沉降曲线越来越密实，即轨枕沉降趋于平稳。图 9.13(c) 为轨枕累积沉降量随加载次数的演变情况。可以发现，轨枕沉降量随往复荷载呈周期性变化，累计下沉量随往复荷载次数的增加不断增大，但是增长趋势逐渐趋于平缓。这主要是由于在加载初期，颗粒间空隙较大，而在往复荷载作用下，颗粒间相互运动, 空隙变小, 排列密实。随加载次数的增加其内部排列不断密实, 进而其累积沉降量趋于平稳。

将累积沉降量 u 均值对加载次数 N 进行指数拟合, 可得到

$$u = 2.969N^{0.239} \tag{9.6}$$

其中, 累积沉降量 u 的单位为 mm。

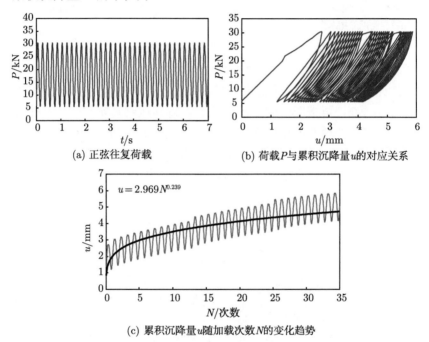

(a) 正弦往复荷载　　　　　　　(b) 荷载P与累积沉降量u的对应关系

(c) 累积沉降量u随加载次数N的变化趋势

图 9.13　道床在往复荷载过程中的 P-u 曲线

为进一步分析道砟材料在往复荷载下的弹性演化趋势, 这里对轨枕所受作用力 P 与其对应位移 u 进行线性拟合, 并定义其形变模量为

$$M = \frac{P}{u} \tag{9.7}$$

其中, 形变模量 M 单位为 N/m。

这里以第二次加载周期为例 (图 9.14(a)), 荷载 P 与轨枕沉降量 u 呈现良好的线性关系, 得到形变模量 $M = 12.34 \times 10^6$ N/m。由此对 35 个加载周期的形变模量进行确定, 结果如图 9.14(b) 所示。在最初几个加载周期内, 形变模量增长明显, 但随着加载周期的增加, 形变模量趋于平缓。形变模量和累积沉降量均有效地反映了有砟道床在往复荷载作用下的密实过程, 分别表征了道床有效弹性和永久变形的演化规律。

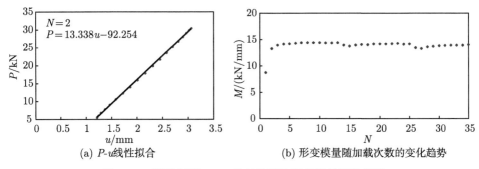

(a) P-u线性拟合　　(b) 形变模量随加载次数的变化趋势

图 9.14　道砟材料 P-u 对应关系及形变模量演化规律

力链是散体材料内部各颗粒间作用力的主要传递方式。从细观尺度上分析往复荷载作用下道砟颗粒间力链的空间结构和强度分布，有助于揭示道砟材料的基本力学行为。这里取一个加载周期内道砟颗粒间的力链分布如图 9.15 所示。当 $t=1.65\mathrm{s}$ 时，对轨枕施加最小作用力，此时力链分布均匀且强度较弱，颗粒之间接触充分。当 $t=1.81\mathrm{s}$ 时，轨枕施加于道砟上的作用力增加。此时颗粒间的最大接触力也随之增加。在该过程中道砟颗粒间的力链明显发生断裂和重构过程，强力链主要分布于枕木下方，呈辐射状分布。当 $t=1.98\mathrm{s}$ 时，即在卸载至最小值时，颗粒之间的接触再次发生变化，力链重新组构，强力链发生断裂。由此可见，在加载–卸载中，道砟颗粒间的相互移动、错动、重新组合，从而使颗粒间的力链结构发生相应的变化。

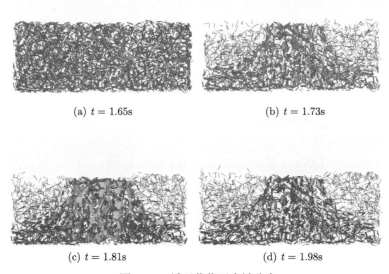

(a) $t=1.65\mathrm{s}$　　(b) $t=1.73\mathrm{s}$

(c) $t=1.81\mathrm{s}$　　(d) $t=1.98\mathrm{s}$

图 9.15　循环荷载下力链分布

9.3　沙石混合体剪切强度的离散元分析

在铁路运输过程中,道床起着重要的作用,主要是减缓列车施加给轨枕的竖向荷载。在列车重复荷载作用下,道砟颗粒发生破碎,而碎颗粒会填充于道砟的空隙中,导致道床发生脏污。研究人员研究得出,当道床沉降,有很多煤粉颗粒、沙颗粒,以及道砟的粉碎颗粒存在于道砟空隙中,降低了道床的孔隙率,严重降低了道床的剪切强度和轨道的排水能力。

对于一个新的铁路轨道,常常选择形状均匀干净的道砟骨料用于排水。由于线路使用或交通水平的提高,道砟逐渐被弄脏,级配碎石层的孔隙逐渐被污染的细粒物料填充。这些细粒物料主要来自:路基土的入侵、沙尘,以及其他外来物。这些细小颗粒接触后会发生结垢,而颗粒的运动和旋转会导致部分颗粒发生脱落,从而减小铁路道床层的强度和稳定性。不同的结垢材料、脏污比例,以及道砟内的含水量会影响道砟层的稳定性和功能性。采用离散元数值方法可以较好地模拟铁路道砟内部力链的分布,以及颗粒的位移情况,并从细观尺度上分析道床变形的演化规律以及相应的剪切强度。

9.3.1　道砟材料直剪试验的离散元数值模拟

离散元模型能够有效地模拟道砟的散体性质。通过对风沙区铁路有砟道床的离散元计算,可确定各颗粒间的相互作用进而揭示其宏观力学行为特征和剪切变形机制。

考虑风沙区铁路道床中沙体和道砟尺寸的离散性,这里按正态概率分布分别生成沙体和道砟颗粒的质量,再由此确定相应的粒径。根据道砟的尺寸,这里取剪切盒尺寸 $L=35$cm、$B=35$cm 和 $H=13$cm。颗粒在两剪切盒构成的立方区域内随机生成。当试样颗粒在剪切盒内受重力作用下落稳定后,再施加一定的法向荷载进行压实。在道砟含量 γ 分别为 0%、20%、40%、60%、80% 和 100% 时,道砟试样的初始排列如图 9.16 所示。

道砟初始试样生成后,在上剪切盒顶部施加法向荷载,并在水平方向移动下剪盒以实现剪切形变,并由此确定试样的强度和变形特征。最大剪切位移设定为直剪盒长度的 15%。在道砟直剪的模拟过程中,上下剪切盒之间剪切带承受的总的竖向力为上剪切盒重量 W_B、内部颗粒质量 W_P 和施加给顶盖的竖向力 P。剪切面上的剪力由剪切盒在水平方向上的静力平衡方程确定。由此,剪切带上的法向力和切向力分别为

$$F_N = P + W_P + W_B \tag{9.8}$$

$$F_s = \sum_{i=1}^{N} (N_{wi} + S_{wi}) \tag{9.9}$$

式中，N_{wi} 为颗粒与上剪切盒左右侧壁之间的法向作用力；S_{wi} 为颗粒对上剪切盒前后侧壁和顶盖的切向摩擦力；总墙数 $N=5$。

(a) 道砟含量0%　　　(b) 道砟含量20%　　　(c) 道砟含量40%

(d) 道砟含量60%　　　(e) 道砟含量80%　　　(f) 道砟含量100%

图 9.16　不同含量下道砟初始排列的离散元模型

设剪切盒的长度为 L，宽为 W，剪切速率为 V，则 t 时刻的剪切带的面积为 $W(L-Vt)$，此时，剪切带上的正应力和切应力分别为

$$\sigma_{zz} = \frac{F_N}{W(L-Vt)} \tag{9.10}$$

$$\tau_{zx} = \frac{F_s}{W(L-Vt)} \tag{9.11}$$

在对含沙道床直剪试验的离散元模拟中，采用的主要计算参数列于表 9.3 中，分析不同道砟含量对含沙道床剪切强度和变形规律的影响。

表 9.3　含沙道床直剪离散单元模拟中的主要计算参数

参数	符号	单位	数值	参数	符号	单位	数值
沙体密度	ρ	kg/m³	1800.0	颗粒与侧壁摩擦系数	μ	—	0.2
道砟密度	ρ	kg/m³	2650.0	剪切速率	ν	m/min	1.6×10^{-2}
道砟弹性模量	E_b	GPa	58.0	道砟含量	—	%	$0.0 \sim 100$
沙体弹性模量	E_s	GPa	0.58	沙体粒径	r	mm	$13.3 \sim 14.3$
颗粒间摩擦系数	μ_p	—	0.7	道砟粒径	R	mm	$37.4 \sim 54.4$

　　当道砟含量 γ =60％时，计算得到的剪切过程如图 9.17 所示。从中可以清晰地看到试样在剪切过程中的剪切变形。在剪切初始阶段，颜色间隔清晰。随着剪切位移的增加，剪切带处颗粒相互掺杂。这表明颗粒在剪切带附近相对运动强烈，而在远离剪切带处相对运动较小。因此，道床试样的变形主要集中在剪切带附近。

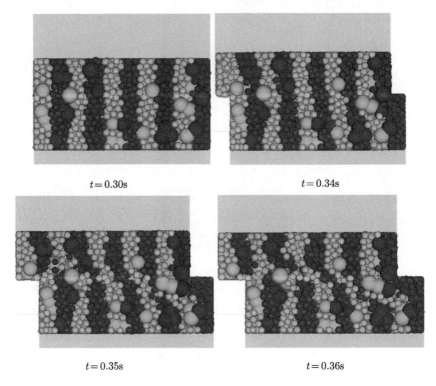

t = 0.30s　　　　　　　　　　　　　　　　　t = 0.34s

t = 0.35s　　　　　　　　　　　　　　　　　t = 0.36s

图 9.17　不同时间道砟试样的剪切变形

　　在直剪过程中，试样顶盖的竖向位移及剪切应力随剪切位移的变化如图 9.18 所示。可以看到，随着剪切位移的增加，竖向位移增长显著，并在剪切位移为 40mm 时达到最大。然后，随着剪切位移的增加，竖向位移基本保持不变。这主要是由于在剪切初期颗粒排列紧密，而在剪切过程中颗粒发生错动并呈现剪胀现象。在剪切后期，由于剪切带内的颗粒运动充分并使试样进入临界状态，试样顶部的竖向位移趋于稳定。对于道砟材料，非规则形态的道砟颗粒剪切过程中的滑动和滚动效应使剪胀现象更加明显。

　　从剪切应力的变化趋势可以发现，剪切过程可大体分为三个阶段：(a) 线弹性阶段。在剪切初始阶段，剪应力与剪切位移近似呈线性，且剪应力增长迅速。这说明颗粒密实排列，主要发生弹性变形，而颗粒相对运动不明显。(b) 弹塑性变形阶段。随着剪切位移的增加，剪应力也继续增加，但增长缓慢。该阶段道砟颗粒之间、道砟与沙体之间以及沙体与沙体颗粒间的接触充分,抗剪强度达到最大值。(c) 残余阶段。随着剪切位移的继续增加,剪应力出现下降并趋于平缓。此时,道砟试样内剪切带发展完全,并进入临界状态。

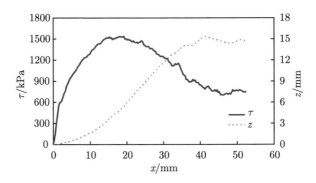

图 9.18 剪切应力、竖向位移与剪切位移的关系曲线

9.3.2 道砟含量对抗剪切强度的影响及力链分析

道砟含量 γ 是影响含沙道床抗剪强度的重要因素。为分析道砟含量对含沙道床抗剪强度的影响,在法向应力为 1.2MPa 时,分别对道砟含量 γ=0%、20%、40%、60%、80%、100% 的含沙道床进行直剪试验的离散元模拟。图 9.19(a) 和 (b) 给出了不同道砟含量下竖向位移 z、剪切应力 τ 随剪切位移 x 的变化曲线。从图 9.19 (a) 可以发现,道砟在不同含量下均呈现剪胀特性,且随道砟含量的增加剪胀特性愈加明显。这也反映出随道砟含量的增加,道砟对剪切变形的影响愈加趋于主导地位,即道砟在剪切过程中的平动、滚动导致了竖向位移的迅速增加。此外,由于受道砟颗粒相对运动的影响,竖向位移随道砟含量的增加而呈现出更强的波动特性。

从图 9.19 (b) 可以发现,含沙道床的抗剪强度随道砟含量的增加而明显升高,且剪切曲线也随道砟含量的增加而呈很强的波动性。这主要是由于道砟颗粒间相互咬合–错动在高道砟含量下更加明显。当道砟含量 γ < 40% 时,剪切强度差别不大。这主要是因为道砟颗粒间的空隙被沙体填充,道砟不再起骨架作用,即此时含沙道床呈 "沙性"。此外,随着道砟含量的增加,道砟到达抗剪强度峰值的位移减小。

竖向位移和剪切强度与道砟含量的对应关系如图 9.19(c) 所示。可以发现,竖向位移和剪切强度均随道砟含量的增加呈非线性增长。当道砟含量在 0%~40% 时,剪切强度增加幅度较小,此时沙体发挥着重要的抗剪强度特性;当道砟含量在 40%~100% 时,剪切强度增长迅速,此时剪切带处道砟间的接触面积变大,道砟在剪切中起主导作用。

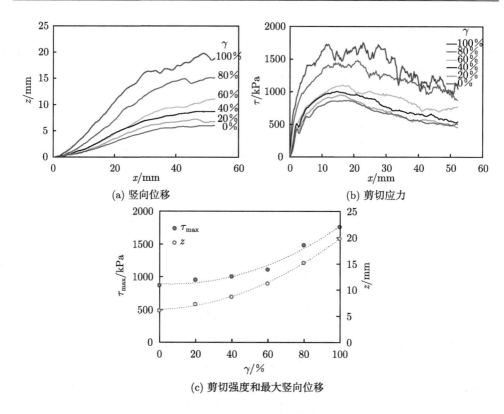

(a) 竖向位移

(b) 剪切应力

(c) 剪切强度和最大竖向位移

图 9.19　道砟含量对竖向位移和剪切强度的影响

　　力链是散体材料内部各颗粒间作用力的主要传递方式。从细观尺度上分析直剪过程中沙体颗粒和道砟颗粒间力链的空间结构和强度概率分布，有助于揭示道砟含量对道砟强度的影响。在直剪过程中，内部道砟颗粒相对运动，可以同时考虑沙体颗粒构成的弱力链以及道砟构成的强力链在直剪过程中的断裂、重组。这里取道砟含量分别为 0%、20%、40%、60%、80% 和 100% 时的力链分布，如图 9.20 所示。在低道砟含量下，力链主要由沙体颗粒构成，其强度较小且分布密集；在中高

(a) 道砟含量 γ=0%

(b) 道砟含量 γ=20%

(c) 道砟含量 γ=40%

  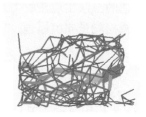

(d) 道砟含量γ＝60%　　　　　(e) 道砟含量γ＝80%　　　　　(f) 道砟含量γ＝100%

图 9.20　不同道砟含量下的道砟直剪中的力链分布

道砟含量下，力链主要由道砟颗粒构成，其强度较大且分布稀疏。图 9.20 取不同道砟含量下含沙道床抗剪强度最大时刻的力链图，计算表明，随道砟含量的增加，力链越粗、颜色越深，表明力链强度越大。

9.4　有砟–无砟过渡段动力特性的 DEM-FEM 耦合分析

桥梁、涵洞、隧道以及岔道广泛存在于铁路结构中，轨枕下部的不同基础力学性质迥异 (Sayeed and Shahin, 2016; Paixão et al., 2014)。当列车通过不同地基的连接处时，由于基础连接处刚度突然变化，列车会发生跳跃现象，同时铁路结构也会承受巨大的冲击载荷 (Sañudo et al., 2016)。列车速度的提高也会增强车轮与轨道之间的相互作用。在长期高速列车载荷作用条件下，这种额外的冲击载荷会导致铁路道床局部发生凸起，增加铁路的维修成本 (Paixão et al., 2016; Lei and Mao, 2004)。为降低由不同基础刚度突变引起的轮–轨冲击载荷，需要在两个不同基础的连接处设置过渡段，来降低过渡段两端基础的刚度差异，使不同基础间的刚度平稳过渡。为此，本节介绍一种用于分析有砟–无砟过渡段力学行为的离散元–有限元耦合模型。道床中形状不规则的道砟颗粒采用镶嵌单元计算。道砟的胶结作用通过在镶嵌单元间增加平行粘结作用进行分析。

9.4.1　有砟铁路道床 DEM 和 FEM 间的耦合算法

(1) 离散元与有限元的耦合算法

离散元与有限元耦合方法分析中关键问题在于离散元和有限元域内的力学参数彼此间的传递方式。采用离散元方法可求解出离散颗粒与有限单元外表面的接触力以及接触位置。这些接触力将作为有限元区域的力边界条件施加到有限元网格节点上，然后对有限元区域求解可得到有限元的变形。有限元表面的运动将作为下一时间步离散元区域的位移边界条件，从而建立离散元–实体单元耦合模型。然而，求解得到耦合面上的接触力大多并不位于有限元网格节点上。为此，采用形函数插值的方法实现接触力从离散元域向有限元域的传递过程。

根据能量守恒原理, 接触面上离散元接触力所做的功为

$$\delta W = \delta \boldsymbol{U}^{\mathrm{T}} \boldsymbol{F}_{\mathrm{con}} \tag{9.12}$$

式中, F_{con} 为离散元–有限元耦合接触面上的耦合接触力矢量; U 为接触点的位移矢量, 可以由有限元节点位移和形函数插值而得。因此, 位移可表示为

$$U = N_i^{20} u_i, \quad i = 1 \sim 20 \tag{9.13}$$

式中, N_i^{20} 为 20 节点等参元在接触点处的形函数; u_i 为一个单元节点上的位移。将式 (9.13) 代入式 (9.12) 可得

$$\delta W = \delta u_i^{\mathrm{T}} \left[N_i^{20} \right]^{\mathrm{T}} F_{\mathrm{con}}, \quad i = 1 \sim 20 \tag{9.14}$$

有限元节点上的虚功可表示为

$$\delta W = \delta u_i^{\mathrm{T}} F_{\mathrm{nodal},i}, \quad i = 1 \sim 20 \tag{9.15}$$

于是, 等效节点力与接触力之间的关系可表示为

$$F_{\mathrm{nodal},i}, i = \left[N_i^{20} \right]^{\mathrm{T}} F_{\mathrm{con}}, \quad i = 1 \sim 20 \tag{9.16}$$

这里, N_i^{20} 可表示为

$$N_i^{20} = \frac{(1 + \varepsilon_0)(1 + \eta_0)(1 + \zeta_0)(\varepsilon_0 + \eta_0 + \zeta_0 - 2)}{8}, \quad i = 1 \sim 8 \tag{9.17}$$

$$N_i^{20} = \frac{(1 - \varepsilon^2)(1 + \eta_0)(1 + \zeta_0)}{4}, \quad i = 17 \sim 20 \tag{9.18}$$

$$N_i^{20} = \frac{(1 - \eta^2)(1 + \zeta_0)(1 + \varepsilon_0)}{4}, \quad i = 9, 11, 13, 15 \tag{9.19}$$

$$N_i^{20} = \frac{(1 - \zeta^2)(1 + \varepsilon_0)(1 + \eta_0)}{4}, \quad i = 10, 12, 14, 16 \tag{9.20}$$

$$\varepsilon_0 = \varepsilon_i \varepsilon, \quad \eta_0 = \eta_i \eta, \quad \zeta_0 = \zeta_i \zeta \tag{9.21}$$

式中, $(\varepsilon, \eta, \zeta)(-1 \leqslant \varepsilon, \eta, \zeta \leqslant 1)$ 为接触点在局部坐标系内的坐标。在散体材料与连续体材料相互作用的过程中, 由于并不考虑连续体材料的破碎, 离散元与有限元的接触点将总是位于有限元网格的外表面。这里假设离散单元作用于有限元网格的上表面, 此时 $\zeta=1$。ε 和 η 的值可以通过平面 8 节点等参元的形函数采用 Newton 迭代法求解而得, 如图 9.21 所示。

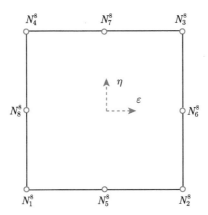

图 9.21 求解 ε 和 η 所采用的 8 节点等参元示意图

$$U_x = \sum_{i=1}^{8} N_i^8 u_{ix}, \quad U_y = \sum_{i=1}^{8} N_i^8 u_{iy} \tag{9.22}$$

这里，N_i^8 可表示为

$$N_i^8 = -\frac{(1 + \varepsilon_i \varepsilon)(1 + \eta_i \eta)(1 - \varepsilon_i \varepsilon - \eta_i \eta)}{4}, \quad i = 1 \sim 4 \tag{9.23}$$

$$N_i^8 = \frac{(1 - \varepsilon^2)(1 + \eta_i \eta)}{2}, \quad i = 5, 7 \tag{9.24}$$

$$N_i^8 = \frac{(1 - \eta^2)(1 + \varepsilon_i \varepsilon)}{2}, \quad i = 6, 8 \tag{9.25}$$

式中，(x, y) 为整体坐标系下接触点的坐标；(x_i, y_i) 为整体坐标系下有限单元节点坐标；N_i^8 为平面 8 节点等参元的形函数。

令 $f(\varepsilon, \eta) = x - \sum_{i=1}^{8} N_i^8 x_i = 0$ 以及 $g(\varepsilon, \eta) = y - \sum_{i=1}^{8} N_i^8 y_i = 0$，$\varepsilon$ 和 η 的值可以通过牛顿迭代法进行求解得到

$$\varepsilon = \varepsilon_k + \frac{f(\varepsilon_k, \eta_k) g_\eta(\varepsilon_k, \eta_k) - g(\varepsilon_k, \eta_k) f_\eta(\varepsilon_k, \eta_k)}{g_\varepsilon(\varepsilon_k, \eta_k) f_\eta(\varepsilon_k, \eta_k) - f_\varepsilon(\varepsilon_k, \eta_k) g_\eta(\varepsilon_k, \eta_k)} \tag{9.26}$$

$$\eta = \eta_k + \frac{g(\varepsilon_k, \eta_k) f_\varepsilon(\varepsilon_k, \eta_k) - f(\varepsilon_k, \eta_k) g_\varepsilon(\varepsilon_k, \eta_k)}{g_\varepsilon(\varepsilon_k, \eta_k) f_\eta(\varepsilon_k, \eta_k) - f_\varepsilon(\varepsilon_k, \eta_k) g_\eta(\varepsilon_k, \eta_k)} \tag{9.27}$$

式中，ε_k 和 η_k 为 ε 和 η 的初值。$f_\varepsilon(\varepsilon_k, \eta_k) = \dfrac{\partial}{\partial \varepsilon} f(\varepsilon_k, \eta_k)$，$f_\eta(\varepsilon_k, \eta_k) = \dfrac{\partial}{\partial \eta} f(\varepsilon_k, \eta_k)$，$g_\varepsilon(\varepsilon_k, \eta_k) = \dfrac{\partial}{\partial \varepsilon} g(\varepsilon_k, \eta_k)$，$g_\eta(\varepsilon_k, \eta_k) = \dfrac{\partial}{\partial \eta} g(\varepsilon_k, \eta_k)$。

(2) 考虑离散单元嵌入有限单元的 DEM-FEM 耦合法

在铁路道床结构中，道砟颗粒会在往复列车荷载作用下逐渐嵌入道床基础。当颗粒嵌入下部基础时，下部基础会对道砟颗粒产生阻力进而限制其运动。为分析道砟颗粒在道床中的嵌入过程，可进一步发展离散单元嵌入有限单元状况下的嵌入式 DEM-FEM 耦合方法，其计算模型如图 9.22 所示。为此，在有限元网格边缘处设置若干嵌入离散单元，这里称为嵌入单元。在计算过程中嵌入单元的位移不受离散元控制，但是可以通过颗粒间的接触模型来计算离散元自由颗粒作用于嵌入单元上的合力。此合力为有限元的力边界条件。

以嵌入单元为分析对象，通过静力平衡分析可以得到有限元的力边界条件为

$$F_{\text{FEM}} = \sum_{i=1}^{n} F_i^{\text{DEM}} \tag{9.28}$$

式中，F_{FEM} 为离散单元对有限单元的作用力；i 为嵌入单元编号；n 为嵌入单元总个数；F_i^{DEM} 为每个嵌入单元上所承受的离散单元的合力。

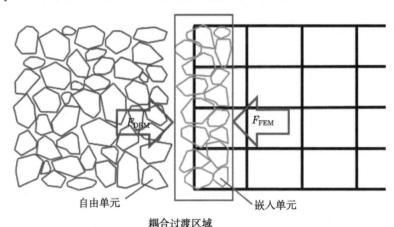

图 9.22　离散单元嵌入有限元的 DEM-FEM 耦合模型示意图

在完成离散单元每个时间步的计算后，便可以确定 F_i^{DEM}，进而将其作为有限单元的外载荷依次累加到有限元的节点上，得到有限单元的等效节点载荷。单个嵌入单元与有限单元耦合的示意图如图 9.23 所示。依据能量守恒原理可以得到有限元等效节点力与嵌入单元所受合力的关系，即

$$F_{\text{nodal},i} = \sum_{j=1}^{n} [N_i]^{\text{T}} F_j^{\text{DEM}}, \quad i = 1 \sim 8 \tag{9.29}$$

式中，N_i 为嵌入单元形心处的形函数值，可表示为

$$N_i = \frac{(1 + \varepsilon\varepsilon_i)(1 + \eta\eta_i)(1 + \zeta\zeta_i)}{8} \tag{9.30}$$

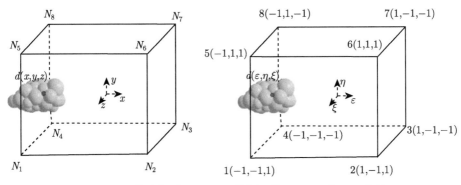

图 9.23 从坐标系 (x, y, z) 到坐标系 $(\varepsilon, \eta, \zeta)$ 的一一映射

为获得嵌入单元的局部坐标, 需要求解如下方程组:

$$U_x = \sum_{i=1}^{8} N_i u_{ix}, \quad U_y = \sum_{i=1}^{8} N_i u_{iy}, \quad U_z = \sum_{i=1}^{8} N_i u_{iz} \tag{9.31}$$

令函数 $f(\varepsilon, \eta, \zeta)$、$g(\varepsilon, \eta, \zeta)$ 和 $h(\varepsilon, \eta, \zeta)$ 满足如下形式:

$$f(\varepsilon, \eta, \zeta) = x - \sum_{i=1}^{8} N_i x_i = 0$$

$$g(\varepsilon, \eta, \zeta) = y - \sum_{i=1}^{8} N_i y_i = 0 \tag{9.32}$$

$$h(\varepsilon, \eta, \zeta) = z - \sum_{i=1}^{8} N_i z_i = 0$$

假设函数 $f(\varepsilon, \eta, \zeta)$ 在点 $(\varepsilon_0, \eta_0, \zeta_0)$ 的某一邻域内连续且有二阶连续偏导数, $(\varepsilon_0 + l, \eta_0 + m, \zeta_0 + n)$ 为此邻域内任意一点, 则有

$$
\begin{aligned}
f(\varepsilon_0 + l, \eta_0 + m, \zeta_0 + n) \approx & f(\varepsilon_0, \eta_0, \zeta_0) + \left[l \frac{\partial}{\partial \varepsilon} f(\varepsilon, \eta, \zeta) \bigg|_{\varepsilon = \varepsilon_0} \right. \\
& \left. + m \frac{\partial}{\partial \eta} f(\varepsilon, \eta, \zeta) \bigg|_{\eta = \eta_0} + n \frac{\partial}{\partial \zeta} f(\varepsilon, \eta, \zeta) \bigg|_{\zeta = \zeta_0} \right]
\end{aligned} \tag{9.33}
$$

于是方程 (9.33) 可近似表示为

$$f(\varepsilon_k, \eta_k, \zeta_k) + \left[l \frac{\partial}{\partial \varepsilon} f(\varepsilon, \eta, \zeta) \bigg|_{\varepsilon = \varepsilon_k} + m \frac{\partial}{\partial \eta} f(\varepsilon, \eta, \zeta) \bigg|_{\eta = \eta_k} + n \frac{\partial}{\partial \zeta} f(\varepsilon, \eta, \zeta) \bigg|_{\zeta = \zeta_k} \right] = 0 \tag{9.34}$$

即

$$f(\varepsilon_k, \eta_k, \zeta_k) + (\varepsilon - \varepsilon_k) f_\varepsilon(\varepsilon_k, \eta_k, \zeta_k) + (\eta - \eta_k) f_\eta(\varepsilon_k, \eta_k, \zeta_k) + (\zeta - \zeta_k) f_\zeta(\varepsilon_k, \eta_k, \zeta_k) = 0 \tag{9.35}$$

同理可得

$$g\left(\varepsilon_k, \eta_k, \zeta_k\right) + \left(\varepsilon - \varepsilon_k\right) g_\varepsilon\left(\varepsilon_k, \eta_k, \zeta_k\right) + \left(\eta - \eta_k\right) g_\eta\left(\varepsilon_k, \eta_k, \zeta_k\right) + \left(\zeta - \zeta_k\right) g_\zeta\left(\varepsilon_k, \eta_k, \zeta_k\right) = 0$$
$$(9.36)$$

以及

$$h\left(\varepsilon_k, \eta_k, \zeta_k\right) + \left(\varepsilon - \varepsilon_k\right) h_\varepsilon\left(\varepsilon_k, \eta_k, \zeta_k\right) + \left(\eta - \eta_k\right) h_\eta\left(\varepsilon_k, \eta_k, \zeta_k\right) + \left(\zeta - \zeta_k\right) h_\zeta\left(\varepsilon_k, \eta_k, \zeta_k\right) = 0$$
$$(9.37)$$

当 $\left(f_\zeta g_\varepsilon - g_\zeta f_\varepsilon\right)\left(g_\eta h_\varepsilon - h_\eta g_\varepsilon\right) - \left(g_\zeta h_\varepsilon - h_\zeta g_\varepsilon\right)\left(f_\eta g_\varepsilon - g_\eta f_\varepsilon\right) \neq 0$ 时，由式 (9.35)～ 式 (9.37) 可得

$$
\begin{aligned}
\varepsilon &= \varepsilon_k + \frac{\left(f g_\zeta - g f_\zeta\right)\left(g_\eta h_\zeta - h_\eta g_\zeta\right) - \left(g h_\zeta - h g_\zeta\right)\left(f_\eta g_\zeta - g_\eta f_\zeta\right)}{\left(f_\zeta g_\varepsilon - g_\zeta f_\varepsilon\right)\left(g_\eta h_\varepsilon - h_\eta g_\varepsilon\right) - \left(g_\zeta h_\varepsilon - h_\zeta g_\varepsilon\right)\left(f_\eta g_\varepsilon - g_\eta f_\varepsilon\right)} \\[2mm]
\eta &= \eta_k + \frac{\left(f g_\varepsilon - g f_\varepsilon\right)\left(g_\zeta h_\varepsilon - h_\zeta g_\varepsilon\right) - \left(g h_\varepsilon - h g_\varepsilon\right)\left(f_\zeta g_\varepsilon - g_\zeta f_\varepsilon\right)}{\left(f_\zeta g_\varepsilon - g_\zeta f_\varepsilon\right)\left(g_\eta h_\varepsilon - h_\eta g_\varepsilon\right) - \left(g_\zeta h_\varepsilon - h_\zeta g_\varepsilon\right)\left(f_\eta g_\varepsilon - g_\eta f_\varepsilon\right)} \\[2mm]
\zeta &= \zeta_k + \frac{\left(g h_\varepsilon - h g_\varepsilon\right)\left(f_\eta g_\varepsilon - g_\eta f_\varepsilon\right) - \left(f g_\varepsilon - g f_\varepsilon\right)\left(g_\eta h_\varepsilon - h_\eta g_\varepsilon\right)}{\left(f_\zeta g_\varepsilon - g_\zeta f_\varepsilon\right)\left(g_\eta h_\varepsilon - h_\eta g_\varepsilon\right) - \left(g_\zeta h_\varepsilon - h_\zeta g_\varepsilon\right)\left(f_\eta g_\varepsilon - g_\eta f_\varepsilon\right)}
\end{aligned}
$$
$$(9.38)$$

　　根据有限元等效节点力可计算有限元网格的变形，再由形函数以及有限元节点位移更新嵌入单元的形心坐标。随后，嵌入单元的运动将作为位移边界条件传入离散元的计算，完成离散元和有限元之间的双向耦合过程。

9.4.2　有砟–无砟过渡段的 DEM-FEM 数值模型

　　这里采用球体镶嵌单元对不规则道砟颗粒进行离散元模拟。构造的道砟粒径为 21～63 mm，平均粒径为 40mm。无砟道床部分的有限元模型如图 9.24 所示，其

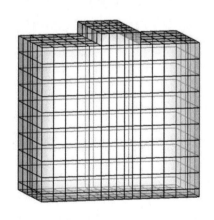

图 9.24　无砟道床的有限元模型

采用 20 节点等参单元, 总共包括 775 个单元和 4018 个节点, 采用线弹性模型进行动力计算。DEM-FEM 模型的边界条件: 无砟道床上表面为自由表面, 模型的右侧边界受到水平方向的位移约束, 模型的左侧边界为自由表面, 模型的前后两个表面受到沿 y 轴方向的位移约束, 模型的底部受到竖向的位移约束。为减小有砟铁路道床和无砟道床间的刚度差异, 采用道砟胶来提高有砟铁路道床的强度, 如图 9.25 所示。

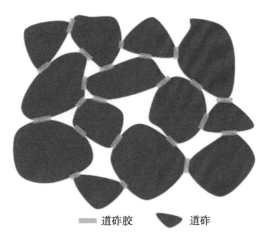

道砟胶　　道砟

图 9.25　胶结道砟示意图

有砟–无砟过渡段及其示意图如图 9.26 所示。道砟胶可以在道砟石子间提供额外的粘聚力, 从而提高有砟铁路道床整体的刚度 (Coelho et al., 2011)。为确保结构刚度由无砟道床至有砟铁路道床均匀降低, 道砟胶用量需要逐级递减。有砟铁路道床中道砟胶的布设区域为 4 个, 如图 9.26(b) 所示。在有砟铁路道床和无砟道床的交界处布设道砟胶, 在下一个区域只布设一半道砟胶, 再下一个区域只在枕木下方布设道砟胶, 最后在一般的枕木区域布设道砟胶。

为分析道砟胶含量对有砟铁路道床力学性质的影响, 在有砟–无砟过渡段选取 4 个区域进行分析, 如图 9.26(b) 所示。4 个区域分别为未粘结、半粘结、全粘结以及有砟–无砟耦合模型。有砟铁路道床采用离散元方法计算, 无砟道床采用有限元方法分析, 在有砟–无砟交界面处采用离散元–有限元耦合模型计算。计算模型的高度为 0.3m, 有砟和无砟道床的长度为 0.45m, 厚度为 0.23m, 如图 9.27 所示。数值模型共包括 690 个镶嵌单元, 其共由 4027 个球体颗粒构成。

为降低计算量, 这里仅对有砟–无砟过渡段中的局部区域进行数值分析。在实际铁路道床中, 有砟和无砟段并不分离, 通过一定方式彼此相连。这里所建立的 4 个数值模型虽然与实际铁路道床有所区别, 但也能够为分析道砟胶对有砟道床的加固作用提供依据。

(a) 有砟–无砟过渡段

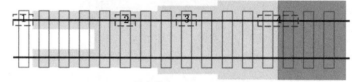

(b) 有砟–无砟过渡段示意图

图 9.26　有砟–无砟过渡段以及其示意图

(a) 未粘结有砟铁路道床

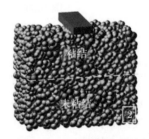

(b) 半粘结有砟铁路道床

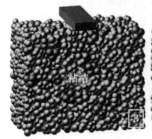

(c) 全粘结有砟铁路道床

(d) 有砟–无砟过渡段

图 9.27　有砟铁路道床和无砟道床的数值模型

9.4.3 有砟–无砟过渡段的沉降分析

为分析道砟胶含量对道床沉降量的影响, 在有砟–无砟过渡段的不同区域设置了 5 个观测点, 如图 9.26 所示, 其中第 5 个观测点为无砟道床下的枕木区域。5 个观测点的沉降量如图 9.28 所示, 从中可以发现道砟胶对道床沉降量有显著的影响。无胶有砟道床的沉降量最大, 如 1 号曲线所示。随着道砟胶用量的增加, 有砟铁路道床的强度越来越高。在有砟–无砟过渡段处, 有砟铁路道床和无砟道床沉降量的区别并不明显。道砟胶的粘结作用能够减少枕木的沉降, 随着道砟胶深度的增加沉降量呈现减小的趋势 (Jing et al., 2012)。这表明对有砟铁路道床布设道砟胶是减小道床沉降的有效手段。这里的 DEM-FEM 计算并未考虑道砟材料的捣固作用, 因此, 计算得到的沉降量会大于实际情况。

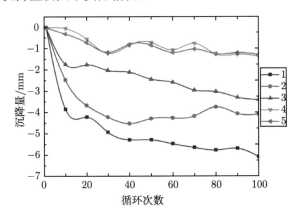

图 9.28 铁路道床中不同区域沉降量的对比

为更加全面地观测道砟胶对道砟材料的加固性能, 未粘结道砟颗粒以及全粘结道砟颗粒的力链分布如图 9.29 所示。在未粘结部分, 力链呈现梯形分布, 此时

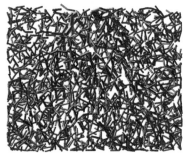

(a) 未粘结有砟铁路道床   (b) 全粘结有砟铁路道床

图 9.29 未粘结和全粘结有砟铁路道床中力链分布

有砟铁路道床可以将顶部列车载荷大部分传递给底部地基；在全粘结部分，力链分布则更加均匀，受道砟胶的粘结力作用上部左右两侧的道砟也能承受一部分列车载荷。由此可见，道砟胶能够在道砟颗粒间提供额外的约束力，因此可以提高有砟铁路道床的承载能力以及自锁效应 (Wang et al., 2013)。

9.4.4　考虑道砟颗粒嵌入无砟道床的 DEM-FEM 耦合分析

在真实铁路道床结构中，道砟颗粒有时会嵌入无砟道床中。为此，建立了离散元颗粒嵌入有限元结构的有砟–无砟过渡段 DEM-FEM 数值模型，如图 9.30 所示。有砟道床部分的长度 0.4m，高度 0.38m，厚度 0.23m，由 736 个镶嵌单元总共 4291 个颗粒组成；在离散元–有限元耦合区域内，共有 46 个镶嵌单元，264 个颗粒单元；无砟道床部分的有限元模型由道床和轨枕组成，采用三维 20 节点等参元对无砟道床进行有限元建模，共有 775 个单元，4018 个节点。无砟道床的弹性模量为 3.5×10^{10}Pa，泊松比取 0.17。模型左表面为自由表面，仅受有砟铁路道床的约束，右表面施加 x 方向的位移约束，前后表面施加 y 方向的位移约束，下表面施加 z 方向的位移约束。将列车荷载以面载荷的形式作用于轨枕上侧。

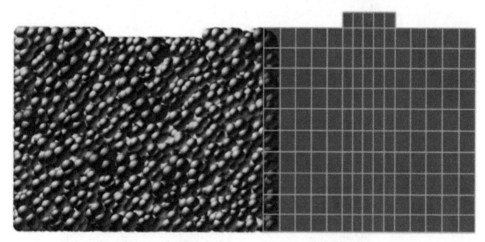

图 9.30　过渡段的嵌入式 DEM-FEM 耦合模型

采用以上计算模型分析列车载荷作用下有砟–无砟过渡段的动力特性。循环加载达到峰值时，有砟铁路道床内部力链分布和无砟道床中的 z 方向应力云图如图 9.31 所示。有砟铁路道床内部力链主要分布在枕木的下方，呈现梯形区域分布形式。无砟道床的应力主要分布在道床的下部区域，应力分布区域与有砟铁路道床力链分布相吻合。从力链分布图可以看出，梯形力链骨架并非左右对称，右侧的力链分布高于左侧。这主要是由于在耦合区域镶嵌颗粒单元嵌入有限元网格，其位移受离散元影响并不明显。这相当于增加了有砟铁路道床和无砟道床交界面上的粗糙度，使耦合区域的道砟颗粒产生更加明显的咬合作用，从而可以有效地限制交界面附近道砟颗粒的位移，降低有砟铁路道床的沉降量。在载荷峰值时无砟道床的位移云图如图 9.32 和图 9.33 所示。无砟道床中的位移变形与有砟铁路道床内的应力分布相对应。从图中可以看出，由于有砟铁路道床右表面上的道砟颗粒荷载作用于无砟道床，无砟道床 x 方向的位移主要集中在无砟道床的左半部分，有砟铁路道床左表面位移变形较大。无砟道床 z 方向的位移主要位于枕木下方，无砟道床左侧的位移略大于右侧。

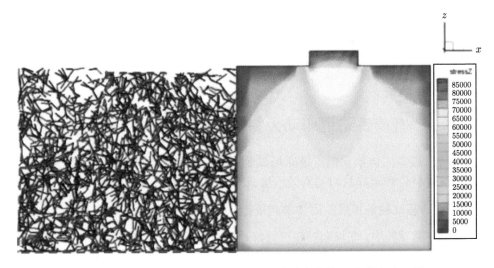

图 9.31　有砟道床中的力链分布和无砟道床中的 z 方向应力云图

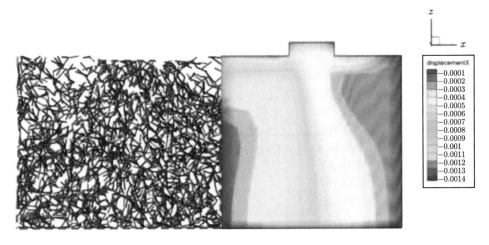

图 9.32　有砟道床中的力链分布和无砟道床中的 x 方向位移云图

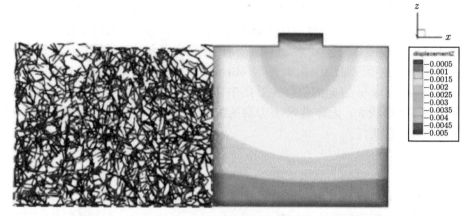

图 9.33　有砟道床中的力链分布和无砟道床中 z 方向位移云图

9.5　有砟铁路道床动力特性的扩展多面体单元模拟

采用扩展多面体单元模拟道砟箱试验过程，并重点研究在不同的循环荷载下轨枕的沉降特性和道砟材料的有效刚度。

9.5.1　道砟箱试验的扩展多面体单元模拟

在道砟箱试验中，非规则颗粒可更好地模拟颗粒间的自锁现象。真实道砟颗粒的几何形态非常复杂。这里采用扩展多面体模型构造不同形态的颗粒单元，如图 9.34 所示。道砟的级配对道床的动力特性有很大的影响 (Tutumluer et al., 2013)，这里采用中国现行的铁道行业标准 TB/T2140—2008 中，关于道砟级配中的新建铁路一级碎石道砟粒径的级配标准。颗粒的过筛量百分比曲线如图 9.35 所示。首先计算得到各个过筛量颗粒的总质量，然后根据各级颗粒质量分别生成颗粒单元，最后将各级颗粒放在一起进行充分地混合后得到道砟颗粒样本。

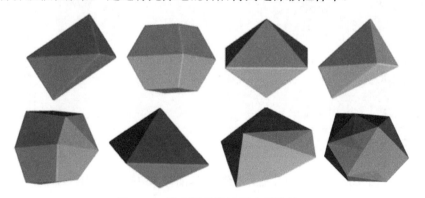

图 9.34　道砟颗粒的扩展多面体单元

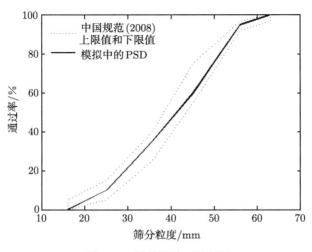

图 9.35　铁路道砟颗粒级配

　　道砟箱尺寸参考 McDowell 等有关道砟箱试验研究的相关工作，如图 9.36 所示。将颗粒样本放入长和宽分别是 700mm 和 300mm 的道砟箱中并进行充分压实。然后将长和宽都是 300mm 的轨枕放到颗粒床上面。轨枕的质量是 34kg，初始时在轨枕上缓慢地施加 0 ~ 3 kN 的荷载。道砟箱的长度方向采用周期边界。循环加载时的初始试验状态如图 9.37 所示。道砟箱试验初始状态构建后，在轨枕上施加列车荷载，其值在 3 ~ 40 kN 按正弦变化。该数值模拟中的主要计算参数列于表 9.4 中。

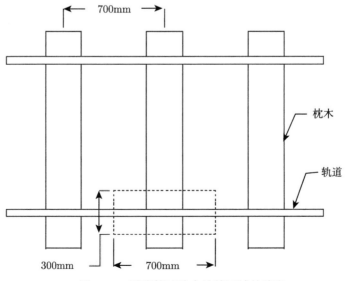

图 9.36　道砟箱试验中计算区域的确定

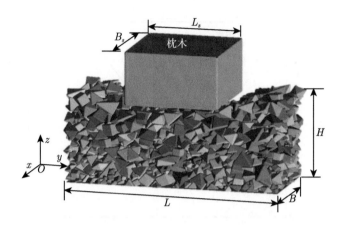

图 9.37 道砟箱试验模型

表 9.4 道砟箱试验离散元模拟中的主要计算参数

参数	符号	值
道砟密度	ρ	2600kg/m^3
剪切模量	G	20GPa
泊松比	ν	0.3
回弹系数	ε	0.8
滑动摩擦系数	μ	0.5
时间步	$\mathrm{d}t$	2.1×10^{-6}s
道砟总质量	M	110kg

为确定计算长度选取的合理性,这里分别选取 2 倍和 3 倍于原长度的计算域进行比较。这里计算长度分别是 1.4m 和 2.1m,如图 9.38 所示,其分别包含 2 个轨枕和 3 个轨枕。模拟中采用的扩展型多面体颗粒的扩展球体半径为 $r=4\mathrm{mm}$,施加

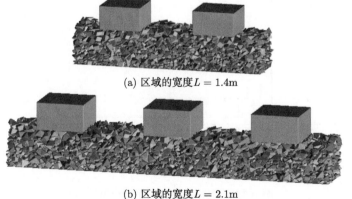

(a) 区域的宽度$L = 1.4$m

(b) 区域的宽度$L = 2.1$m

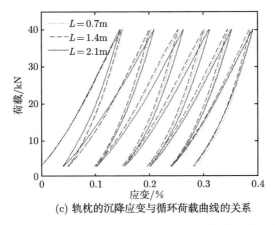

(c) 轨枕的沉降应变与循环荷载曲线的关系

图 9.38   不同计算区域下道砟箱沉降计算结果的对比

的循环荷载频率是 6Hz, 模拟时间持续了 2s。不同计算域得到轨枕的沉降应变与循环荷载曲线关系如图 9.38(c) 所示。通过这三组曲线的对比发现, 不同计算区域大小所得到的计算结果基本一致。因此, 在道砟箱试验模拟中均取计算域长度 0.7m。

9.5.2   不同加载频率下道床的沉降

中国铁路已经历多次提速, 铁路的高速化是其发展的必然趋势。这里分别选取 3Hz、6Hz、10Hz、20Hz 和 30Hz 5 组不同加载频率进行离散元计算。图 9.39 显示了在不同加载频率下轨枕沉降应变与循环荷载的对应关系。轨枕沉降应变是通过轨枕的沉降量与有砟道床的初始厚度做比得到的一个无量纲的量, 其随加载的持续时间而逐渐增加。在试验的开始部分, 曲线的斜率较大, 这说明轨枕在试验开始阶段产生了较大的沉降量。此外, 循环荷载的频率越高, 所导致的沉降量越大。

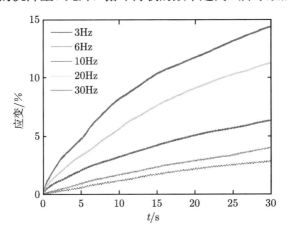

图 9.39   在不同的荷载频率下道床的竖向应变

在循环荷载的一个加载周期中，加载阶段所对应的应变–应力曲线的斜率定义为道床的有效刚度。由此计算得到的道床有效刚度随加载次数的变化如图 9.40 所示。从中可以发现，随着加载次数的增加，道床有效刚度不断增加。在加载的前几个周期，由于道床颗粒的空间分布尚不稳定，因此道床的有效刚度的波动较大。随着加载次数的增加，道床结构趋于稳定，有效刚度不断增加。外载荷的频率越大，道床反映出的有效刚度也越大。有效刚度和累计沉降量在一定程度上均反映了有砟道床在往复荷载作用下的密实过程，且分别表征了道床弹性和永久变形的变化规律。

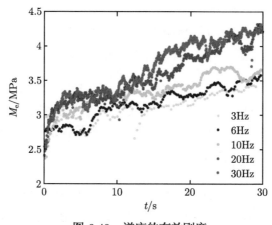

图 9.40　道床的有效刚度

9.6　小　　结

本章主要介绍了离散元方法以及离散元–有限元耦合方法在铁路道床中的应用。基于铁路散体道床的结构特点，研究了道床在周期载荷作用下的沉降规律、劣化机制以及变形等问题。

基于球形粘结单元模型构造非规则道砟颗粒，采用径向加载的方法数值模拟单道砟颗粒破碎的过程，得到道砟颗粒失效的演变过程，确定道砟的破坏强度。有砟道床沉降量与其弹性密切相关，即道床越容易沉降，其形变模量越小，道床累积变形会严重影响道床的弹性；通过道砟箱试验的数值模拟，系统分析了道砟材质、动载荷频率等物理力学参数对散体道床动力响应的影响规律，得到了道砟材料的累积沉降量和有效刚度。从细观力链等角度分析道砟的抗剪切强度特性，揭示了宏观状态下道砟颗粒抗剪切强度及变形机制；采用离散元–有限元耦合模型对有砟–无砟过渡段道床的动力特性进行了数值分析，并重点研究了有砟–无砟界面附近道床沉降量的变化规律，得到了过渡区域道床非均匀沉降的内在机制。针对铁路道砟

等棱角分明的块石颗粒单元，用球形单元和多面体单元进行 Minkowski Sum 运算
得到扩展型多面体单元模型。通过数值模拟得到轨枕的沉降量与外加荷载的关系，
并通过线性拟合得到道床的有效刚度和轨枕的累计沉降量随加载次数的演化规律。
同时，扩展多面体单元能够合理地模拟道砟材料的动力行为，由其细观作用过程揭
示相应的宏观演化规律。

参 考 文 献

井国庆, 封坤, 高亮, 等. 2012. 循环荷载作用下道砟破碎老化的离散元仿真. 西南交通大学学报, 47(2): 187-191.

李晓, 廖秋林, 赫建明, 等. 2007. 土石混合体力学特性的原位试验研究. 岩石力学与工程学报, 26(12): 2377-2384.

练松良. 2006. 轨道工程. 上海: 同济大学出版社.

邵帅, 严颖, 季顺迎. 2016. 土工格栅加强下有砟铁路道床动力特性的离散元–有限元耦合分析. 固体力学学报, 37(4): 444-455.

孙珊珊, 严颖, 赵春发, 等. 2015. 往复荷载下铁路道砟沉降特性的扩展多面体离散元分析. 铁道学报, (11): 89-95.

肖宏, 高亮, 侯博文. 2009. 铁路道床振动特性的三维离散元分析. 铁道工程学报, (9): 14-17.

严颖, 狄少丞, 苏勇, 等. 2012. 风沙影响下铁路道碴变形模量的离散元数值分析. 计算力学学报, 29(3): 439-445.

严颖, 赵金凤, 季顺迎. 2016. 道砟材料累积沉降量和形变模量的离散元分析. 铁道科学与工程学报, 13(6): 1031-1038.

Alonso-Marroquín F, Wang Y. 2008. An efficient algorithm for granular dynamics simulation with complex-shaped objects. Granular Matter, 11(5): 317-329.

Coelho B, Hölscher P, Priest J, et al. 2011. An assessment of transition zone performance. Journal of Rail & Rapid Transit, 225(1): 1-11.

Ergenzinger C, Seifried R, Eberhard P. 2012. A discrete element model predicting the strength of ballast stones. Computers and Structures, 108: 3-13.

Ferellec J, McDowell G. 2010. Modelling realistic shape and particle inertia in DEM. Geotechnique, 3: 227-232.

Galindotorres S A, Muñoz J D, Alonsomarroquín F. 2010. Minkowski-Voronoi diagrams as a method to generate random packings of spheropolygons for the simulation of soils. Physical Review E Statistical Nonlinear and Soft Matter Physical, 82(2): 056713.

Hossain Z, Indraratna B, Darve F, et al. 2007. DEM analysis of angular ballast breakage under cyclic loading. Geomechanics and Geoengineering, 2(3): 175-182.

Huang H, Chrismer S. 2013. Discrete element modeling of ballast settlement under trains moving at "critical speeds". Construction and Building Materials, 38: 994-1000.

Huang H, Tutumluer E. 2011. Discrete element modeling for fouled railroad ballast. Construction and Building Materials, 25: 3306-3312.

Indraratna B, Thakur P K, Vinod J S. 2010. Experimental and numerical study of railway ballast behavior under cyclic loading. International Journal of Geomechanics, 10(4): 136-144.

Jing G Q, Shao L, Zhu Y D, et al. 2012. Micro-analysis of railway ballast bond effects. Advanced Materials Research, 446-449: 2492-2496.

Laryea S, Baghsorkhi M S, Ferellec J F, Well G R, Chen C. 2014. Comparison of performance of concrete and steel sleepers using experimental and discrete element methods. Transportation Geotechnics, 1: 225-240.

Lei X Y, Mao L J. 2004. Dynamic response analyses of vehicle and track coupled system on track transition of conventional high speed railway. Journal of Sound & Vibration, 271(s 3-5):1133-1146.

Lim W L, Well G R, Collop A C. 2004. The application of Weibull statistics to the strength of railway ballast. Granular Matter, 6(4):229-237.

Lim W, McDowell G. 2005. Discrete element modelling of railway ballast. Granular Matter, 7: 19-29.

Lobo-Guerrero S, Vallejo L E. 2006. Discrete element method analysis of rail track ballast degradation during cyclic loading. Granular Matter, 8: 195-204.

Lu L Y, Gu Z L, Lei K B, et al. 2010. An efficient algorithm for detecting particle contact in non-uniform size particulate system. Particuology, 8(2): 127-132.

Lu M, McDowell G R. 2005. Discrete element modeling of railway ballast. Granular Matter, 7: 19-29.

Lu M, McDowell G R. 2007. The importance of modelling ballast particle shape in the discrete element method. Granular Matter, 1(1-2): 69-80.

McDowell G R, Bolton M D. 1998. On the micromechanics of crushable aggregates. Geotechnique, 48 (5): 667-679.

Ngo N T, Indraratna B, Rujikiatkamjorn C. 2014. DEM simulation of the behavior of geogrid stabilized ballast fouled with coal. Computers and Geotechnics, 55(0): 224-231.

Paixão A, Fortunato E, Calçada R. 2014. Transition zones to railway bridges: Track measurements and numerical modeling. Engineering Structures, 80: 435-443.

Paixão A, Fortunato E, Calçada R. 2016. A contribution for integrated analysis of railway track performance at transition zones and other discontinuities. Construction and Building Materials, 111: 699-709.

Peters B, Džiugys A. 2002. Numerical simulation of the motion of granular material using object-oriented techniques. Computer Methods in Applied Mechanics and Engineering, 191: 1983-2007.

Potyondy D O, Cundall P A. 2004. A bonded-particle model for rock. International Journal of Rock Mechanics & Mining Sciences, 41(8): 1329-1364.

Sañudo R, dell'Olio L, Casado J A, et al. 2016. Track transitions in railways: A review. Construction and Building Materials, 112: 140-157.

Sayeed M A, Shahin M A. 2016. Three-dimensional numerical modelling of ballasted railway track foundations for high-speed trains with special reference to critical speed. Transportation Geotechnics, 6: 55-65.

Stahl M, Konietzky H. 2011. Discrete element simulation of ballast and gravel under special consideration of grain-shape, grain-size and relative density. Granular Matter, 13: 417-428.

Tutumluer E, Qian Y, Hashash Y, et al. 2013. Discrete element modeling of ballasted track deformation behavior. International Journal of Rail Transportation, 1: 57-73.

Wang Z J, Jing G Q, Liu G X. 2013. Analysis on railway ballast-glue micro-characteristics. Applied Mechanics and Materials, 477-478: 535-538.

Wang Z, Jing G, Yu Q, et al. 2015. Analysis of ballast direct shear tests by discrete element method under different normal stress. Measurement, 63: 17-24.

Yan Y, Ji S. 2009. Discrete element modeling of direct shear tests for a granular material. International Journal for Numerical & Analytical Methods in Geomechanics, 34(9): 978-990.

Yan Y, Zhao J, Ji S. 2015. Discrete element analysis of breakage of irregularly shaped railway ballast. Geomechanics and Geoengineering, 10(1): 1-9.

第10章 颗粒材料减振及缓冲性能的离散元分析

颗粒体系是一种复杂的能量耗散系统,主要是通过颗粒间的非弹性碰撞和滑动摩擦进行能量耗散。在外载荷作用下,颗粒间发生强烈的挤压与摩擦,其内部复杂的力链结构发生断裂重组,从而消耗大量能量。此外,当颗粒间的碰撞为非弹性碰撞时,颗粒间存在粘滞作用和塑性变形,塑性变形吸收了不可逆转的能量 (Du et al., 2010)。在颗粒系统中,接触力通过力链传递,使局部冲击载荷在空间分布上不断扩展,进而降低冲击力。力链演化规律可很好反映出颗粒间作用力在传播过程中显著的时间效应,将瞬时冲击载荷在时间上延迟,也可起到一定的缓冲作用。因此,颗粒材料具有很好的能量耗散特性 (Sakamura and Komaki, 2012),并可设计为颗粒阻尼器 (Fraternali et al., 2009)。本章首先介绍颗粒物质的减振性能以及在颗粒阻尼器中的应用,然后分别采用离散元数值模拟和物理力学实验的方法对颗粒材料缓冲性能做了详细的介绍,最后对颗粒缓冲性能的实际应用 —— 月球着陆器在着陆过程中的冲击作用进行介绍。

10.1 颗粒材料减振特性的试验测试及离散元模拟

结构振动现象普遍存在于日常生活和工程生产领域,给人们的生产和生活带来很大危害 (Bai et al., 2009),因此,必须采取有效的减振措施以减小甚至消除振动的不利影响。颗粒阻尼 (particle damping,PD) 技术是一种利用在振动体有限封闭空间内填充的微小颗粒之间的摩擦和冲击作用消耗系统振动能量的一种减振技术 (Shah et al., 2011)。Lieber 和 Nin 在 1945 年就将单自由度颗粒阻尼的概念运用于飞行器减振中,并取得了较好的应用效果 (鲁正等, 2017)。颗粒阻尼技术具有应用环境范围广、对原结构改动小、产生的附加质量小、减振效果显著等优点。颗粒阻尼器作为一种新型阻尼器,具有减振频带宽、冲击力小、噪声小、温度适应性强等优点,可以很好地用于结构减振 (Nayeri et al., 2007; 段勇等, 2009)。目前颗粒阻尼技术已被成功应用于航天飞机发动机分流叶片、筋板结构、齿轮轴结构、鼓式制动器等不同结构,取得了明显效果 (张欢等, 2017)。然而,颗粒阻尼器技术中的振动耗能机制非常复杂,涉及颗粒介质基本力学行为及其与工程结构的耦合作用研究,因此在一定程度上阻碍了颗粒阻尼器在工程上的广泛应用 (Chen and Georgakis, 2013)。近年来,随着颗粒介质基本理论的发展和高性能计算技术的提高,通过对颗粒介质的振动耗能机制的微观研究,有望促进颗粒阻尼器技术的改进

和发展 (Li and Darby, 2008)。本节将通过试验和数值模拟的方法介绍颗粒阻尼器的工作原理及颗粒阻尼技术在工业实际中的应用。

10.1.1 颗粒阻尼器的试验研究

颗粒阻尼器的工作原理是将颗粒按某一填充率放入一个内置或外置的封闭结构空腔内，通过颗粒与颗粒之间、颗粒与空腔内壁之间的不断碰撞、摩擦和动量交换，消耗系统动能从而达到减振目的 (Saeki, 2005)。对颗粒阻尼器的试验研究可以借助振动台或激振器给定激励，通过透明材质腔体观察运动来实现颗粒阻尼系统的耗能减振特性研究 (鲁正等, 2013)。外置型颗粒阻尼器的空腔形状和尺寸对阻尼器的减振效果有一定影响 (胡溧等, 2009)。这里对矩形颗粒阻尼器、圆筒形颗粒阻尼器等进行实验和理论研究，如图 10.1 所示。结果表明空腔的几何尺寸对颗粒间接触力的分布有重要影响，并因此影响颗粒阻尼器的动力特性。颗粒阻尼器的减振效果总是随着空腔尺寸的增加先增加后减小。

(a) 矩形颗粒阻尼器　　　　　　　　　　　　(b) 圆筒形颗粒阻尼器

图 10.1　外置型颗粒阻尼器实验装置

外置型颗粒阻尼器减振性能的另一个主要影响因素是颗粒材料的粒径。图 10.2 为不同粒径颗粒的动态图。颗粒直径为 4.32mm(小)、12.34mm(中)、16.32mm(大) 的钢珠颗粒阻尼器，同时安装加速度感应器。在相同的随机振动激励作用下进行实验，每个实验独立重复 3 次。实验结果表明带中钢珠颗粒阻尼器的钢珠间较带其他两种颗粒阻尼器的钢珠间的能量响应值低，能量损耗最大，这说明中钢珠颗粒阻尼器对钢珠间的减振效果最佳。此外，当填充率不同时，颗粒阻尼器的减振效果也会有一定的差异。填充率为 60%，带小、大钢珠颗粒阻尼器的钢珠间，能量响应接近相等。颗粒阻尼器填充率小于 60% 时，带大钢珠颗粒阻尼器钢珠间的能量响应值要低于小钢珠。颗粒阻尼器的填充率在 60%~80% 时，带小颗粒阻尼器钢珠间的能量响应值低于带大钢珠颗粒阻尼器的钢珠间，并与带中钢珠颗粒阻尼器的钢珠间能量响应值持平，说明此时小钢珠颗粒阻尼器的减振效果优于大钢珠颗粒阻尼器。

综合以上过程可知，中钢珠颗粒阻尼器的减振效果是最优的，大、小钢珠颗粒阻尼器随填充率的增加，其减振效果呈现交错特点。

(a) 小粒径颗粒　　　　　　　(b) 中粒径颗粒　　　　　　　(c) 大粒径颗粒

图 10.2　不同粒径下颗粒阻尼器的减振试验

此外，研究还发现当填充率过小或过大时，颗粒阻尼器随结构的振动分别呈类液态和类固态。此时阻尼器不能充分发挥颗粒的减振性能，减振效果仅相当于附加质量。自由质量相等的刚球实验表明，填充的颗粒材料存在一个最佳填充率，且对于不同的颗粒材料、空腔几何尺寸和结构，应根据具体情况采用适当的填充率以达到最佳减振效果。

影响颗粒阻尼器工作效率的因素有很多，并且发现颗粒粒径的大小、阻尼器中颗粒的填充率以及阻尼器的空腔形状对工作效率有很大的影响。此外，为使颗粒阻尼器达到最佳的减振效果，颗粒可以选取不同材料，如不锈钢、聚合物、陶瓷、有机玻璃等，当选用密度大、内摩擦系数大、碰撞恢复系数小的颗粒时，减振效果较好。颗粒材料和空腔材料的选择还直接影响到颗粒与空腔间的回弹系数和摩擦系数等力学参数。至此，颗粒阻尼器的工作原理也趋于清晰，这将对其在工业实际中的应用提供有力的理论基础，使其能够更好地服务于减振事业。

采用试验的方法对颗粒阻尼器耗能过程的研究已有很多实例，如闫维明等对隔舱式颗粒阻尼器在沉管隧道中的减振控制进行了试验研究 (闫维明等, 2016)。通过对比安装和不安装阻尼器的沉管隧道模型进行模拟地震振动台试验，考察隧道各段的加速度、接头处的相对位移、接头处轴力的振动情况，从而得到颗粒阻尼器装置的减振效果。通过试验得到如下结论：隔舱式颗粒阻尼器对沉管隧道的减振效果较好，能够有效地降低主体结构纵向的响应峰值，尤其是有效均方根加速度、接头轴力、接头相对位移响应，最大减振率均超过了 30%。

此外，钢架结构在动载荷下连接到多自由度系统的缓冲阻尼器的振动过程，也通过实验的方法对其进行了研究。图 10.3 为装有缓冲颗粒阻尼器的三层钢架的振动台 (Lu et al., 2012)，将颗粒阻尼器放在结构模型顶层上，从而检测结构剧烈运动时阻尼器的减振效果。高层钢架结构物的底座与底板梁通过螺栓连接，将附加质量施加在每一层结构上，这样就实现了自由质量的改变。

图 10.3 装有缓冲颗粒阻尼器的三层钢架的振动台 (Lu et al., 2012)

10.1.2 颗粒阻尼器的数值模拟

为系统地研究颗粒阻尼器的工作原理和影响其工作效率的因素，也可以通过离散元方法对颗粒阻尼器的工作过程进行数值模拟 (Mao et al., 2004)。依据图 10.4 设计原理简图，建立了图 10.5 所示的用于数值模拟的颗粒阻尼器模型。

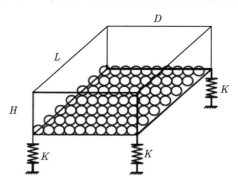

图 10.4 一种调谐型颗粒阻尼器设计简图 (闫维明等, 2014)

将颗粒阻尼的耗能机制归结为摩擦耗能与冲击耗能两部分。在离散元数值计算中分别计算了摩擦耗能以及冲击耗能的大小。研究表明，随着激励幅值 (加速度幅值、速度幅值、位移幅值) 的增加在开始部分冲击耗能所占比例在增加而摩擦耗能所占比例在下降，而后渐渐趋于稳定。颗粒阻尼器在低激励水平下，颗粒间的相对运动处于较低的水平，大部分颗粒聚在一起，颗粒间的碰撞作用较弱，主要是通过自身的转动而产生相对滑动，从而通过摩擦来消耗系统的能量；而在较大激励水平下，颗粒间的相对运动加剧，颗粒分离开来，颗粒间的碰撞作用加强，此时主要依靠颗粒间的非弹性碰撞耗散系统的能量 (段勇等, 2009)。

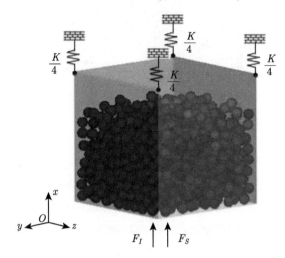

图 10.5　颗粒系统的离散元数值模型

不同激振力频率与配位数、自由颗粒数、单位体积内能量耗散率的关系表明，在未达到共振区域前，配位数较大，颗粒流呈类固态；在进入共振区域后，配位数和自由颗粒数均发生突变，表明颗粒流出现了类固–液相变。此时，单位体积内能量耗散率突然增大，这一系列现象说明颗粒介质在类固–液相变时耗能最大。激励频率超过共振区后，配位数再次减小，自由颗粒数和单位体积内能量耗散率均恢复到共振前的水平。这些研究表明，配位数和自由颗粒数等表征颗粒流类固–液相变的参数可以用于颗粒阻尼系统耗能极值的判据。

颗粒阻尼器具有很好的减振效果，所以在工程中得到广泛应用 (李健等, 2013)。例如，可用于检测地震响应的新型颗粒调谐质量阻尼器。基于等效前后颗粒阻尼器中腔体空隙体积相等以及颗粒质量相等的原则，它将多颗粒阻尼器等效为单颗粒阻尼器，建立颗粒调谐质量阻尼器的数值模型。颗粒调谐质量阻尼器将颗粒阻尼器腔体通过摆绳与主体结构相连，对于腔体可按照单摆进行简化，在传统颗粒阻尼器的基础上增加一个自由度即可。通过数值模拟发现，此处提出的数值模拟方法能够较合理地计算出附加颗粒调谐质量阻尼器系统在实际地震激励下的响应。然而，要更精确地模拟附加颗粒调谐质量阻尼系统在地震激励下的行为，尤其是考虑颗粒之间碰撞对减振性能的影响，还需要进一步的研究 (鲁正等, 2017)。

由于高架桥梁中减振是保护其性能延长寿命的重要部分，颗粒阻尼器在高架桥梁减振控制中也得到了广泛的应用。考虑到颗粒阻尼的高度非线性特征，这里以一种调谐型颗粒阻尼器 (TPD) 在某高架连续梁桥缩尺模型中的试验研究结果为基础，建立阻尼器的简化力学模型，并对该阻尼器的减振控制效果进行了有限元数值模拟。模型桥为 4m×4m 的四跨连续高架桥,中间桥墩和主梁采用固定支座连接,其余各桥墩与主梁均采用顺桥向滑动的单向滑动支座连接,根据相似理论设计制作的模型桥如图 10.6 所示,其调谐型颗粒阻尼器主要由阻尼器腔体、阻尼器与受控结构连接件和阻尼颗粒等三部分组成 (闫维明等, 2014)。

图 10.6 模型桥整体布置 (闫维明等, 2014)

轮体结构在低频激振力作用下,其伞形共振极易被激发。与其他阻尼器相比,颗粒减振技术在恶劣温度环境条件下克服了易老化、稳定性差的困难,显示出了极大优势。这里提出一种专门为轮体设计的颗粒阻尼器,并称之为二维颗粒阻尼模型。该模型由空腔运动模型和颗粒运动模型两部分构成,如图 10.7 所示。这里的 "二维" 是指空腔运动的形式为二维运动,但内部的颗粒运动形式是三维的。图 10.8 为装有颗粒阻尼器的轮体结构实体模型。该轮体结构轮毂处 5 个凹槽中装有颗粒阻尼器,且凹槽的安装孔与工作台连接,因而其有限元模型将 5 个安装孔边节点的轴向、径向及周向 3 个方向位移约束为零 (刘彬等, 2014)。

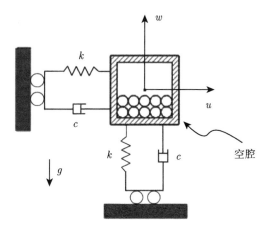

图 10.7 二维颗粒阻尼模型 (刘彬等, 2014)

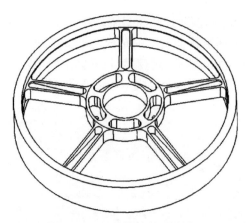

图 10.8　装有颗粒阻尼器的轮体结构实体模型 (刘彬等, 2014)

10.2　颗粒材料缓冲特性的离散元分析

颗粒系统的能量耗散主要是以颗粒之间的非弹性碰撞和滑动摩擦为主 (Duan et al., 2013)。在外载荷的作用下，颗粒间会发生强烈的挤压和摩擦，其内部复杂的力链结构发生断裂重组，进而消耗大量的能量。当颗粒之间的碰撞是非线性碰撞时，即存在粘滞作用和塑性变形，此时颗粒的变形及其之间的相互作用是不可逆的，亦不会发生能量的转化 (Geng et al., 2001)。对两球形颗粒碰撞过程中的能量耗散问题，低屈服强度、高弹性模量、高密度的颗粒材料具有更强的耗能效果 (Stefan, 1997, 2005)。现在颗粒的缓冲性能已在航天返回装置、汽车、火车及高速列车的防冲撞吸能方面到了广泛的应用。本节将通过试验和数值模拟的方法重点介绍颗粒的缓冲作用。

10.2.1　颗粒缓冲特性的试验研究

为研究颗粒材料的缓冲作用，采用以下球体对颗粒层的冲击试验，如图 10.9 所示 (季顺迎等, 2012)。有机玻璃圆筒高度 $h = 30\text{cm}$，外径 $D = 20\text{cm}$，壁厚 t =0.5cm，并在钢质筒底安装 3 个 CL-YD 系列压电式力传感器以测量冲击力，这 3 个传感器安装在距离筒底中心 6.5cm 的圆筒上，相互之间的夹角均为 120°。试验中同步测得 3 个传感器的冲击力并由此得到冲击合力，试验中选用规则的球形玻璃颗粒和非规则砂粒作为试验材料，且分别选用两种不同粒径，如图 10.10 所示，在试验中用到的参数列于表 10.1 中。

试验中采用石质球体作为冲击重物，其质量为 $m = 167\text{g}$，直径 $d = 5\text{cm}$。容器直径为冲击球体直径的 4 倍，为颗粒直径的 8 倍以上，并采用光滑的有机玻璃侧壁，从而消除边界的影响 (Seguin et al., 2011)。在圆筒内放置不同厚度的玻璃颗粒或者砂粒，厚度为 0∼9 cm，冲击物由相对颗粒表面 50cm 高度处自由下落，通过安装在底部的力传感器在 50kHz 采集频率下测量圆筒底部的冲击力，由此研究冲击力的变化规律及颗粒物质的缓冲性能。

图 10.9　用于研究缓冲作用的试验装置

图 10.10　用于研究缓冲作用的四种颗粒材料

表 10.1　试验中用到的参数　　　　　　　　　　　（单位：mm）

粒径	参数	细粒玻璃	粗粒玻璃	细砂	粗砂
最小粒径	$D_{\min}$	0.4	4.0	0.4	1.5
最大粒径	$D_{\max}$	0.6	5.0	0.7	2.5
平均粒径	D	0.5	4.5	0.5	2.0

首先采用平均粒径 $D = 0.5$mm 的玻璃颗粒，当颗粒厚度 H 分别为 1cm 和 6cm 时测得的筒底冲击力时程曲线如图 10.11 所示。当 H=1cm 时，筒底冲击力出现多个峰值，且呈现规律性的递减趋势；当 H=6cm 时，冲击力呈现一个主峰值，随机出现几个较小的峰值直至冲击接触力趋于零，这两个典型的时程曲线分别代表了缓冲颗粒在薄层和厚层条件下的冲击力变化特征。在以上冲击力的时程曲线中，第一个峰

值最直接地反映了颗粒系统的缓冲效果。为了更好地表征冲击力的变化规律，将同种材料、不同厚度下各个时程曲线的第一峰值叠加放在同一时刻 t 下，进而通过对第一个峰值的对比以分析不同颗粒厚度下冲击力的变化规律。首先以平均粒径 $D=0.5\mathrm{mm}$ 的细粒玻璃为例，颗粒厚度分别为 $0\mathrm{cm}$、$0.5\mathrm{cm}$、$1.0\mathrm{cm}$、$2.0\mathrm{cm}$、$3.0\mathrm{cm}$、$4.0\mathrm{cm}$ 和 $5.0\mathrm{cm}$ 时，第一个峰值的冲击力如图 10.12(a) 所示。从中可以发现，随着颗粒填充厚度的不断增长，相应的冲击力峰值逐渐下降，时程曲线整体形状趋于扁平，这说明在冲击过程中传递到底板的冲击力逐渐减小，颗粒系统耗散的能量逐渐增多。然后，选用平均粒径为 $D=0.5\mathrm{mm}$ 的细砂进行试验，其结果如图 10.12(b) 所示，可以看出，冲击力峰值随颗粒厚度的变化与前者相似，即随着颗粒厚度的增加，冲击力峰值逐渐下降，但与图 10.12(a) 相比，曲线的整体波动性较大，规律性较弱，这主要是由于细砂颗粒形态的不规则性使得颗粒间的摩擦耗能更加显著，进而冲击力变化的随机性更加明显。

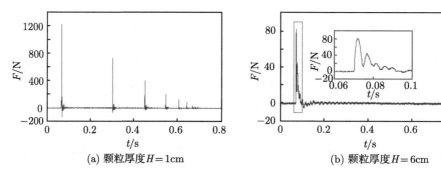

(a) 颗粒厚度 $H=1\mathrm{cm}$　　　　　　　　　(b) 颗粒厚度 $H=6\mathrm{cm}$

图 10.11　典型的颗粒缓冲后的冲击力时程

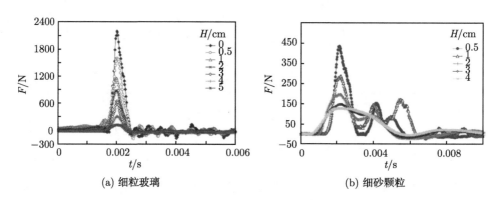

(a) 细粒玻璃　　　　　　　　　(b) 细砂颗粒

图 10.12　不同厚度颗粒下的冲击力时程曲线

　　通过试验可以验证颗粒材料的参数对缓冲性能有很大的影响，如颗粒的粒径、颗粒间的摩擦系数以及颗粒密集度等。为研究颗粒层厚度对缓冲作用的影响，分别在不同的颗粒层厚度 H 下重复进行了三次冲击力的测试，其峰值点的均值与颗粒层厚度的关系如图 10.13 所示。可以发现，随着厚度的增加，冲击力逐渐减小，对于玻璃和砂粒，都存在一个临界的厚度值 H_c，当颗粒厚度大于临界值后，冲击力趋于稳定，缓冲效果趋于一致，这表明粒径、颗粒形状等因素对颗粒缓冲性能的影响减弱，而颗粒厚度成为影响缓冲效果的控制因素，且不再随厚度的增加而发生变化。此外，当颗粒厚度小于临界厚度时，砂粒的缓冲效果要明显优于玻璃，这主要是由两种材料的形态引起的。形态相对不规则的砂粒，其表面粗糙，摩擦系数较大，具有更好的缓冲耗能效果。

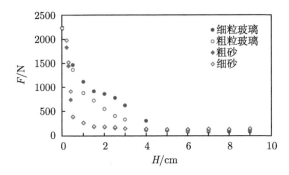

图 10.13 颗粒材料在不同颗粒厚度 H 下的冲击力峰值 F 的变化规律

10.2.2 颗粒缓冲特性的数值模拟

通过离散元数值模拟，可深入研究颗粒材料对冲击荷载的缓冲性能，对颗粒与冲击物、颗粒之间的相互作用进行细观分析，并由此获得颗粒材料在冲击过程中的能量耗散、力链结构、冲击坑深度、冲击物速度变化和受力过程等宏观力学特性，进而从细观尺度上揭示缓冲性能的内在机制 (季顺迎等, 2016)。此外，通过离散元分析可有效地分析冲击物形态和尺寸、冲击速度和角度、颗粒密集度、摩擦系数和级配、边界约束等因素对颗粒材料缓冲性能的影响。

针对颗粒材料的结构特点及其对冲击荷载的缓冲特性，这里采用球体颗粒单元及其非线性接触模型计算颗粒间的相互作用，对冲击过程中冲击物及颗粒层对底板的作用力进行数值模拟。为分析颗粒材料的缓冲性能，在刚性圆筒中放置厚度为 H 的球形玻璃颗粒，并在颗粒表面高度 H_1 处设置球形冲击物。针对玻璃颗粒缓冲性能的试验条件，令圆筒高度 $H_2=30$cm，颗粒单元在圆筒中随机生成，颗粒总数由颗粒厚度 H 决定，所有颗粒在重力作用下达到稳定平衡状态，如图 10.14 所示。在离散元计算中颗粒单元的直径按均匀概率密度函数在 $(4.0\text{mm}, 5.0\text{mm})$ 内随机分布，其均值为 4.5mm。球形冲击物直径为 D，初速度为 V_0，其质心位置距颗粒层表面的高度为 H_1。此外，为消除容器壁对冲击过程的影响，本节采用圆筒

内径 R 约为冲击物直径的 4 倍。离散元模拟中的主要计算参数列于表 10.2 中。

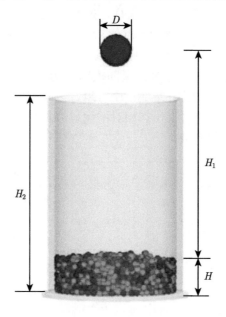

图 10.14　颗粒材料缓冲耗能的数值模拟模型

表 10.2　离散元模拟中的主要计算参数

参数	符号	单位	数值	参数	符号	单位	数值
圆筒内径	R	cm	19.0	颗粒粒径	d	mm	4.0~5.0
冲击物高度	H_1	cm	50.0	颗粒弹性模量	E	GPa	5.0
冲击物直径	D	cm	5.0	颗粒泊松比	v		0.22
冲击物质量	M	kg	0.167	颗粒回弹系数	e		0.80
冲击速度	V_0	m/s	0.0	颗粒摩擦系数	μ_{pp}		0.50
颗粒密度	ρ	kg/m^3	2650.0	筒壁摩擦系数	μ_{pw}		0.15

通过试验研究发现颗粒材料的厚度是影响缓冲性能的一个重要因素。对于圆筒容器内颗粒材料缓冲性能的试验研究表明，冲击物对筒底的冲击力随颗粒厚度的增加而不断减小，并在厚度达到临界值 H_c 时趋于稳定。为获得较好的冲击过程以及显著的缓冲性能，这里令冲击物的初始速度 $V_0=5.0\text{m/s}$，质量 $m=0.3\text{kg}$，在颗粒表面上的初始高度 $H_1=0.30\text{m}$。其他计算参数采用表 10.2 中的数值，并对颗粒材料在厚度 $H=0\sim8.0$ cm 范围内的冲击过程进行离散元分析。当颗粒厚度 $H=0$，即无填充颗粒时，冲击球体对筒的冲击力时程如图 10.15 所示，其峰值 $P_a^0=13.46\text{kN}$。当颗粒厚度分别 $H=0.8\text{cm}$，1.0cm，3.0cm，4.5cm，6.0cm 和 8.0cm 时，计算得到的冲击力时程如图 10.16 所示。可以发现，在不同的颗粒厚度下，冲击力分别有 1 个

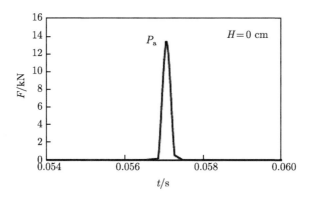

图 10.15　无颗粒层时底板受到的冲击力时程

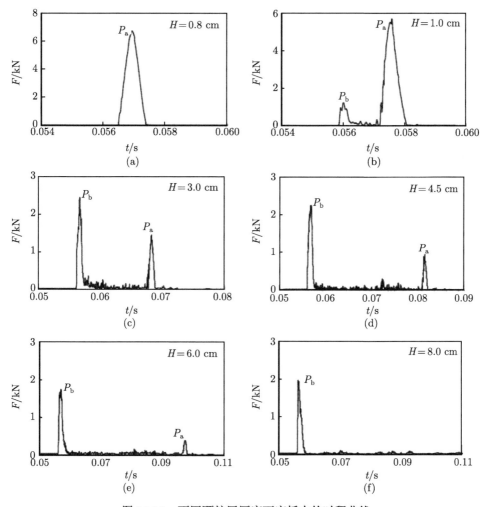

图 10.16　不同颗粒层厚度下底板力的时程曲线

或 2 个峰值。当颗粒厚度 $H=0.8$cm 时，冲击力峰值 $P_a= 6.73$kN。若定义颗粒材料的缓冲率 $\lambda = (P_a^0 - P_a)/P_a^0$，则 $H = 0.8$cm 时的缓冲率 $\lambda= 50\%$。随着颗粒厚度的增加，冲击力峰值 P_a 逐渐减小，同时在冲击力峰值 P_a 前逐渐萌生一个新的峰值 P_b，且其随颗粒厚度的增加而越发明显，两个峰值之间的时间间隔也越来越大。当颗粒厚度 $H=8.0$cm 时，P_a 逐渐消失，P_b 成为唯一峰值。

　　颗粒的密度、形状、粒径等因素是影响颗粒材料缓冲性能的重要因素。颗粒材料的弹性模量越小、密度越大、颗粒形态越不规则，碰撞过程中的耗能效果越好。此外，颗粒的混合比、粒径比、表面摩擦系数以及密集度等都影响着颗粒材料的缓冲性能。其中，颗粒摩擦系数及密集度对颗粒材料的能量耗散和流动特性有着显著影响。通过数值模拟得到不同摩擦系数下筒底的冲击力和冲击坑深度如图 10.17 所示，冲击力时程如图 10.18 所示。可以发现，冲击力随摩擦系数的增大而显著增加，冲击深度则随之减小并趋于稳定。特别对于完全光滑的颗粒材料 $(\mu_{pp} = 0)$，冲击过程明显较长，从而通过增加缓冲时间降低了冲击力。因此，光滑颗粒具有更好的缓冲性能，同时冲击物也更容易在光滑颗粒中运行。

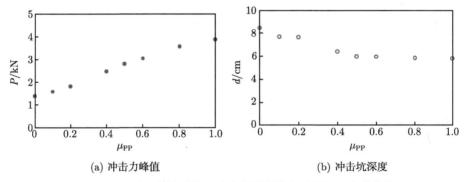

(a) 冲击力峰值　　　　　　　　　　(b) 冲击坑深度

图 10.17　不同摩擦系数下冲击力的峰值和冲击坑深度的变化

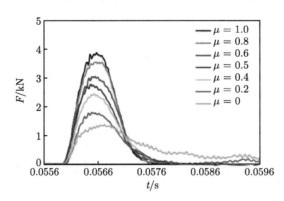

图 10.18　不同摩擦系数下冲击力时程

颗粒材料的运行状态与其密集度有密切关系。在低密集度下，颗粒冲击时的空气作用不可忽略，并会使细小颗粒形成射流；随着密集度的增加，空气作用不断降低；在中密集度下，冲击坑的形态受密集度影响显著。以下主要对密实颗粒材料的缓冲性能进行分析。计算得到的冲击力峰值及冲击坑深度如图 10.19 所示。从图 10.19(a) 冲击力峰值 P 的变化可以发现，当初始密集度 $C_0 < 0.56$ 时，颗粒间存在很多孔隙，颗粒外力扰动下有很大的自由移动空间，P 对 C_0 不敏感；当 $C_0 > 0.562$ 时，密实排列的颗粒对外界冲击有很强的阻力，P 随 C_0 的增加而变大，即颗粒排列越密实，缓冲效果越弱。从图 10.19(b) 冲击坑深度 d 的变化可以发现，d 随 C_0 的增加而变小，即颗粒排列越密实，冲击物的冲击深度越浅。不同密集度下，颗粒材料的冲击力时程如图 10.20 所示。从中可发现，颗粒材料越密实，冲击力峰值越高，冲击力持续的时间也就越长。这也进一步说明了密实颗粒材料由于颗粒间持续接触，颗粒运动受到较强的约束，从而增加了对冲击物的阻力，缩短了冲击力的持续时间，使其具有相对较弱的缓冲性能。

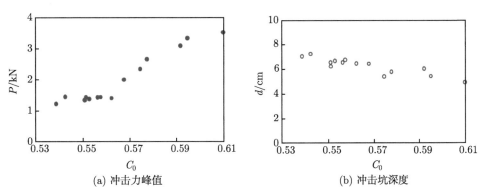

(a) 冲击力峰值　　　　　　　　　(b) 冲击坑深度

图 10.19　不同颗粒密集度下的冲击力峰值及冲击坑深度变化

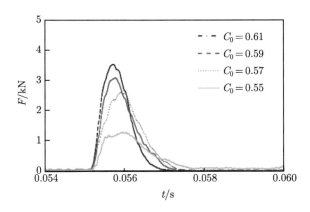

图 10.20　颗粒材料在不同初始密集度下的冲击力时程

　　力链结构是颗粒材料中作用力的主要传播途径，也是颗粒系统承受外力的基本构架 (夏建新等, 2013)。对颗粒材料在冲击过程中力链结构的分析，有助于揭示颗粒材料缓冲性能的内在机制。当颗粒层受到冲击载荷作用时，作用力通过力链传递并呈现明显的拱效应，计算结果如图 10.21 所示。为清晰观察颗粒系统力链结构，这里只绘出大于平均接触力的力链。当 $t=55.8$ms 时冲击物到达颗粒材料表面，力链从接触点处向四周扩展，力链数目逐渐增加但强度减弱，如图 10.21(a) 所示。随着时间的延长，力链逐渐向周围空间延展，力链长度延长且数量及强度均有所增加，如图 10.21(a)~(e) 所示。当 $t=57.2$ms 冲击力达到峰值后，力链数目减少，力链强度降低，冲击物运动趋于稳定。以上过程显示了冲击力峰值演化过程中所对应的力链结构变化。力链的萌生、扩展及消失的过程表征了颗粒间作用力的变化规律，同时也是颗粒间弹性势能传递和耗散的过程。为分析颗粒厚度对缓冲性能的影响，这里将颗粒厚度 $H=3.0$cm, 5.0cm 和 7.0cm 时冲击力峰值所对应的力链结构及底板接触力分布绘于图 10.22 中。可以发现，颗粒间的力链主要集中在冲击物的底部，并随颗粒深度的增加而减弱，且变得更加密集。此外，颗粒材料对底板的冲击力呈非均匀分布，且当颗粒较薄时，底板上承受的颗粒冲击力要明显高于厚颗粒时的冲击力。随着颗粒厚度的增加，颗粒间力链更加密集，从而使底板上的压强明显减弱。

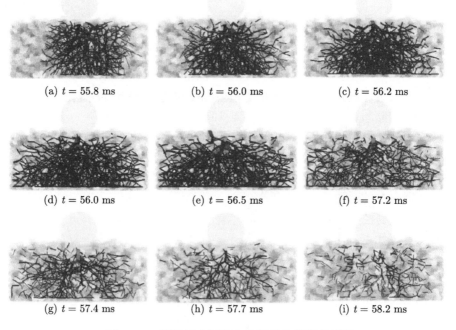

(a) $t = 55.8$ ms　　　　　　(b) $t = 56.0$ ms　　　　　　(c) $t = 56.2$ ms

(d) $t = 56.0$ ms　　　　　　(e) $t = 56.5$ ms　　　　　　(f) $t = 57.2$ ms

(g) $t = 57.4$ ms　　　　　　(h) $t = 57.7$ ms　　　　　　(i) $t = 58.2$ ms

图 10.21　颗粒冲击过程中力链结构的演化过程

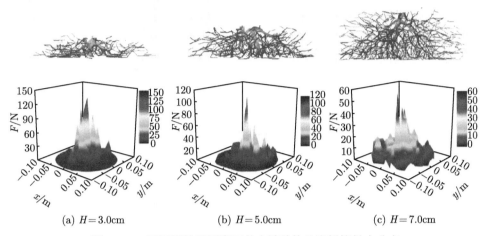

(a) $H = 3.0\,$cm　　　　　(b) $H = 5.0\,$cm　　　　　(c) $H = 7.0\,$cm

图 10.22　不同颗粒层厚度下的力链结构及底板接触力分布

以上, 通过试验和数值模拟的方法分析了颗粒材料的缓冲性能, 为颗粒材料的缓冲性能的应用提供相应的理论支持。目前, 颗粒材料的缓冲性能已经在航天返回装置、汽车、火车及高速列车的防冲撞吸能方面得到了广泛的应用。

10.3　着陆器缓冲过程的离散元分析

月球着陆器在着陆过程中会产生巨大的冲击, 这对探测设备和登月人员的安全形成严重威胁。为保证内部精密仪器的完备性, 实现着陆器的安全软着陆, 对其着陆过程的冲击力及各缓冲装置的研究至关重要 (朱汪, 2016)。图 10.23 为美国于 1966 年 5 月 30 日成功发射的第 1 个软着陆于月球的着陆器, 这充分证明了人类是有能力实现月球着陆器的软着陆的; 图 10.24 为嫦娥三号着陆器的设计图, 是中国自行设计的着陆器。着陆器自身具有一定的缓冲设备, 在着陆过程中通过自身的缓冲设备来减缓着陆器受到的冲击 (Li et al., 2016; 杨建中等, 2014)。现有研究主要关注着陆器自身的缓冲功能: 气囊缓冲器结构简单、缓冲性能好, 但其容易产生反弹和翻滚且不易控制; 弹簧棘轮缓冲器具有空间适应能力强、结构简单且能够着陆姿态自修复等优点, 但其稳定性差且不易控制; Wang 等对着陆器的铝蜂窝、金属橡胶、涡流磁阻尼等缓冲材料进行高低温冲击试验并对缓冲器的着陆性能进行分析 (Wang et al., 2004)。至此, 国内外的研究主要围绕着陆器自身的缓冲设施, 对月面做刚性假设, 并且大多研究基于有限元原理 (丁建中等, 2016; 陈金宝等, 2008)。这显然忽视了月壤这种颗粒材料在着陆器着陆过程中所起的重要作用。

图 10.23　美国于 1966 年 5 月 30 日成功发射的第 1 个软着陆于月球的着陆器

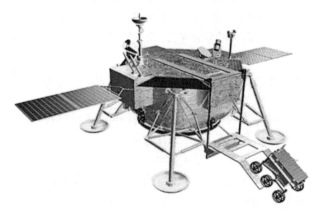

图 10.24　嫦娥三号着陆器设计图

对月壤性质的研究最早是通过天文望远镜观测月球表面。随着人类对月球探测活动的发展，探测器携带累计约 382.0g 的月壤返回地球，这给之后的月壤研究提供了宝贵的资料。近年来，分别采用有限元方法和离散元方法建立了月壤的连续模型和离散模型 (Jiang et al., 2013; 蒋万松等, 2011; Arslantas et al., 2016; 陆鑫等, 2011)。在离散元方法中，将月壤看作离散颗粒的集合体，根据其离散特性将每个月壤颗粒作为一个单元建立模型，可以充分考虑月壤颗粒本身的物理特性。尤其是在缓冲方面，能够实现颗粒之间作用力的传播计算，可更加有效地模拟着陆器在着陆过程中月壤颗粒的缓冲吸能。

10.3.1　着陆缓冲系统及月壤的离散元模型

在着陆器的构型方面，国内外的相关研究中出现的主要有五腿倒三角式、四腿悬臂式和三推倒三角式 (吴晓君等, 2012; 王永滨等, 2016)。图 10.25 给出了着陆结构的稳定多边形，即以足垫中心为顶点的正多边形称为稳定多边形，着陆腿数量越多，稳定多边形的面积也越大，着陆的稳定性就越高。由于着陆舱的改进，五腿倒三角式不再适用结构的安装而被放弃；而与倒三角式相比，悬臂式有效地缩短了缓冲器的长度，有效地降低了每条着陆腿的质量，且具有更高的空间实用性，因此在之后的研究中被广泛适用，本节采用的是四腿悬臂式着陆器构型。

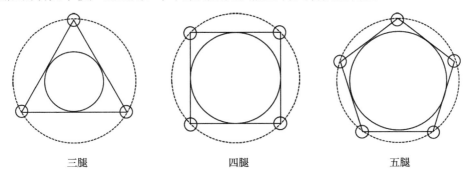

三腿　　　　　　　　　　四腿　　　　　　　　　　五腿

图 10.25　着陆结构的稳定多边形

针对月壤材料的离散分布特性，可采用离散元方法对其动力过程进行数值分析。月壤颗粒间的作用力可基于球形单元的非线性接触模型进行计算。颗粒间的接触力包括弹性力、粘滞力以及基于莫尔–库仑准则的滑动摩擦力 (季顺迎等, 2016)。这里采用 Hertz-Mindlin 非线性接触模型。着陆器在着陆过程中垂直方向的能量 $W_\mathrm{h} = \frac{1}{2}mv_\mathrm{h}^2 + mg_\mathrm{l}\Delta h$，式中 m 为着陆器的总质量；v_h 为垂直着陆速度；g_l 为月球表面重力加速度；Δh 为着陆器着陆缓冲过程中质心下降高度。着陆舱着陆过程中的水平方向能量 $W_\mathrm{v} = \frac{1}{2}mv_\mathrm{v}^2$，式中 v_v 为水平着陆速度。

着陆器本身具有缓冲作用，即着陆器自身配有缓冲装置。在着陆过程中，该装置在垂直方向的能量吸收功为 P_h，在水平方向的能量吸收功为 P_v。令月壤颗粒系统在缓冲过程中垂直和水平方向吸收的能量分别是 Q_h、Q_v。当着陆器的速度降为零时冲击过程结束，整个过程能量守恒，即 $W_\mathrm{v} + W_\mathrm{h} = P_\mathrm{v} + P_\mathrm{h} + Q_\mathrm{v} + Q_\mathrm{h}$。图 10.26 是 1967 年 7 月 16 日第一个登上月球的宇航员 —— 阿姆斯特朗在月球表面留下的脚印，这体现出月壤的一些物理性质。图 10.27 则是月球南极附近的高原地表 (Forest et al., 2008)，这体现出月球极端的形态。根据月壤的物理性质，以球形颗粒模拟月壤颗粒，并采用非规则排列方式建立月壤材料的离散元模型，如图 10.28

所示，相关计算参数列于表 10.3 中。月壤在与着陆器接触过程中，通过颗粒与颗粒之间的相互作用来快速吸收着陆器的能量，从而起到缓冲的作用。

图 10.26　1967 年 7 月 16 日阿波罗宇航员阿姆斯特朗在月球表面留下的脚印

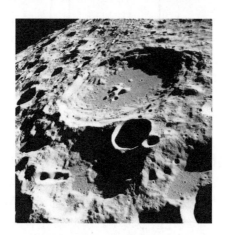

图 10.27　月球南极附近的高原地表 (Forest et al., 2008)

图 10.28　月壤的离散元模型

表 10.3 月壤计算模型参数

参数	符号	数值	说明
颗粒密度/(kg/m^3)	ρ	1300	
颗粒平均直径/mm	D	65.5	
弹性模量/MPa	E	48.8	
摩擦系数	f	0.62	0.58~0.64
恢复系数	e	0.1	
泊松比	μ	0.32	0.31~0.34
颗粒的数量/个	n	64046	
月壤计算域规模/m^3	$L \times B \times H$	4×4×1	长 × 宽 × 厚

10.3.2 着陆过程的离散元分析和冲击力特性

着陆器以一定的速度冲击月壤表面,在与月壤接触过程中,颗粒之间通过相互碰撞挤压起到缓冲作用,最终着陆器的速度降为零,即着陆过程结束。着陆器着陆过程可简化为垂直冲击和水平滑行两个过程的组合。本节重点研究垂直冲击过程着陆器首先着陆部分即足垫与月壤之间的相互作用。在两者接触瞬间存在着动量和能量的传递。具体模拟过程如图 10.29 所示。在数值模拟过程中,通过改变着陆器质量以及着陆器的着陆速度,观察着陆器着陆过程浸入月壤的深度、着陆器加速度的变化过程以及月壤受到的冲击力,并分析其变化规律。

图 10.29 着陆器的着陆冲击过程

着陆器在着陆过程中主要经历 3 个阶段:① 足垫和月壤接触后的冲击阶段;② 足垫在月壤中的滑行阶段;③ 平衡稳定阶段。由于滑行阶段主要是水平方向的运动,对月壤模型的规模要求很大,这将大大影响模拟过程的计算效率。此外本节重点研究冲击过程,即着陆器在竖直方向的运动,因此本节主要研究第一和第三个阶段。冲击力的大小直接影响软着陆的动力过程。在着陆器着陆过程中,竖直方向所受力的时程曲线如图 10.30 所示。以上结果表明在与颗粒刚接触时着陆器受到的力最大,且在此接触过程中着陆器将动能传递给月壤材料,通过月壤颗粒与着陆器以及颗粒之间的相互作用,降低着陆器的能量,达到缓冲的效果。图 10.31 给出了在整个着陆过程中着陆器速度的变化情况。着陆器速度和加速度在开始时均较大，即着陆器的速度在开始阶段变化很快，之后有较小的波动，最终速度降为零，着陆器达到稳定状态。

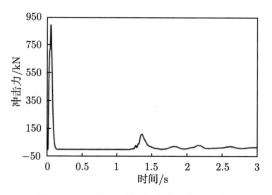

图 10.30　着陆器竖直方向受力的时程

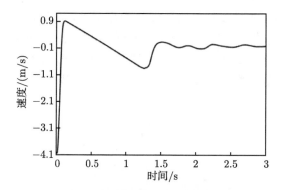

图 10.31　着陆过程中着陆器的速度变化

通过以上分析发现，影响着陆效果的因素之一是垂直冲击速度，其对月壤的缓冲效果具有关键作用。研究过程中取着陆速度为 2m/s、2.5m/s、3.0m/s、3.5m/s、4.0m/s、4.5m/s、5.0m/s、6.0m/s，着陆器质量取 9000kg。着陆器在着陆过程中受到的冲击力峰值变化规律如图 10.32 所示，该图表明冲击力峰值随冲击速度的增大线性增大，即冲击速度越大冲击力峰值越大。观察着陆器冲击过程中的加速度峰值变化，其结果如图 10.33 所示。从图中可以看出改变着陆速度，着陆器冲击过程中的加速度峰值随之增加，且趋于线性关系。图 10.34 为冲击深度与冲击速度的关系，随着冲击速度的增大，着陆器的动能增大，在冲击过程中将会达到更大的深度，即竖向位移会随之增大。冲击过程中月壤材料吸收的能量的变化规律如图 10.35 所示，冲击速度越大着陆器与颗粒接触的时间越长，颗粒吸收的能量也就越大，但其变化趋势并非线性的，而是在速度较小时变化较慢，当速度较大时颗粒吸收的能量变化较快。

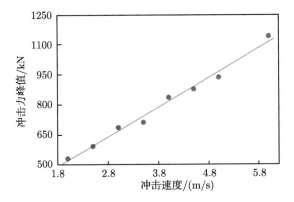

图 10.32 冲击力峰值与冲击速度的关系

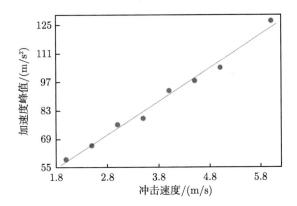

图 10.33 加速度峰值与冲击速度的关系

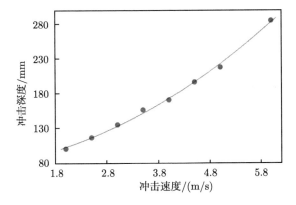

图 10.34 冲击深度与冲击速度的关系

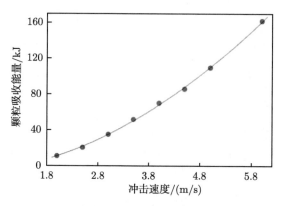

图 10.35　颗粒吸收能量与冲击速度的关系

　　对冲击速度的研究对着陆器的着陆过程具有指导作用，同时也充分说明了冲击速度是影响着陆过程的重要因素。

　　通过对着陆器垂直冲击模拟实验的研究可知，着陆器的冲击深度、冲击力峰值和加速度主要受冲击速度、土体密实度和着陆器质量的影响 (Goldenberg and Goldhirsch, 2004)。设置着陆器质量 9000kg，并在此基础上调节其质量为 7000kg、7500kg、8000kg、8500kg、9000kg、9500kg，研究质量对缓冲性能的影响规律，研究过程中冲击速度为 4m/s。改变着陆器的质量研究着陆器所受冲击力峰值的变化规律如图 10.36 所示，显然冲击力峰值随着陆器质量的增大而增大。图 10.37 为加速度峰值随着陆器质量的变化过程。从图中可以看出，在着陆器质量较小时加速度的峰值变化较快，当质量达到 8500kg 时，加速度峰值的增加速度趋于平缓。此外本节也研究了冲击深度与着陆器质量的关系，如图 10.38 所示。从图 10.38 中可以看出冲击深度与质量的线性关系非常突出。通过计算获得了颗粒吸收的能量随着陆器质量的变化，如图 10.39 所示，其规律也近于线性关系。无论是改变冲击速度还是

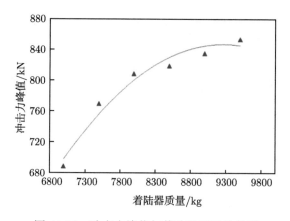

图 10.36　冲击力峰值与着陆器质量的关系

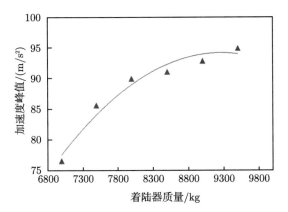

图 10.37 着陆器质量对加速度峰值的影响

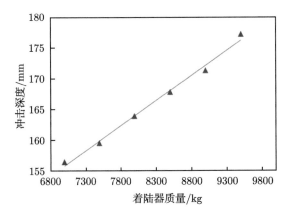

图 10.38 冲击深度与着陆器质量的关系

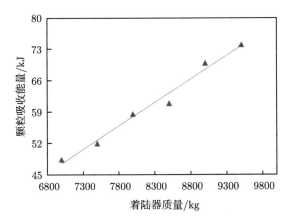

图 10.39 颗粒吸收能量与着陆器质量的关系

改变着陆器的质量, 实质是在改变冲击能。由以上结果可得出结论, 冲击力峰值随冲击能的增大而增大。

虽然以上建立的计算模型相对比较简单, 考虑的影响因素并不够全面, 但对着陆器缓冲过程的研究已证明了颗粒材料的缓冲作用, 也为颗粒材料缓冲作用的工程应用提供了一个全新的途径。

10.4　小　　结

颗粒阻尼器和缓冲性能充分体现了颗粒材料耗能减振的物理特性, 这也是颗粒材料力学的重要研究问题。本章重点讨论了颗粒物质耗能减振的性能以及在工业生产和实际中的应用, 详细介绍采用离散元方法通过试验和数值模拟对颗粒阻尼器和缓冲性能的研究, 并重点分析了颗粒缓冲作用的机制以及影响因素, 并为阻尼器及缓冲性能的研究提供了理论基础, 最后介绍了月球着陆器在着陆过程中月壤对其缓冲的作用。

参 考 文 献

陈金宝, 聂宏, 赵金才, 等. 2008. 月球探测器软着陆缓冲机构着陆性能分析. 宇航学报, 29(06): 1729-1732.

丁建中, 王春洁, 王家俊, 等. 2016. 着陆工况对月球着陆器着陆缓冲性能影响分析. 载人航天, 22(01): 132-137.

段勇, 陈前, 林莎. 2009. 颗粒阻尼对直升机旋翼桨叶减振效果的试验. 航空学报, 30(11): 2113-2118.

胡溧, 黄其柏, 柳占新, 等. 2009. 颗粒阻尼的动态特性研究. 振动与冲击, 28(1): 134-137.

季顺迎, 樊利芳, 梁绍敏. 2016. 基于离散元方法的颗粒材料缓冲性能及影响因素分析. 物理学报, 65(10): 164-176.

季顺迎, 李鹏飞, 陈晓东. 2012. 冲击荷载下颗粒物质缓冲性能的试验研究. 物理学报, 61(18): 184703-184703.

蒋万松, 黄伟, 沈祖炜. 2011. 月球探测器软着陆动力学仿真. 宇航学报, 32(3): 462-469.

李健, 刘璐, 严颖, 等. 2013. 基于离散单元法的颗粒阻尼耗能减振特性研究. 计算力学学报, 30(5): 664-670.

刘彬, 王延荣, 田爱梅, 等. 2014. 轮体结构颗粒阻尼器设计方法. 航空动力学报, 29(10): 2476-2485.

鲁正, 陈筱一, 王佃超, 等. 2017. 颗粒调谐质量阻尼器减震控制的数值模拟. 振动与冲击, 36(3): 46-50.

鲁正, 吕西林, 闫维明. 2013. 颗粒阻尼技术研究综述. 振动与冲击, 32(7): 1-7.

陆鑫, 黄勇, 李雯. 2011. 着陆作用下月尘激扬的三维离散元分析. 航天器工程, 20(01): 101-108.

王永滨, 蒋万松, 王磊, 等. 2016. 载人登月舱月面着陆缓冲装置设计与研制. 深空探测学报, 3(3): 262-267.

吴晓君, 钟世英, 凌道盛, 等. 2012. 着陆器足垫垂直冲击模型试验研究. 岩土力学, 33(4): 1045-1050.

夏建新, 吉祖稳, 毛旭锋. 2013. 颗粒流切应力波动与力链结构. 科学通报, 13: 1200-1203.

闫维明, 谢志强, 张向东, 等. 2016. 隔舱式颗粒阻尼器在沉管隧道中的减震控制试验研究. 振动与冲击, 35(17): 7-13.

闫维明, 许维炳, 王瑾, 等. 2014. 调谐型颗粒阻尼器简化力学模型及其参数计算方法研究与减震桥梁试验. 工程力学, 31(6): 79-84.

杨建中, 曾福明, 满剑锋, 等. 2014. 嫦娥三号着陆器着陆缓冲系统设计与验证. 中国科学: 技术科学, (5): 440-449.

张欢, 李光辉, 梁恩波. 2017. 一种摩擦阻尼器在整体叶盘结构的应用. 航空动力学报, 32(4): 800-807.

朱汪. 2016. 欧洲航天局月球着陆器概述及启示. 航天器工程, 25(1): 124-130.

Arslantas Y E, Oehschlägel T, Sagliano M. 2016. Safe landing area determination for a moon lander by reachability analysis. Acta Astronautica, 128: 607-615.

Bai X M, Shah B, Keer L M, et al. 2009. Particle dynamics simulations of a piston-based particle damper. Powder Technology, 189(1): 115-125.

Chen J, Georgakis C T. 2013. Tuned rolling-ball dampers for vibration control in wind turbines. Journal of Sound & Vibration, 332(21): 5271-5282.

Du Y, Wang S, Zhang J. 2010. Energy dissipation in collision of two balls covered by fine particles . International Journal of Impact Engineering, 37(3): 309-316.

Duan S Z, Cheng N, Xie L. 2013. A new statistical model for threshold friction velocity of sand particle motion. Catena, 104(2): 32-38.

Fraternali F, Porter M A, Daraio C. 2009. Optimal design of composite granular protectors. Mechanics of Advanced Materials & Structures, 17(1): 1-19.

Forest L M, Cohanim B E, Brady T. 2008. Human Interactive Landing Point Redesignation for Lunar Landing. Conference 2012 IEEE, Big Sky, MT, USA.

Geng J, Howell D, Longhi E, et al. 2001. Footprints in sand: The response of a granular material to local perturbations. Physical Review Letters, 87(3): 035506.

Goldenberg C, Goldhirsch I. 2004. Small and large scale granular statics. Granular Matter, 6(2-3): 87-96.

Jiang M, Shen Z, Thornton C. 2013. Microscopic contact model of lunar regolith for high efficiency discrete element analyses. Computers & Geotechnics, 54(10): 104-116.

Li K, Darby A P. 2008. A buffered impact damper for multi-degree-of-freedom structural control. Earthquake Engineering & Structural Dynamics, 37(13): 1491-1510.

Li F, Ye M, Yan J, et al. 2016. A Simulation of the four-way lunar lander-orbiter tracking mode for the Chang'E-5 mission. Advances in Space Research, 57(11): 2376-2384.

Lu Z, Lu X, Lu W, et al. 2012. Experimental studies of the effects of buffered particle dampers attached to a multi-degree-of-freedom system under dynamic loads. Journal of Sound & Vibration, 331(9): 2007-2022.

Mao K, Wang M Y, Xu Z, et al. 2004. DEM simulation of particle damping. Powder Technology, 142(2-3): 154-165.

Nayeri R D, Masri S F, Caffrey J P. 2007. Studies of the performance of multi-unit impact dampers under stochastic excitation. Journal of Vibration and Acoustics, 129: 239-251.

Saeki M. 2005. Analytical study of multi-particle damping. Journal of Sound and Vibration, 281(3-5): 1133-1144.

Sakamura Y, Komaki H. 2012. Numerical simulations of shock-induced load transfer processes in granular media using the discrete element method. Shock Waves, 22(1): 57-68.

Seguin A, Bertho Y, Gondret P, et al. 2011. Dense granular flow around a penetrating object: Experiment and hydrodynamic model. Physical Review Letters, 107(4): 048001.

Shah B M, Nudell J J, Kao K R, et al. 2011. Semi-active particle-based damping systems controlled by magnetic fields. Journal of Sound & Vibration, 330(2): 182-193.

Stefan L. 1997. Stress distribution in static two dimensional granular model media in the absence of friction. Physical Review E Statistical Physics Plasmas Fluids & Related Interdisciplinary Topics, 55(4): 4720-4729.

Stefan L. 2005. Granular media: Information propagation. Nature, 435(7039): 159-160.

Wang S C, Deng Z Q, Gao H B, et al. 2004. Design of impact isolating landing legs for micro-miniature lunar lander. Journal of Harbin Institute of Technology, 36(2): 180-182.